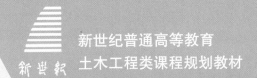

新世纪普通高等教育
土木工程类课程规划教材

建筑工程项目管理

（第二版）

总主编 李宏男

主　编 任大鹏 车金枝

副主编 李明东 杨国利 韩丽英

JIANZHU GONGCHENG XIANGMU GUANLI

U0244668

 大连理工大学出版社

图书在版编目(CIP)数据

建筑工程项目管理 / 任大鹏，车金枝主编. -- 2 版
. -- 大连 ：大连理工大学出版社，2024.3
ISBN 978-7-5685-4596-9

Ⅰ. ①建… Ⅱ. ①任… ②车… Ⅲ. ①建筑工程－项
目管理－高等学校－教材 Ⅳ. ①TU71

中国国家版本馆 CIP 数据核字(2023)第 195507 号

大连理工大学出版社出版

地址：大连市软件园路 80 号　邮政编码：116023
发行：0411-84708842　邮购：0411-84708943　传真：0411-84701466
E-mail：dutp@dutp.cn　URL：https：//www.dutp.cn
大连图腾彩色印刷有限公司印刷　　大连理工大学出版社发行

幅面尺寸：185mm×260mm　　印张：16　　字数：389 千字
2017 年 8 月第 1 版　　　　　　　　　　2024 年 3 月第 2 版
2024 年 3 月第 1 次印刷

责任编辑：王晓历　　　　　　　　　　责任校对：孙兴乐
封面设计：对岸书影

ISBN 978-7-5685-4596-9　　　　　　　定　价：52.80 元

本书如有印装质量问题,请与我社发行部联系更换。

李　哲	西安理工大学
李伙穆	闽南理工学院
李素贞	同济大学
李晓克	华北水利水电大学
李帼昌	沈阳建筑大学
何芝仙	安徽工程大学
张　鑫	山东建筑大学
张玉敏	济南大学
张金生	哈尔滨工业大学
陈长冰	合肥学院
陈善群	安徽工程大学
苗吉军	青岛理工大学
周广春	哈尔滨工业大学
周东明	青岛理工大学
赵少飞	华北科技学院
赵亚丁	哈尔滨工业大学
赵俭斌	沈阳建筑大学
郝冬雪	东北电力大学
胡晓军	合肥学院
秦　力	东北电力大学
贾开武	唐山学院
钱　江	同济大学
郭　莹	大连理工大学
唐克东	华北水利水电大学
黄丽华	大连理工大学
康洪震	唐山学院
彭小云	天津武警后勤学院
董仕君	河北建筑工程学院
蒋欢军	同济大学
蒋济同	中国海洋大学

前言 Preface

　　《建筑工程项目管理》(第二版)是新世纪普通高等教育教材编审委员会组编的土木工程类课程规划教材之一。

　　"建筑工程项目管理"是一门具有很强理论性、综合性和实践性的课程,是建筑工程专业学生掌握项目管理理论知识和培养业务能力的主要途径。随着建筑工程技术的发展,项目管理在范围和方式上都有了新的特点,因此,编者在查阅了大量国内外参考资料的基础上,结合建造师执业资格考试的内容与要求,以促进学生构建项目管理理论知识体系、掌握基本管理方法为根本,以培养学生实践动手能力为核心目标,以为建筑行业、企业培养高质量的建筑工程项目管理人才为主要目的,编写了本教材。本教材融合了前沿理论知识与技术,采用现行规范与标准,在保留项目管理基本理论结构的基础上,加入了建筑信息模型(BIM)与项目管理、项目信息管理等内容,注重理论与实践的结合与教材的应用性。

　　本教材力求帮助学生建立项目管理的知识体系,掌握运用工程管理的方法发现、分析、研究、解决建筑工程项目管理实际问题的基本能力和创新能力。

　　本教材具有以下特点:

　　(1)本教材围绕高等学校土木工程专业教学指导委员会的《高等学校土木工程本科指导性专业规范》中土木工程专业知识体系及其核心知识领域、单元和知识点进行编写,体现了知识的系统性、语言文字的准确性和内容的先进性。

　　(2)本教材以建筑工程的建设全寿命周期和业主方的项目管理为主线,以实施阶段为重点,阐述了建筑工程项目的基本理论和方法。

新世纪

（3）本教材运用"了解""熟悉""掌握"三个概念划定知识、技能的学习层次与要求，并设有本章小结、知识拓展和思考题等栏目，有助于巩固和加深学生对基本理论知识及技能的了解、熟悉与掌握。

（4）本教材响应二十大精神，推进教育数字化，建设全民终身学习的学习型社会、学习型大国，及时丰富和更新了数字化微课资源，以二维码形式融合纸质教材，使得教材更具及时性、内容的丰富性和环境的可交互性等特征，使读者学习时更轻松、更有趣味，促进了碎片化学习，提高了学习效果和效率。

本教材由大连海洋大学任大鹏、山西应用科技学院（原山西工商学院）车金枝任主编；青岛理工大学李明东、河南牧业经济学院杨国利、山西工商学院韩丽英任副主编。具体编写分工如下：第 1 章、第 2 章、第 10 章由任大鹏编写；第 4 章、第 6 章、第 9 章由车金枝编写；第 5 章由李明东编写；第 3 章、第 8 章由杨国利编写；第 7 章由韩丽英编写。

在编写本教材的过程中，编者参考、引用和改编了国内外出版物中的相关资料以及网络资源，在此表示深深的谢意！相关著作权人看到本教材后，请与出版社联系，出版社将按照相关法律的规定支付稿酬。

限于水平，书中仍有疏漏和不妥之处，敬请专家和读者批评指正，以使教材日臻完善。

编　者

2024 年 3 月

所有意见和建议请发往：dutpbk@163.com

欢迎访问高教数字化服务平台：https://www.dutp.cn/hep/

联系电话：0411-84708445　84708462

目录 Contents

第1章
建筑工程项目管理基本理论

学 习 目 标

1. 了解工程项目管理的内涵、目标和任务。
2. 掌握建筑工程项目目标的动态控制方法。
3. 熟悉建筑工程施工组织设计内容及编制方法。
4. 了解建筑工程项目主要参与方的管理目标和任务。

　　历史长河中的中国建造作品犹如群星璀璨,万里长城、故宫、都江堰、京杭大运河、坎儿井、赵州桥、莫高窟等,精彩绝伦、数不胜数。关于建造的历史典籍也非常丰富,《周礼考工记》《营造法式》《洛阳伽蓝记》《梓人遗制》《木经》《园冶》《工程做法》等,充分凝结着古代人民高超的建造智慧和技艺。中国建造是当仁不让的中华优秀传统文化创造者、传承者和践行者。

　　资料来源:中国建筑新闻网,中国建造彰显大国担当.

1.1　工程项目管理概述

　　项目管理作为一门新兴的管理学科,最早出现于 20 世纪 50 年代后期,它一出现就很快在社会、经济生活的诸多领域和各个层次得到广泛的应用。项目管理是现代工程技术、管理理论和项目建设实践相结合的产物,经过几十年的发展和完善已日益成熟。近年来,我国在工程建设领域大力推行项目管理,进行了大量的创新,积累了丰富的经验,形成了成熟的管理理论和行之有效的科学方法,并已取得明显的经济效益。

1.1.1　工程项目管理的内涵

1.工程项目管理的概念

（1）建设工程项目

为完成依法立项的新建、扩建、改建等各类工程而进行的、有起止日期的、达到规定要求的一组相互关联的受控活动组成的特定过程,包括策划、勘察、设计、采购、施工、试运行、竣工验收和考核评价等,简称为项目。

(2)建设工程项目管理

运用系统的理论和方法,对建设工程项目进行的计划、组织、指挥、协调和控制等专业化活动,简称为项目管理。

(3)建设工程项目管理的内涵

自项目开始至项目完成,通过项目策划和项目控制,以使项目的费用目标、进度目标和质量目标得以实现。

(4)建筑工程

建筑工程为建设工程的一部分,与建设工程的范围相比,建筑工程的范围相对较窄,其专指新建、改建或扩建房屋建筑物和附属构筑物设施所进行的规划、勘察、设计和施工、竣工等各项技术工作和完成的工程实体以及与其配套的线路、管道、设备的安装工程。

2. 工程项目管理的特点

(1)一次性特征

任何工程项目都是一次性的、不可重复的,项目本身具有特定的过程、目标、内容,不具备重复性及批量性。工程项目的差别也会存在于建设的时间、地点、条件等方面,一次性特征即单件性,是指没有完全相同的一项任务。

(2)特定的寿命周期

工程项目的全寿命周期包括项目的决策阶段、实施阶段和使用阶段。即决策阶段的管理(DM)、实施阶段的管理(项目管理 PM)、使用阶段的管理(设施管理 FM),如图 1-1 所示。

	决策阶段	实施阶段			使用阶段
		准备	设计	施工	
投资方	DM	PM			FM
开发方	DM	PM			
设计方			PM		
施工方				PM	
供货方				PM	
项目使用期的管理方					FM

图 1-1 DM、PM 和 FM

(3)目标的明确性

任何工程项目必须具有明确的目标,由于项目管理的核心任务是项目的目标控制,因此按项目管理学的基本理论,没有明确目标的工程不是项目管理的对象。在工程实践意义上,如果一个建设项目没有明确的投资目标、进度目标和质量目标,就没有必要进行管理,也无法进行定量的目标控制。

(4)影响因素的不确定性

工程项目的建设过程中,涉及的技术复杂、专业范围广,易受自然环境、社会状况、经济水平、政策形势等因素的影响,不确定因素多,风险大。

（5）管理的复杂性

随着社会的发展,解构主义风格、超高层、大跨度的工程越来越多,建设规模越来越大、建设内容越来越多、技术难度越来越高,项目管理的范围和内容越来越广,既包括了投资(成本)、进度、质量、安全、组织、信息、环境、风险、沟通等内容,又会涉及政治、经济、社会等多个方面。此外,工程项目各参与方之间相互联系、相互制约,关系错综复杂。

3. 工程项目的建设程序

工程项目从项目建设意图的酝酿开始,调查研究、编写和报批项目建议书、编制和报批项目的可行性研究、决策、设计、施工、竣工验收、项目动用、保修等的全过程为工程项目的全生命周期。

一般情况下,工程项目的建设规模较大且技术复杂,需遵循一定的程序进行。在工程实践中,一个新建的、完整的工程项目一般应按表1-1所列程序进行。

表 1-1　　　　　　　　　　工程项目的建设程序

序号	程序名称		具体内容
1	决策阶段	编制项目建议书	项目建议书是建设单位向国家提出的要求建设某一项建设项目的建设文件,是对建设项目轮廓的设想。项目建议书主要是推荐一个拟建项目,论述其建设的必要性、建设条件的可行性和获利的可能性,以供国家选择是否进行下一步工作
		编制可行性研究报告	项目建议书批准后,应进行可行性研究。可行性研究是对建设项目在技术和经济上是否具有可行性而进行的科学分析和论证工作,为项目决策提供依据。可行性研究的主要任务是通过比较多种不同方案,评价出最佳方案
2	设计准备阶段		可行性研究报告批准后,便进入设计准备阶段 确定项目功能要求和标准,并编制项目方案设计任务书;组织评选和确定设计方案,督促方案设计单位依据方案评审意见优化设计方案;依据相关程序确定勘察和设计单位,签订勘察和设计合同,办理用地、规划等报建手续
3	设计阶段		设计阶段是对拟建工程的实施在技术上和经济上进行全面而详尽的安排,是工程项目建设计划的具体化,是组织工程项目施工的依据。一般情况下,工程项目只进行两个阶段的设计,即初步设计和施工图设计。技术上比较复杂而又缺乏设计经验的项目,需在初步设计后再增加技术设计
		初步设计	初步设计是根据可行性研究报告的要求做出的具体实施方案,目的是阐明在指定的时间、地点和投资控制数额内,拟建项目在技术上的可能性和经济上的合理性,并规定项目的各项基本技术参数,编制项目总概算 重大项目的初步设计应由国家发改委组织,聘请有关部门的工程技术专家和经济管理专家参加审查,报国务院审批
			大型项目的初步设计应由主管部门或省、自治区、直辖市组织审查提出意见,报国家发改委审批
			中小型项目的初步设计按隶属关系由部委或省、自治区、直辖市发改委自行审批,但中型项目要报国家发改委备案
		技术设计	技术设计是根据初步设计和更详细的调查研究资料编制的,以进一步解决初步设计中的重大技术问题,如工艺流程、建筑结构、设备选型及数量确定等,从而使得建设工程项目的设计更加具体、完善,技术经济指标更加明确
		施工图设计	施工图设计是根据初步设计或技术设计的要求,结合现场实际情况编制的。施工图设计完整地表现了建筑群与周围环境的位置关系、建筑物外形、内部空间分割、结构及构造状况、设备型号、安装要求、材料品种、构件型号,以及其他必要的细部尺寸等,以满足施工和计价要求

（续表）

序号	程序名称	具体内容
4	建设准备阶段	征地、拆迁和场地平整
		完成施工用水、电、通信、道路等的接通工作
		组织设备、材料采购招标或直接订货
		准备必要的施工图纸
		组织工程监理、施工招标、择优选定工程监理和施工单位
		办理工程质量监督注册、施工许可等手续
5	施工阶段	工程项目经批准开工建设后，即可进入施工阶段。主要包括工程项目施工、工程项目材料及设备采购工作
6	收尾阶段	组织和协调各参建单位进行项目收尾、试运行、竣工验收，进行竣工结算、竣工决算
7	后评价阶段	工程项目动用后，对项目的立项决策、设计施工、竣工投产、生产运营等全过程进行系统评价，肯定成绩、总结经验、吸取教训、提出建议

1.1.2 工程项目管理的目标 ///

工程项目管理的目标是通过项目策划和项目控制，使项目的费用目标、进度目标和质量目标得以实现。工程项目管理是建设工程管理中的一个组成部分，工程项目管理的工作仅限于在项目实施期的工作，而建设工程管理则涉及项目的全寿命期。

建设工程管理工作是一种增值服务工作，其核心是为工程的建设和使用增值。

工程项目的投资目标、进度目标和质量目标之间既有矛盾的一面，也有统一的一面，它们之间的关系是对立的统一关系。要加快进度往往需要增加投资，要提高质量往往也需要增加投资，过度地缩短进度会影响质量目标的实现，这都表现了目标之间关系矛盾的一面；但通过有效的管理，在不增加投资的前提下，也可缩短工期和提高工程质量，这又是目标之间关系统一的一面。

在实际工程中，适当增加投资可以加快速度，缩短工期，使项目尽早投入使用，从而使项目全寿命期的经济效益得到提高；适当增加项目的功能要求和质量标准，虽然会增加费用，延缓进度，但也会降低项目的后期维修费用，从而获得更好的投资效益。

如果项目进度计划制订得科学、合理，使工程进展具有连续性和均衡性，不仅可以缩短建设工期，还可能降低工程费用并获得较好的工程质量。因此，在进行工程项目管理时，必须考虑进度目标、费用（投资、成本）目标和质量目标之间的对立统一关系，统筹兼顾。

1.1.3 工程项目管理的任务和主要内容 ///

1. 工程项目管理的任务

建设工程项目管理的时间范畴是建设工程项目的实施阶段，包括设计准备阶段、设计阶段、施工阶段、动用前准备阶段和保修阶段，如图 1-2 所示。项目实施阶段管理的主要任务是通过管理使项目的目标得以实现。

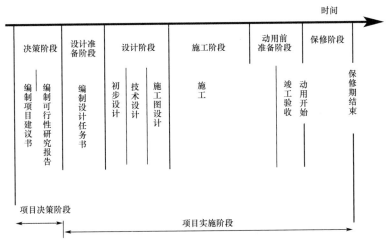

图1-2 工程项目的实施阶段的组成

项目管理的核心任务是项目的目标控制。

2.工程项目管理的主要内容

(1)项目进度管理

为实现预定的进度目标而进行的计划、组织、指挥、协调和控制等活动。

(2)项目质量管理

为确保工程项目的质量特性满足要求而进行的计划、组织、指挥、协调和控制等活动。

(3)项目职业健康安全管理

为使项目实施人员和相关人员规避损害或影响健康风险而进行的计划、组织、指挥、协调和控制等活动。

(4)项目成本管理

为实现项目成本目标所进行的预测、计划、控制、核算、分析和考核等活动。

(5)项目采购管理

对项目的勘察、设计、施工、资源供应、咨询服务等采购工作进行的计划、组织、指挥、协调和控制等活动。

(6)项目合同管理

对项目合同的编制、签订、实施、变更、索赔和终止等进行的管理活动。

(7)项目资源管理

对项目所需人力、材料、机具、设备、技术和资金所进行的计划、组织、指挥、协调和控制等活动。

(8)项目信息管理

对项目信息进行的收集、整理、分析、处置、储存和使用等活动。

(9)项目风险管理

对项目风险进行的识别、评估、响应和控制等活动。

(10)项目沟通管理

对项目内、外部关系的协调及信息交流所进行的策划、组织和控制等活动。

(11)项目收尾管理

对项目的收尾、试运行、竣工验收、竣工结算、竣工决算、考核评价、回访保修等进行的计划、组织、协调和控制等活动。

1.2 建筑工程项目目标的动态控制

1.2.1 项目目标动态控制的方法 //

在施工管理中运用动态控制原理控制项目的目标,有利于促进施工管理科学化的进程。施工企业应重视在施工进展过程中依据和运用定量的施工成本控制、施工进度控制和施工质量控制的报告系统指导施工管理工作,运用动态控制原理进行项目目标的控制将有利于项目目标的实现。

项目在实施过程中主客观条件的变化是绝对的,不变是相对的;在项目进展过程中平衡是暂时的,不平衡是永恒的。因此,在项目实施过程中必须随着情况的变化进行项目目标的动态控制。项目目标的动态控制是项目管理最基本的方法。

1. 项目目标动态控制的工作程序

项目目标动态控制的工作程序:

(1)第一步,项目目标动态控制的准备工作

将项目的目标进行分解,以确定用于目标控制的计划值。

(2)第二步,在项目实施过程中项目目标的动态控制

①收集项目目标的实际值,如实际投资,实际进度等。

②定期(如每两周或每月)进行项目目标的计划值和实际值的比较。

③通过项目目标的计划值和实际值的比较,如有偏差,则采取纠偏措施进行纠偏。

(3)第三步,如有必要,则进行项目目标的调整,目标调整后再恢复到第一步

在项目目标动态控制时,需要进行大量数据处理。采用计算机辅助的手段可高效、及时、准确地生成许多项目目标动态控制所需要的报表,如计划成本与实际成本的比较报表,计划进度与实际进度的比较报表,将有助于项目目标动态控制的数据处理。项目目标动态控制原理如图 1-3 所示。

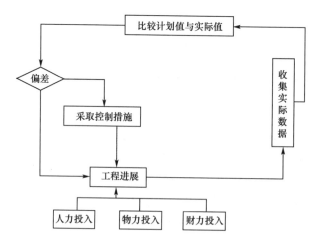

图 1-3 项目目标动态控制原理

2.项目目标动态控制的纠偏措施

项目目标动态控制的纠偏措施(图1-4)主要包括:

(1)组织措施

分析由于组织的原因而影响项目目标实现的问题,并采取相应的措施,如调整项目组织结构、任务分工、管理职能分工、工作流程组织和项目管理班子人员等。

(2)管理措施(包括合同措施)

分析由于管理的原因而影响项目目标实现的问题,并采取相应的措施,如调整进度管理的方法和手段,改变施工管理和强化合同管理等。

(3)经济措施

分析由于经济的原因而影响项目目标实现的问题,并采取相应的措施,如落实加快工程施工进度所需的资金等。

(4)技术措施

分析由于技术(包括设计和施工的技术)的原因而影响项目目标实现的问题,并采取相应的措施,如调整设计、改进施工方法和改变施工机具等。

当项目目标失控时,人们往往首先思考的是采取什么技术措施,而忽视可能或应当采取的组织措施和管理措施。组织论的一个重要结论是:组织是目标能否实现的决定性因素。应充分重视组织措施对项目目标控制的作用。

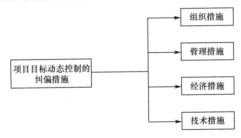

图1-4 项目目标动态控制的纠偏措施

3.项目目标的动态控制和项目目标的主动控制

项目目标动态控制的核心是在项目实施过程中定期地进行项目目标的计划值和实际值的比较,当发现项目目标偏离时采取纠偏措施。为避免项目目标偏离的发生,还应重视事前的主动控制,即事前分析可能导致项目目标偏离的各种影响因素,并针对这些影响因素采取有效的预防措施。项目目标控制如图1-5所示。

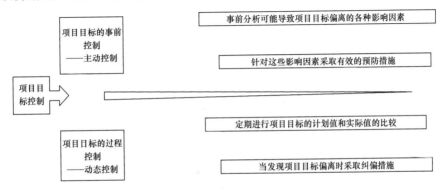

图1-5 项目目标控制

1.2.2　项目目标动态控制方法的应用 //

1. 动态控制在进度控制中的应用

运用动态控制原理控制进度的步骤如下：

(1)工程进度目标的逐层分解

工程进度目标的逐层分解是从项目实施开始前和在项目实施过程中,逐步地由宏观到微观,由粗到细编制深度不同的进度计划的过程。对于大型建设工程项目,应通过编制工程总进度规划、工程总进度计划、项目各子系统和各子项目工程进度计划等进行项目工程进度目标的逐层分解。

(2)在项目实施过程中对工程进度目标进行动态跟踪和控制

①按照进度控制的要求,收集工程进度实际值。

②定期对工程进度的计划值和实际值进行比较。

进度的控制周期应视项目的规模和特点而定,一般的项目控制周期为一个月,对于重要的项目,控制周期可定为一旬或一周等。

③通过工程进度计划值和实际值的比较,如发现进度的偏差,则必须采取相应的纠偏措施进行纠偏。例如,分析由于管理的原因而影响进度的问题,并采取相应的措施,调整进度管理的方法和手段,改变施工管理和强化合同管理,及时解决工程款支付或落实加快工程进度所需的资金,改进施工方法和改变施工机具等。

(3)如有必要(发现原定的工程进度目标不合理,或原定的工程进度目标无法实现等),则调整工程项目进度目标。

2. 动态控制在投资控制中的应用

运用动态控制原理控制投资的步骤如下：

(1)项目投资目标的逐层分解

项目投资目标的分解指的是通过编制项目投资规划,分析和论证项目投资目标实现的可能性,并对项目投资目标进行分解。

(2)在项目实施过程中对项目投资目标进行动态跟踪和控制

①按照项目投资控制的要求,收集项目投资的实际值。

②定期对项目投资的计划值和实际值进行比较。

项目投资的控制周期应视项目的规模和特点而定,一般的项目控制周期为一个月。投资控制包括设计过程的投资控制和施工过程的投资控制,其中前者更为重要。

在设计过程中投资的计划值和实际值的比较即工程概算与投资规划的比较,以及工程预算与概算的比较。在施工过程中投资的计划值和实际值的比较包括：

a.工程合同价与工程概算的比较；

b.工程合同价与工程预算的比较；

c.工程款支付与工程概算的比较；

d.工程款支付与工程预算的比较；

e.工程款支付与工程合同价的比较；

f.工程决算与工程概算、工程预算和工程合同价的比较。

由上可知,投资的计划值和实际值是相对的,例如,相对于工程预算而言,工程概算是投资的计划值;相对于工程合同价,则工程概算和工程预算都可作为投资的计划值等。

③通过项目投资计划值和实际值的比较,如发现偏差,则必须采取相应的纠偏措施进行纠偏。例如,采取限额设计的方法、调整投资控制的方法和手段、采用价值工程的方法、制定节约投资的奖励措施、调整或修改设计,优化施工方法等。

(3)如有必要(发现原定的项目投资目标不合理,或原定的项目投资目标无法实现等),则调整项目投资目标。

1.3 建筑工程施工组织设计

施工组织设计是以施工项目为对象编制的,用以指导施工的技术、经济和管理的综合性文件。施工组织设计是用来指导施工项目全过程各项活动的技术、经济和组织的综合性文件,是施工技术与施工项目管理有机结合的产物,它能保证工程开工后施工活动有序、高效、科学、合理地进行,并安全施工。

施工组织设计是对施工活动实行科学管理的重要手段,它具有战略部署和战术安排的双重作用。它体现了实现基本建设计划和设计的要求,提供了各阶段的施工准备工作内容,协调施工过程中各施工单位、各施工工种,各项资源之间的相互关系。通过施工组织设计,可以根据具体工程的特定条件,拟订施工方案、确定施工顺序、施工方法、技术组织措施,可以保证拟建工程按照预定的工期完成,可以在开工前了解所需资源的数量及其使用的先后顺序,可以合理安排施工现场布置。因此,施工组织设计应从施工全局出发,充分反映客观实际,符合国家或合同要求,统筹安排施工活动有关的各个方面,合理地布置施工现场,确保文明施工、安全施工。

1.3.1 施工组织设计的内容 //

1. 施工组织设计的相关术语

(1)施工组织设计

施工组织设计是以施工项目为对象编制的,用以指导施工的技术、经济和管理的综合性文件。

(2)施工组织总设计

施工组织总设计是以若干单位工程组成的群体工程或特大型项目为主要对象编制的施工组织设计,对整个项目的施工过程起统筹规划、重点控制的作用。

(3)单位工程施工组织设计

单位工程施工组织设计是以单位(子单位)工程为主要对象编制的施工组织设计,对单位(子单位)工程的施工过程起指导和制约作用。

(4)施工方案

施工方案是以分部(分项)工程或专项工程为主要对象编制的施工技术与组织方案,用以具体指导其施工过程。

(5)施工组织设计的动态管理

施工组织设计的动态管理是指在项目实施过程中,对施工组织设计的执行、检查和修改的实施管理活动。

（6）施工部署

施工部署是指对项目实施过程做出的统筹规划和全面安排，包括项目施工主要目标、施工顺序及空间组织、施工组织安排等。

（7）项目管理组织机构

项目管理组织机构是施工单位为完成施工项目建立的项目施工管理机构。

（8）施工进度计划

施工进度计划是指为实现项目设定的工期目标，对各项施工过程的施工顺序、起止时间和相互衔接关系所做的统筹策划和安排。

（9）施工资源

施工资源指为完成施工项目所需要的人力、物资等生产要素。

（10）施工现场平面布置

施工现场平面布置指在施工用地范围内，对各项生产、生活设施及其他辅助设施等进行规划和布置。

（11）进度管理计划

进度管理计划是指保证实现项目施工进度目标的管理计划，包括对进度及其偏差进行测量、分析、采取的必要措施和计划变更等。

（12）质量管理计划

质量管理计划是指保证实现项目施工目标的管理计划，包括制定、实施所需的组织机构、职责、程序以及采取的措施和资源配置等。

（13）安全管理计划

安全管理计划是指保证实现项目施工职业健康安全目标的管理计划，包括制定、实施所需的组织机构、职责、程序以及采取的措施和资源配置等。

（14）环境管理计划

环境管理计划是指保证实现项目施工环境目标的管理计划，包括制定、实施所需的组织机构、职责、程序以及采取的措施和资源配置等。

（15）成本管理计划

成本管理计划是指保证实现项目施工成本目标的管理计划，包括成本预测、实施、分析、采取的必要措施和计划变更等。

2. 施工组织设计的基本内容

施工组织设计按编制对象，可分为施工组织总设计、单位工程施工组织设计和施工方案。

施工组织设计应包括编制依据、工程概况、施工部署及施工方案、施工进度计划、施工准备与资源配置计划、主要施工方法、施工现场平面布置及主要施工管理计划等基本内容。

（1）工程概况

工程项目的性质、建设规模、建设地点、结构特点、建设期限、分批交付使用的条件；本地区地形、地质、水文和气象情况；施工力量、劳动力、机具、材料、构件等资源供应情况；施工环境及施工条件等。

（2）施工部署及施工方案

根据工程情况，结合人力、材料、机械设备、资金、施工方法等条件，全面部署施工任务，合理安排施工顺序，确定主要工程的施工方案；对拟建工程可能采用的几个施工方案进行定性、定量的分析,通过技术经济评价,选择最佳方案。

（3）施工进度计划

施工进度计划反映了最佳施工方案在时间上的安排,采用计划的形式,使工期、成本、资源等方面,通过计算和调整达到优化配置,符合项目目标的要求。使工序有序地进行,使工期、成本、资源等通过优化调整达到既定目标,在此基础上编制相应的人力和时间安排计划、资源需求计划和施工准备计划。

（4）施工平面图

施工平面图是施工方案及施工进度计划在空间上的全面安排。它把投入的各种资源、材料、构件、机械、道路、水电供应网络、生产和生活活动场地及各种临时工程设施合理地布置在施工现场,使整个现场能有组织地进行文明施工。

（5）主要技术经济指标

技术经济指标用以衡量组织施工的水平,它是对施工组织设计文件的技术经济效益进行全面评价。

3. 施工组织总设计的内容

施工组织总设计即以若干单位工程组成的群体工程或特大型项目为主要对象编制的施工组织计划,对整个项目的施工过程起统筹规划、重点控制的作用。特大型房屋建筑工程一般是指超过大型房屋建筑工程标准的工程项目。

施工组织总设计的主要内容如下:

（1）工程概况

工程概况应包括项目主要情况和项目主要施工条件等。

①项目主要情况应包括下列内容:

项目名称、性质、地理位置和建设规模;项目的建设、勘察、设计和监理等相关单位的情况;项目设计概况;项目承包范围及主要分包工程范围;施工合同或招标文件对项目施工的重点要求;其他应说明的情况。

②项目主要施工条件应包括下列内容:

项目建设地点气象状况;项目施工区域地形和工程水文地质状况;项目施工区域地上、地下管线及相邻的地上、地下建（构）筑物情况;与项目施工有关的道路、河流等状况;当地建筑材料、设备供应和交通运输等服务能力状况;当地供电、供水、供热和通信能力状况。

（2）总体施工部署

①施工组织总设计应对项目总体施工做出下列宏观部署:

确定项目施工总目标,包括进度、质量、安全、环境和成本目标;根据项目施工总目标的要求,确定项目分阶段（期）交付的计划;确定项目分阶段（期）施工的合理顺序及空间组织。

②对于项目施工的重点和难点应进行简要分析。

③总承包单位应明确项目管理组织机构形式,并宜采用框图的形式表示。

④对于项目施工中开发和使用的新技术、新工艺应做出部署。

⑤对主要分包项目施工单位的资质和能力应提出明确要求。

（3）施工总进度计划

①施工总进度计划应按照项目总体施工部署的安排进行编制。

②施工总进度计划可采用网络图或横道图表示,并附必要说明。

（4）总体施工准备与主要资源配置计划

①总体施工准备应包括技术准备、现场准备和资金准备等。

· 技术准备、现场准备和资金准备应满足项目分阶段（期）施工的需要。

②主要资源配置计划应包括劳动力配置计划和物资配置计划等。

· 劳动力配置计划应包括各施工阶段（期）的总用工量及劳动力配置计划。

· 物资配置计划应包括主要工程材料和设备的配置计划及主要施工周转材料和施工机具的配置计划。

（5）主要施工方法

①施工组织总设计应对项目涉及的单位（子单位）工程和主要分部（分项）工程所采用的施工方法进行简要说明。

②对脚手架工程、起重吊装工程、临时用水用电工程、季节性施工等专项工程所采用的施工方法应进行简要说明。

（6）施工总平面布置

施工总平面布置图应包括下列内容：

项目施工用地范围内的地形状况；全部拟建的建（构）筑物和其他基础设施的位置；项目施工用地范围内的加工设施、运输设施、存贮设施、供电设施、供水供热设施、排水排污设施、临时施工道路和办公、生活用房；施工现场必备的安全、消防、保卫和环境保护等设施；相邻的地上、地下既有建（构）筑物及相关环境。

4. 单位工程施工组织设计

（1）工程概况

工程概况应包括工程主要情况、各专业设计简介和工程施工条件等。

①工程主要情况应包括下列内容：

工程名称、性质和地理位置；工程的建设、勘察、设计、监理和总承包等相关单位的情况；工程承包范围和分包工程范围；施工合同、招标文件或总承包单位对工程施工的重点要求；其他应说明的情况。

②各专业设计简介应包括下列内容：

建筑设计简介；结构设计简介；机电及设备安装专业设计简介。

③工程施工条件应包括下列内容：

项目建设地点气象状况；项目施工区域地形和工程水文地质状况；项目施工区域地上、地下管线及相邻的地上、地下建（构）筑物情况；与项目施工有关的道路、河流等状况；当地建筑材料、设备供应和交通运输等服务能力状况；当地供电、供水、供热和通信能力状况。

（2）施工部署

①工程施工目标应根据施工合同、招标文件以及本单位对工程管理目标的要求确定，包括进度、质量、安全、环境和成本等目标。各项目标应满足施工组织总设计中确定的总体目标。

②施工部署中的进度安排和空间组织应符合下列规定：

· 工程主要施工内容及其进度安排应明确说明，施工顺序应符合工序逻辑关系。

· 施工流水段应结合工程具体情况分阶段进行划分；单位工程施工阶段的划分一般包括地基基础、主体结构、装修装饰和机电设备安装三个阶段。

③对于工程施工的重点和难点应进行分析,包括组织管理和施工技术两个方面。

④工程管理的组织机构形式:总承包单位应明确项目管理组织机构形式,宜采用框图的形式表示,并确定项目经理部的工作岗位设置及其职责划分。

⑤对于工程施工中开发和使用的新技术、新工艺应做出部署,对新材料和新设备的使用应提出技术及管理要求。

⑥对主要分包工程施工单位的选择要求及管理方式应进行简要说明。

(3)施工进度计划

单位工程施工进度计划应按照施工部署的安排进行编制。

施工进度计划可采用网络图或横道图表示,并附必要说明;对于工程规模较大或较复杂的工程,宜采用网络图表示。

(4)施工准备与资源配置计划

施工准备应包括技术准备、现场准备和资金准备等。资源配置计划应包括劳动力计划和物资配置计划等。

(5)主要施工方案

单位工程应按照《建筑工程施工质量验收统一标准》(GB 50300—2013)中分部、分项工程的划分原则,对主要分部、分项工程制订施工方案。

对脚手架工程、起重吊装工程、临时用水用电工程、季节性施工等专项工程所采用的施工方案应进行必要的验算和说明。

(6)施工现场平面布置

施工现场平面布置图应包括下列内容:

工程施工场地状况;拟建建(构)筑物的位置、轮廓尺寸、层数等;工程施工现场的加工设施、存贮设施、办公和生活用房等的位置和面积;布置在工程施工现场的垂直运输设施、供电设施、供水供热设施、排水排污设施和临时施工道路等;施工现场必备的安全、消防、保卫和环境保护等设施;相邻的地上、地下既有建(构)筑物及相关环境。

1.3.2 施工组织设计的编制方法

(1)施工组织设计的编制必须遵循工程建设程序,并应符合下列原则:

①符合施工合同或招标文件中有关工程进度、质量、安全、环境保护、造价等方面的要求。

②积极开发、使用新技术和新工艺,推广应用新材料和新设备。

③坚持科学的施工程序和合理的施工顺序,采用流水施工和网络计划等方法,科学配置资源,合理布置现场,采取季节性施工措施,实现均衡施工,达到合理的经济技术指标。

④采取技术和管理措施,推广建筑节能和绿色施工。

⑤与质量、环境和职业健康安全三个管理体系有效结合。

(2)施工组织设计应以下列内容作为编制依据:

①与工程建设有关的法律、法规和文件。

②国家现行有关标准和技术经济指标。

③工程所在地区行政主管部门的批准文件,建设单位对施工的要求。

④工程施工合同或招标投标文件。

⑤工程设计文件。

⑥工程施工范围内的现场条件,工程地质及水文地质、气象等自然条件。

⑦与工程有关的资源供应情况。

⑧施工企业的生产能力、机具设备状况、技术水平等。

(3)施工组织设计的编制和审批应符合下列规定:

①施工组织设计应由项目负责人支持编制,可根据需要分阶段编制和审批。

②施工组织总设计应由总承包单位技术负责人审批;单位工程施工组织设计应由施工单位技术负责人或技术负责人授权的技术人员审批,施工方案应由项目技术负责人审批;重点、难点分部(分项)工程和专项工程施工方案应由施工单位技术部门组织相关专家评审,施工单位技术负责人批准。

③由专业承包单位施工的分部(分项)工程或专项工程的施工方案,应由专业承包单位技术负责人或技术负责人授权的技术人员审批;有总承包单位时,应由总承包单位项目技术负责人核准备案。

④规模较大的分部(分项)工程和专项工程的施工方案应按单位工程施工组织设计进行编制和审批。

(4) 施工组织设计应实行动态管理,并符合下列规定:

①项目施工过程中,发生以下情况之一时,施工组织设计应及时进行修改或补充:

工程设计有重大修改;有关法律、法规、规范和标准实施、修订和废止;主要施工方法有重大调整;主要施工资源配置有重大调整;施工环境有重大改变。

②经修改或补充的施工组织设计应重新审批后实施。

③项目施工前应进行施工组织设计逐级交底;项目施工过程中,应对施工组织设计的执行情况进行检查、分析并适时调整。

(5)施工组织设计应在工程竣工验收后归档。

1.4 建筑工程项目主要参与方的管理目标和任务

一个建筑工程项目往往由许多单位参与,它们分别承担不同的建设任务和管理任务,各参与单位的工作性质、工作任务和利益也不尽相同,因此就形成了代表不同利益方的项目管理。由于业主方是建设工程项目实施过程的总集成者——人力资源、物质资源和知识的集成,业主方也是建设工程项目生产过程的总组织者,因此业主方的项目管理往往是该项目的项目管理的核心。

按建筑工程项目不同参与方的工作性质和组织特征划分,项目管理有如下类型:

①业主方的项目管理(如投资方和开发方的项目管理,或由工程管理咨询公司提供的代表业主方利益的项目管理服务)。

②设计方的项目管理。

③施工方的项目管理(施工总承包方、施工总承包管理方和分包方的项目管理)。

④项目总承包(或称项目工程总承包)方的项目管理,如设计和施工任务综合的承包或设计、采购和施工任务综合的承包(简称 EPC 承包)的项目管理等。

⑤物资供货方的项目管理(材料和设备供应方的项目管理)。

1.4.1 业主方项目管理的目标和任务 ///////////////////////////////////////

业主方项目管理一般是指项目的投资者对工程建设项目进行综合性管理,以实现投资者的目标。严格意义上来说,项目业主方是项目在法律意义上的所有人,是指各投资主体依照一定法律关系组成的项目法人。业主方对项目的管理是指业主方为实现其投资目标,业主方或委托工程管理咨询公司进行项目管理。

1. 业主方项目管理的目标

业主方项目管理服务于业主的利益,其项目管理的目标包括项目的投资目标、进度目标和质量目标。其中投资目标是指项目的总投资目标;进度目标是指项目动用的时间目标,即项目交付使用的时间目标;质量目标不仅涉及施工的质量,还包括设计质量、材料质量、设备质量和影响项目运行或运营的环境质量等。质量目标包括满足相应的技术规范和技术标准的规定,进而满足业主方相应的质量要求。

2. 业主方项目管理的任务

业主方的项目管理工作涉及项目实施阶段的全过程,即在设计前准备阶段、设计阶段、施工阶段、动用前准备阶段和保修阶段分别进行安全管理、投资控制、进度控制、质量控制、合同管理、信息管理、组织与协调,见表1-2。

表 1-2   业主方项目管理的任务

项目管理任务	设计前准备阶段	设计阶段	施工阶段	动用前准备阶段	保修阶段
安全管理					
投资控制					
进度控制					
质量控制					
合同管理					
信息管理					
组织与协调					

3. 施工阶段项目管理的任务

(1)施工阶段的投资控制

①编制施工阶段各年度、季度和月度资金使用计划,并控制其执行。

②利用投资控制软件每月进行投资计划值与实际值的比较,并提供各种报表。

③工程付款审核。

④审核其他付款申请单。

⑤对施工方案进行技术经济比较论证。

⑥审核及处理各项施工索赔中与资金有关的事宜。

(2)施工阶段的进度控制

①审核施工总进度计划,并在项目施工过程中控制其执行,必要时及时调整施工总进度计划。

②审核项目施工各阶段、年、季和月度的进度计划,并控制其执行,必要时做调整。

③审核设计方、施工方和材料、设备供货方提出的进度计划和供货计划,并检查、督促和

控制其执行。

④在项目实施过程中,进行进度计划值与实际值的比较,每月、每季和每年提交各种进度控制报告。

(3)施工阶段的合同管理

①起草甲供材料和设备的合同,参与各类合同谈判。

②进行各类合同的跟踪管理,并定期提供合同管理的各种报告。

③处理有关索赔事宜,并处理合同纠纷。

(4)施工阶段的信息管理

①进行各种工程信息的收集、整理和存档。

②定期提供各类工程项目管理报表。

③建立工程会议制度。

④督促各施工单位整理工程技术资料。

(5)施工阶段的组织与协调

①参与组织设计交底。

②组织和协调参与工程建设各单位之间的关系。

③协助业主向各政府主管部门办理各项审批事项。

(6)施工阶段的风险管理

①工程变更管理。

②协助处理索赔与反索赔事宜。

③协助处理与保险有关的事宜。

(7)施工阶段的现场管理

①组织工地安全检查。

②组织工地卫生及文明施工检查。

③协调处理工地的各种纠纷。

④组织落实工地的保卫及产品保护工作。

1.4.2 设计方项目管理的目标和任务

1.设计方项目管理的目标

设计方作为项目建设的一个参与方,其项目管理主要服务于项目的整体利益和设计方本身的利益。设计方项目管理的目标包括设计的成本目标、进度目标、质量目标以及投资目标。

2.设计方项目管理的任务

设计方的项目管理工作主要在设计阶段进行,但也涉及设计前的准备阶段、施工阶段、动用前准备阶段和保修期。

设计方项目管理的任务(表1-3)如下:

①与设计工作有关的安全管理。

②设计成本控制和与设计工作有关的工程造价控制。

③设计进度控制。

④设计质量控制。

⑤设计合同管理。

⑥设计信息管理。

⑦与设计工作有关的组织与协调。

表 1-3　　　　　　　　　　　　设计方项目管理的任务

项目管理任务	设计前准备阶段	设计阶段	施工阶段	动用前准备阶段	保修期
安全管理					
工程造价控制 设计成本控制					
进度控制					
质量控制					
合同管理					
信息管理					
组织与协调					

1.4.3　项目总承包方项目管理的目标和任务

1. 项目总承包方项目管理的目标

由于项目总承包方(或称建设项目工程总承包方、或称工程总承包方)是受业主方的委托而承担工程建设任务,项目总承包方必须树立服务观念,为项目建设服务,为业主提供建设服务。项目总承包方作为项目建设的一个重要参与方,其项目管理服务于项目的整体利益和项目总承包方本身的利益,其项目管理的目标如下:

①工程建设的安全管理目标。

②项目的总投资目标和项目总承包方的成本目标。

③项目总承包方的进度目标。

④项目总承包方的质量目标。

项目总承包方项目管理工作涉及项目实施阶段的全过程,即设计前准备阶段、设计阶段、施工阶段、动用前准备阶段和保修期。

2. 项目总承包方项目管理的任务

项目总承包方项目管理的主要任务(表 1-4)包括:

①安全管理。

②项目的总投资控制和项目总承包方的成本控制。

③进度控制。

④质量控制。

⑤合同管理。

⑥信息管理。

⑦与项目总承包方有关的组织与协调等。

表 1-4　　　　　　　　　　　　　项目总承包方项目管理的任务

项目管理任务	设计前准备阶段	设计阶段	施工阶段	动用前准备阶段	保修期
安全管理					
项目总投资控制					
总承包方成本控制					
进度控制					
质量控制					
合同管理					
信息管理					
组织与协调					

3. 项目总承包方项目管理的主要内容

①任命项目经理,组建项目部,进行项目策划并编制项目计划。

②实施设计管理,采购管理,施工管理,试运行管理。

③进行项目范围管理,进度管理,费用管理,设备材料管理,资金管理,质量管理,安全、职业健康和环境管理,人力资源管理,风险管理,沟通与信息管理,合同管理,现场管理,项目收尾等。

1.4.4　施工方项目管理的目标和任务 //

1. 施工方项目管理的目标

施工方受业主方的委托承担工程建设任务,施工方必须树立服务观念,为项目建设服务,为业主提供建设服务。施工方作为项目建设的一个重要参与方,其项目管理不仅应服务施工方本身的利益,也必须服务于项目的整体利益。

施工方项目管理的目标应符合合同的要求,具体包括:

①施工的安全管理目标。

②施工的成本目标。

③施工的进度目标。

④施工的质量目标。

如果采用工程施工总承包或工程施工总承包管理模式,施工总承包方或施工总承包管理方必须按工程合同规定的工期目标和质量目标完成建设任务。而施工总承包方或施工总承包管理方的成本目标是由施工企业根据其生产和经营的情况自行确定的。分包方则必须按工程分包合同规定的工期目标和质量目标完成建设任务,分包方的成本目标是该施工企业内部自行确定的。

2. 施工方项目管理的任务

施工方项目管理的任务包括:

①施工安全管理。

②施工成本控制。

③施工进度控制。

④施工质量控制。

⑤施工合同管理。

⑥施工信息管理。

⑦与施工有关的组织与协调等。

施工方项目管理的任务见表1-5。

表 1-5 施工方项目管理的任务

项目管理任务	设计阶段	施工阶段	动用前准备阶段	保修期
安全管理				
成本控制				
进度控制				
质量控制				
合同管理				
信息管理				
组织与协调				

施工方项目管理不同阶段的任务见表1-6。

表 1-6 施工方项目管理不同阶段的任务

设计阶段	安全、成本、进度、质量、合同、信息、组织与协调	设计阶段与施工阶段在时间上的交叉
施工阶段	安全、成本、进度、质量、合同、信息、组织与协调	主要阶段
动用前准备阶段	安全、费用、质量、合同和信息	施工合同履行期内
保修期	安全、费用、质量、合同和信息	施工合同履行期内

1.4.5 供货方项目管理的目标和任务 ////////////////////////////////////

1. 供货方项目管理的目标

供货方作为项目建设的一个参与方,其项目管理主要服务于项目的整体利益和供货方本身的利益,其项目管理的目标包括供货的成本目标、进度目标和质量目标。

2. 供货方项目管理的任务

供货方的项目管理工作主要在施工阶段进行,但它也会涉及设计前准备阶段、设计阶段、动用前准备阶段和保修期。

供货方项目管理的主要任务(表1-7)包括:

①供货的安全管理。

②供货的成本控制。

③供货的进度控制。

④供货的质量控制。

⑤供货的合同管理。

⑥供货的信息管理。

⑦与供货有关的组织与协调。

表 1-7 供货方项目管理的任务

项目管理任务	设计前准备阶段	设计阶段	施工阶段	动用前准备阶段	保修期
安全管理					
成本控制					
进度控制					
质量控制					
合同管理					
信息管理					
组织与协调					

相关资料

《建设工程项目管理规范》(GB/T 50326—2017)(部分)

2 术 语

2.0.1 建设工程项目(Construction Project)

为完成依法立项的新建、扩建、改建工程而进行的、有起止日期的、达到规定要求的一组相互关联的受控活动,包括策划、勘察、设计、采购、施工、试运行、竣工验收和考核评价等阶段。简称为项目。

2.0.2 建设工程项目管理(Construction Project Management)

运用系统的理论和方法,对建设工程项目进行的计划、组织、指挥、协调和控制等专业化活动。简称为项目管理。

2.0.3 组织(Organization)

为实现其目标而具有职责、权限和关系等自身职能的个人或群体。

2.0.4 项目管理机构(Project Management Organization)

根据组织授权,直接实施项目管理的单位。可以是项目管理公司、项目部、工程监理部等。

2.0.5 发包人(Employer)

按招标文件或合同中约定,具有项目发包主体资格和支付合同价款能力的当事人或者取得该当事人资格的合法继承人。

2.0.6 承包人(Contractor)

按合同约定,被发包人接受的具有项目承包主体资格的当事人,以及取得该当事人资格的合法继承人。

2.0.7 分包人(Subcontractor)

承担项目的部分工程或服务并具有相应资格的当事人。

本章小结

项目管理的核心任务是项目的目标控制,建筑工程项目一般由许多参与单位承担不同的建设任务和管理任务,各参与单位的工作性质、工作任务和利益不尽相同,因此就产生了代表不同利益方的项目管理。

建筑工程项目管理包括信息模型 BIM 与项目管理、工程招标与投标管理、工程项目进度管理、工程项目施工成本管理、工程项目质量管理、工程项目职业健康安全与环境管理、工程项目合同管理、工程项目信息管理、工程项目收尾管理等方面。

建筑工程项目管理主要包括以下几方面的基本理论知识及其应用:

(1)工程项目管理的内涵、目标和任务。

(2)建筑工程项目目标的动态控制。

(3)建筑工程施工组织设计内容及编制方法。

(4)建筑工程项目主要参与方的管理目标和任务。

思考题

1.项目管理的含义是什么？

2.工程项目管理的内涵是什么？

3.工程项目管理的目标是什么？

4.项目目标动态控制的工作程序是什么？

5.施工组织设计的内容包括哪些？

6.建筑工程项目的生命周期一般都会经过哪些阶段？

第2章
建筑信息模型(BIM)
与项目管理

学习目标

1. 了解 BIM 的定义。
2. 了解 BIM 在项目管理中的意义。
3. 熟悉基于 BIM 的工程项目管理的整体架构。
4. 掌握基于 BIM 的工程项目管理的主要功能。
5. 掌握基于 BIM 的工程项目管理的应用流程。

推进建筑产业现代化,加强技术研发应用

加快先进建造设备、智能设备的研发、制造和推广应用,提升各类施工机具的性能和效率,提高机械化施工程度。限制和淘汰落后、危险工艺工法,保障生产施工安全。积极支持建筑业科研工作,大幅提高技术创新对产业发展的贡献率。加快推进建筑信息模型(BIM)技术在规划、勘察、设计、施工和运营维护全过程的集成应用,实现工程建设项目全生命周期数据共享和信息化管理,为项目方案优化和科学决策提供依据,促进建筑业提质增效。

资料来源:国务院办公厅.关于促进建筑业持续健康发展的意见.国办发〔2017〕19 号

2.1 建筑信息模型(BIM)概述

2.1.1 BIM 的定义

2002 年,时任美国 Autodesk 公司副总裁菲利普·伯恩斯坦首次在世界上提出 Building Information Modeling 这个新的建筑信息技术名词术语,于是它的缩写 BIM 也是作为一个新术语应运而生。

1. BIM 的含义

BIM 的含义应包括以下三个方面：

(1)BIM 是设施所有信息的数字化表达，是一个可以作为设施虚拟替代物的信息化电子模型，是共享信息的资源，即把 Building Information Model 称为 BIM 模型。

(2)BIM 是在开放标准和相互性基础之上建立、完善和利用设施的信息化电子模型的行为过程，设施有关的各方可以根据各自职责对模型插入、提取、更新和修改信息，以支持设施的各种需要，即把 Building Information Modeling 称为 BIM 建模。

(3)BIM 是一个透明、可重复、可核查的、可持续的协同工作环境，在这个环境中，各参与方在设施全生命周期中都可以及时联络，共享项目信息，并通过分析信息，做出决策和改善设施的交付过程，使项目得到有效的管理。即把 Building Information Management 称为建筑信息管理。

在以上的三点中，第一点是其后两点的基础，因为第一点提供了共享信息的资源，有了资源才有发展到第二点和第三点的基础；而第三点则是实现第二点的保证，如果没有一个实现有效工作和管理的环境，各参与方的通信联络以及各自负责对模型的维护、更新工作将得不到保证，而这三点中最为主要的部分就是第二点，它是一个不断应用信息完善模型、在设施生命周期中不断应用信息的行为过程，最能体现 BIM 的核心价值。但是不管是哪一点，在 BIM 中最核心的东西就是"信息"，正是这些信息把三部分有机地串联在一起，成为一个 BIM 的整体。如果没有了信息，也就不会有 BIM。

2. BIM 的构成

BIM 由三方面构成：产品模型、过程模型、决策模型。

(1)产品模型：是指建筑组件和空间与非空间的关系。包括空间信息，如建筑构件的空间位置、大小、形状以及相互关系等；非空间信息，如建筑结构类型、施工方、材料属性、荷载属性、建筑用途等。

(2)过程模型：是指建筑物运行的态度模型与建筑组件相互作用，不同程度地影响建筑组件在不同时间阶段的属性，甚至会影响建筑成分本身的存在与否。

(3)决策模型：是指人类行为对建筑模型与过程模型所产生的直接和间接作用的数值模型。BIM 不会等于或不等于 3D 模型的信息，因为没有描写它的过程，只是产品模型。

3. 狭义 BIM 和广义 BIM

(1)狭义的 BIM

在项目某一个工序阶段应用 BIM。2002 年菲利普·伯恩斯坦认为 BIM 就是 Building Information Modeling，认为 BIM 主要应用在建筑设计上。当时，BIM 主要是在建设项目中某一个阶段甚至某一个工序上孤立地应用，例如，用于建筑设计、碰撞检测等。因此从这个意义上来说，当时对 BIM 的认识还比较局限，是狭义的 BIM。

(2)广义的 BIM

目前，BIM 的含义已经大大扩展，BIM 包含了三大方面的内容，其中一个方面就是建筑项目管理。把 BIM 扩展到整个项目生命周期的运行管理，包括设计管理、施工管理、运营维护管理，使 BIM 的价值得到了巨大提升。BIM 不仅在跨越全生命周期这个纵向上得到充分应用，而且在应用范围的横向上也得到了广泛应用，从这个范围上来理解 BIM 的广义性更为合适一些。

BIM 还在不断发展之中,BIM 的应用范围更为宽泛一些,BIM 所覆盖的内容更多一些。现在 BIM 的应用已经超越了建设对象是单纯建筑物的局限,越来越多地应用在桥梁工程、水利工程、城市规划、市政工程、风景园林建设等多个方面。

4. BIM 技术

（1）BIM 技术的概念

BIM 技术是一项应用于设施全生命周期的 3D 数字化技术,它以一个贯穿其生命周期都通用的数据格式,创建、收集该设施所有相关的信息并建立起信息协调的信息化模型作为项目决策的基础和共享信息的资源。

应用 BIM 想解决的问题之一就是在设施全生命周期中,希望所有与设施有关的信息只需要一次输入,然后通过信息的流动可以应用到设施全生命周期的各个阶段。如果只需要一次输入,想要解决设施的全生命周期的前期策划、设计、施工、运营等多个阶段的多项不同工作,就需要一种在设施全生命周期各个软件都通用的数据格式,以方便信息的储存、共享、应用和流动。

（2）BIM 技术的特点

①操作的可视化

可视化是 BIM 技术最显而易见的特点。BIM 技术的一切操作都是在可视化的环境下完成的,在可视化环境下进行建筑设计、碰撞检测、施工模拟、避灾路线分析等一系列操作。

BIM 技术的出现为实现可视化操作开辟了广阔的前景,其附带的构件信息（几何信息、关联信息、技术信息等）为可视化操作提供了有力的支持,不但使一些比较抽象的信息（如应力、温度、热舒适度）可以用可视化方式表达出来,还可以将设施建设过程及各种相互关系动态地表现出来。可视化操作为项目团队进行的一系列分析提供了方便,有利于提高生产效率、降低生产成本和提高工程质量。

②信息的完备性

BIM 是设施的物理和功能特征的数字化表达,包含设施的所有信息,从 BIM 的这个定义就体现了信息的完备性。BIM 模型包含了设施的全面信息,除了对设施进行 3D 几何信息和拓扑关系的描述,还包括完整的工程信息的描述。如对象名称、结构类型、建筑材料、工程性能等设计信息;施工工序、进度、成本、质量以及人力、机械、材料资源等施工信息;工程安全性能、材料耐久性能等维护信息;对象之间的工程逻辑关系等。

③信息的协调性

协调性体现在两个方面:一是在数据之间创建实时的、一致性的关联,对数据库中数据的任何更改,都可以马上在其他关联的地方反映出来;二是在各构件实体之间实现关联显示、智能互动。

④信息的互用性

应用 BIM 可以实现信息的互用性,充分保证了信息经过传输与交换以后,信息前后的一致性。具体来说,实现互用性就是 BIM 模型中所有数据只需要一次性采集或输入,就可以在整个设施的全生命周期中实现信息的共享、交换与流动,使 BIM 模型能够自动演化,避免了信息不一致的错误。在建设项目不同阶段避免了对数据的重复输入,可以大大降低成本、节省时间、减少错误、提高效率。

2.1.2 BIM 的应用 //

在 BIM 技术的应用中,首先应考虑如何判断一个项目是否可以称得上是一个 BIM 技术项目,NBIMS(美国国家 BIM 标准第一版)针对 BIM 应用评估提出了 BIM 能力成熟度模型(BIM Capability Maturity Model,BIM CMM)。用户可应用这个模型来评价 BIM 的实施水平与改进范围。

在 BIM 能力成熟度模型(BIM CMM)的评价体系中,NBIMS 采用了 11 个评价指标。下面对这 11 个指标的含义进行简单的介绍:

1. 数据丰富度

BIM 模型作为建筑的物理特征和功能特性的数字化表达,是建筑的信息共享的知识资源,也是其生命周期中进行相关决策的可靠依据。通过建立起的 BIM 模型,使最初那些彼此并无关联的数据,整合为具有极高应用价值的信息模型,实现了数据的丰富度和完整性,足以支持各种分析的需要。

2. 生命周期

一个建筑的全生命周期是可以分为很多个阶段的,我们需要的 BIM 应用应当是能够发展到覆盖全生命周期的所有阶段,在每一个阶段都应当把来自权威信息源的信息收集整合起来,并用于分析和决策。

3. 角色或专业

角色是指在业务流程以及涉及信息流动中的参与者,信息共享往往涉及不同专业多个信息的提供者或使用者。在 BIM 项目中,我们希望真正的信息提供者提供权威可靠的信息,在整个业务流程中使得各个不同专业可以共享这些信息。

4. 变更管理

在实施 BIM 中,可能会使原有业务流程发生改变。如果发现业务流程有缺陷需要改进,应当随之对问题的根本原因进行分析,然后在分析的基础上调整业务流程。

5. 业务流程

在应用 BIM 中,如果把数据和信息的收集作为业务流程的一部分,那么数据收集的成本将大为节省。但如果把数据收集作为一个单独的进程,那么数据可能会不准确而且成本会增加。我们的目标是在实时环境中收集、保存和维护数据。

6. 及时/响应

在 BIM 的实际应用中,对信息的请求最好能做到实时响应,最差的可能是需要对请求重新创建信息。越接近准确的实时信息,对做好决策的支持力度越大。

7. 提交方式

信息的提交方式是否安全、便捷,也是 BIM 应用是否成功的关键。如果信息仅可用在一台机器上,而其他机器除了通过电子邮件或硬盘拷贝外都不能进行共享,这显然不是我们的目标。如果信息在一个结构化的网络环境中集中存储或处理,那就会实现一些共享。最理想的模型是一个网络中的面向服务的体系结构的系统。为了保障信息安全,在所有阶段都要做好信息保障工作。

8. 图形信息

可视化表达是 BIM 技术的主要特点之一,实现可视化表达的主要手段就是图形。从

2D的非智能化图形到3D的智能化图形,再加上能够反映时间、成本的ND图形,反映了图形信息由低级到高级的发展。

9. 空间能力

在BIM实际应用中,搞清楚设施的空间位置具有重要意义。建筑物内的人员需要指导避灾逃生的路线;建筑节能设计,就必须知道室外的热量从哪个地方传入室内。最理想的是BIM的这些信息和GIS集成在一起。

10. 信息准确度

这是一个在BIM应用中确保实际数据已落实的关键因素,这意味着实际数据已经被用于计算空间、计算面积和体积。

11. 互用性/IFC支持

应用BIM的目标之一是确保不同用户信息的互联互通,实现共享,也就是实现互用。而实现互用最有效的途径就是使用支持IFC标准的软件。使用支持IFC标准的软件保证了信息能在不用的用户之间顺利地流动。

这11个方面全面覆盖了BIM中信息应当具有的特性,因此在BIM应用的评价体系中作为评价指标是合适的。通过对这11个指标不同应用水平的衡量,综合起来就可以对BIM应用水平的高低进行评价了。

2.2 BIM 与项目管理

2.2.1 项目前期策划阶段

项目前期策划阶段对整个建筑工程项目的影响是很大的。前期策划做得好,随后进行的设计、施工就会进展顺利;而前期策划做得不好,将会对后续各个工程阶段造成不良的影响。因此,在项目的前期就应当及早应用BIM技术,使项目所有利益相关者能够早一点在一起参与项目的前期策划,让每个参与方都可以及早发现各种问题并做好协调,以保证项目的设计、施工和交付能顺利进行,减少各种浪费和延误。

BIM技术应用在项目前期的工作有很多,包括现状建模与模型维护、场地分析、投资估算、阶段规划、规划编制、建筑策划等。

1. 现状建模与场地分析

现状建模包括根据现有的资料把现状图纸导入基于BIM技术的软件中,创建出场地现状模型,包括道路、建筑物、河流、绿化以及高程的变化起伏,并根据规划条件创建出本地块的用地红线及道路红线,并生成面积指标。

在现状建模的基础上根据容积率、绿化率、建筑密度等建筑控制条件创建工程的建筑体块各种方案,创建体量模型。做好总图规划、道路交通规划、绿地景观规划、竖向规划以及管线综合规划。然后就可以在现状模型上进行概念设计,建立起建筑物初步的BIM模型。

接着要根据项目的经纬度,借助相关的软件采集此地的太阳及气候数据,并基于BIM模型数据利用相关的分析软件进行气候分析,对方案进行环境影响评估,包括日照环境影响、风环境影响、热环境影响、声环境影响等的评估。对某些项目,还需要进行交通影响模拟。

2. 投资估算

对于应用 BIM 技术的项目,由于 BIM 技术强大的信息统计功能,在方案阶段可以获得较为准确的土建工程量,既可以直接计算本项目的土建造价,大大提高了估算的准确性,同时还可以提供对方案进行补充和修改后所产生的成本变化,还可以用于不同方案的对比,可以快速得出成本的变动情况,权衡出不同方案的造价优劣,为项目决策提供重要而准确的依据。这个过程也使设计人员能够及时看到他们设计上的变化对于成本的影响,可以帮助抑制由于项目修改引起的预算超支。

3. 阶段性实施规划和设计任务书编制

设计任务书应当体现出应用 BIM 技术的设计成果,如 BIM 模型、漫游动画、管线碰撞报告、工程量及经济技术指标统计表等。

2.2.2 项目设计阶段 //

从 BIM 的发展历史可以知道,BIM 最早的应用就是在建筑设计,然后再扩展到建筑工程的其他阶段。BIM 在建筑设计的应用范围很广,无论是在设计方案论证,还是在深化设计、协同与变更设计、建筑性能分析、结构分析,以及在绿色建筑评估、规范验证、工程量统计等许多方面都有广泛的应用。

1. 设计方案论证

BIM 为设计方案的论证带来了很多的便利。由于 BIM 的应用,传统的 2D 设计模式已被 3D 模型所取代,3D 模型所展示的设计效果十分方便评审人员、业主和用户对方案进行评估,甚至可以就当前的设计方案讨论可施工性、如何削减成本和缩短工期等问题,经过审查最终为修改设计提供可行的方案。由于是用可视化方式进行,可获得来自最终用户和业主的积极反馈,使决策的时间大大减少,促成共识。

2. 深化设计

设计方案确定后就可深化设计,BIM 技术继续在后续的建筑设计发挥作用。由于基于 BIM 的设计软件以 3D 的墙体、门、窗、楼梯等建筑构件作为构件参数,全面采用可视化的参数化设计方式进行设计。而且这个 BIM 模型中的构件实现了数据关联、智能互动。所有的数据都集成在 BIM 模型中,其交付的设计成果就是 BIM 模型。这就可以随意生成各种平、立、剖 2D 图纸、3D 效果图及 3D 动画。由于生成的各种图纸都是来源于同一个建筑模型,因此所有的图纸和图表都是相互关联的,同时这种关联互动是实时的。在任何视图上对设计做出的任何更改,就等同于对模型的修改,都马上可以在其他视图上关联的地方反映出来。这从根本上避免了不同视图之间出现的不一致现象。

3. 协同与变更设计

BIM 技术为实现协同设计开辟了广阔的前景,使不同专业的甚至是身处异地的设计人员都能够通过网络在同一个 BIM 模型上展开协同设计,使设计能够协调地进行。

BIM 模型中信息的完备性也大大简化了设计阶段对工程量的统计工作。模型中每个构件都与 BIM 模型数据库中的成本项目是相关的,当设计师推敲设计在 BIM 模型中对构件进行变更时,成本估算会实时更新,而设计师随时可看到更新的估算信息。

4. 建筑性能分析

BIM 模型中包含了建筑构件的各种详细信息,包含了用于建筑性能分析的各种数据。同时各种基于 BIM 的软件提供了良好的交换数据功能,可以为建筑性能分析提供条件,而且这些分析都是可视化的。这样,就为绿色建筑、低碳建筑的设计,乃至建成后进行的绿色建筑评估提供了便利。

2.2.3　项目施工阶段 //

施工企业对于应用新技术、新方法来减少错误、浪费,消除返工、延误,从而提高劳动生产率,带动利润上升的积极性是很高的。生产实践也证明,BIM 在施工中的应用可以为施工企业带来巨大价值。

BIM 技术在施工阶段可以有如下多个方面的应用:3D 协调/管线综合、支持深化设计、场地使用规划、施工系统设计、施工进度模拟、施工组织模拟、数字化建造、施工质量与进度监控、物料跟踪等。

BIM 在施工阶段的这些应用,主要依赖于应用 BIM 技术建立起的 3D 模型。3D 模型提供了可视化的手段,为参加工程项目的各方展示了 2D 图纸所不能给予的视觉效果和认知角度,这就为碰撞检测和 3D 协调提供了良好的条件。同时,可以建立基于 BIM 的包含进度控制的 4D 的施工模型,实现虚拟施工;更进一步,还可以建立基于 BIM 的包含成本控制的 5D 模型。这样就能有效控制施工安排,减少返工,控制成本,为创造绿色、环保、低碳施工等方面提供有力的支持。

1. 碰撞检测

应用 BIM 技术可以解决一直困扰施工企业的大问题——各种碰撞问题。在施工开始前利用 BIM 模型的 3D 可视化特性对各个专业的设计进行空间协调,检查各个专业管道之间的碰撞以及管道与房屋结构中的梁、柱的碰撞。如发现碰撞则及时调整,这就较好地避免施工中管道发生碰撞和拆除重新安装的问题。

2. 施工方案分析模拟

施工企业可以在 BIM 模型上对施工计划和施工方案进行分析模拟,充分利用空间和资源,消除冲突,得到最优施工计划和方案,特别是在复杂区域应用 3D 的 BIM 模型,直接向施工人员进行施工交底和作业指导,使效果更加直观、方便。

BIM 模型可以对新形势、新结构、新工艺和复杂节点等施工难点进行分析模拟,可以改进设计方案实现设计方案的可施工性,使原本在施工现场才能发现的问题尽早在设计阶段就得到解决,以达到降低成本,缩短工期、减少错误和浪费的目的。

3. 科学管理

通过 BIM 技术与 3D 激光扫描、视频、照相、GPS、移动通信、RFID、互联网等技术的集成,可以实现对现成的构件、设备以及施工进度和质量的实时跟踪。

通过 BIM 技术和管理信息系统集成,可以有效支持造价、采购、库存、财务等动态和精确管理,减少库存开支、在竣工时可以生成竣工模型和相关文档,有利于后续的运营管理。

BIM 技术的应用大大地改善了施工方与其他方的沟通,业主、设计方、预制厂商、材料及设备供应商、用户等可利用 BIM 模型的可视化特性与施工方进行沟通,提高效率、减少错误。

2.3 基于BIM的工程项目管理

2.3.1 整体架构 //

企业级 BIM 应用框架的搭建应当与企业发展的长远目标密切相关,采用 BIM 技术将对企业的运营产生巨大的影响,大大提高企业的竞争实力,这将有助于企业为客户提供优质的服务,让企业在市场竞争中获取更大的利益。因此,在搭建应用框架的时候,要明确企业推行 BIM 的宗旨,明确自己的目的和要达到的目标。

建立企业 BIM 的应用框架,应当在总经理的领导下,成立实施 BIM 的职能部门,各专业部门要指定专人负责本部门的 BIM 应用事宜,各专业部门 BIM 应用的负责人组成企业 BIM 应用的核心团队,领导和统筹 BIM 的应用工作。

搭建整个企业级 BIM 应用框架需要做好如下五方面的工作:建模计划、人员计划、实施计划、公司协作计划和企业技术计划。

1. 建模计划

(1)制订详细的建模计划和建模标准

企业要制订好建模计划和建模标准。在建模计划中,列出建模名称、模型内容、在项目的什么阶段创建以及创建工具等,并在建模前计划好相关的要求和细节。而建模标准则包括模型的精度和尺寸标注的要求、建模对象具备的属性、建模详细程度、模型的度量制等。

(2)制订详细的分析计划

在确定详细的建模计划后,接着就需要制订详细的分析计划。通常是应用不同的子模型来进行相关的分析,如可视化分析、结构分析、能效分析、冲突检测分析、材料算量分析、进度分析、绿色建筑评估体系分析等。

2. 人员计划

人员计划包括对企业结构、员工技能、人员招聘和培训要求的分析。

(1)企业结构

由于企业应用了 BIM,原有的企业结构组成可能不适应,一些专门服务于 BIM 应用的新部门、新岗位出现,改变了企业的结构,因此需要对企业的结构进行分析。这些分析应包含对当前企业结构的分析和对未来应用 BIM 技术后企业结构的建议。

(2)员工技能

对员工技能的分析,应用了 BIM 技术后,需要员工掌握新的技能,因此需要对企业当前员工已有的技能进行分析,并对所需技能及掌握此类技能的人数提出建议。

(3)人员招聘

有些岗位确实需要招聘新员工,因此也需要对所需新员工的类型和人数进行分析并做出招聘计划。

(4)培训要求

无论是新员工还是老员工,都需要参加 BIM 技术应用的培训,才能满足企业应用 BIM 的要求。培训计划需要列出要培训的技能类型、培训对象、培训人数和培训课时数。

3. 实施计划

作为企业的实施计划,应当包括沟通计划、培训计划和支持计划。

（1）沟通计划

企业在实施 BIM 技术后会在企业结构、运营等方面带来一系列重大改变,这些改变也许会对尚未适应新变化的员工心理造成一些误解或困惑。沟通计划是为了保证企业的平稳过渡,制订出如何根据企业的实际情况与员工进行有效沟通的计划。

（2）培训计划

BIM 技术是新的技术,必须对员工进行培训才能有效地实施 BIM 技术。培训计划要明确培训制度、培训课程、培训对象、培训课时数、待培训人员、培训日期等。培训对象除了本企业员工外,还可以是合作伙伴。

（3）支持计划

企业在应用 BIM 技术的过程中涉及很多软硬件和技术装备,购买这些软硬件和技术装备时,软硬件厂商会承诺提供必要的支持。支持计划需要列出相关的支持方案,包括软硬件名称、支持类型、联系信息和支持时间等。

4. 公司协作计划

公司协作计划是本企业内部的员工在 BIM 应用的大环境下,实现高效的沟通、检索和共享 BIM 技术创建的信息而制订的。应当充分评估企业原有的沟通与协作制度在 BIM 应用的大环境下的适应性,根据评估结果确定如何利用或提升原有的沟通与协作制度。

5. 企业技术计划

企业的技术计划关系到实施 BIM 技术所需要的能力,包括软硬件和基础设施的情况。需要对企业的技术能力、软硬件和基础设施的情况进行评估,然后根据实际情况制订出企业的技术计划。该计划包括软件选择要求、硬件选择要求等。

（1）软件选择要求

软件选择的原则是,能够最大限度地发挥 BIM 工具的优越性,因此应当注意软件的选择。

（2）硬件选择要求

根据企业当前的实力、硬件情况以及要实施的 BIM 技术,确定企业的硬件计划。

2.3.2 主要功能

1. 提高企业团队协作水平

基于 BIM 的企业部门协作以共同的信息平台为基础,企业中每个成员都可以通过企业数据平台随时与项目、企业保持沟通。基于 BIM 信息共享、一处更改全局更新的特点,企业部门之间的协作变得更加方便和快捷。

2. 提升信息化管理制度

通过对项目执行过程中所产生的与 BIM 相关数据的整理和规范化,企业可以实现数据资源的重复利用,利用企业信息和知识的积累、管理和学习,进而形成以信息化为核心的企业资产管理运营体系,提高企业的核心竞争力。

3. 改善规范化管理

BIM 技术将建筑企业的各项职能系统联系起来,并将建筑所需要的信息统一存储于一定的建筑模型之中,更加规范和具体了企业的管理内容与管理对象,减少因管理对象的不具体、管理过程的不明确造成企业在人力、物力以及时间等资源的浪费,使得企业管理层的决策和管理更加高效。

4. 提高生产率

BIM 被认为是建筑业创新的革命性理念,是建筑业未来发展方向。国际上相关研究表明,设计企业在熟练运用 BIM 相关技术后,生产率得到了很大程度的提高,主要表现为图纸设计的效率与效果都得到了提升。通过 BIM 技术带来的标准化、工厂化的工程施工过程变革,工程施工企业、咨询企业的生产率均会得到提高。

5. 提高企业核心竞争力

企业采用 BIM 有政策方面、经济方面、技术发展方面、组织能力提升方面等许多原因,然而其最为核心的原因是获得继续保持企业的核心竞争力。目前,欧美等一些发达国家普遍在建筑业采用 BIM 技术,这已经成为其企业获得业务的必备条件之一;国内建筑业采用 BIM 技术较好的企业已经在许多项目上赢得了经济和声誉双丰收,BIM 技术的熟练运用已经逐渐成为提升企业核心竞争力的重要因素之一。

2.3.3　应用流程

由于 BIM 信息化技术在国内的应用处于起步阶段,我们尚无统一的 BIM 标准体系,而且也无关于 BIM 运用相关管理、推行的机制。因此,这里以上海中心大厦工程应用 BIM 技术为案例,分析 BIM 技术应用流程。

(1)BIM 应用技术框架

BIM 技术,即通过构建数字化信息模型,打破设计、建造、施工和运营之间的传统隔阂,实现项目各参与方之间的信息交流和共享。通过构建 BIM 信息平台,协调整合各种绿色建筑设计、技术和策略。在设计、施工及运营阶段全方位实施 BIM 技术,以有效地控制项目各个阶段过程中工程信息的采集、加工、存储和交流,从而支持项目的最高决策者对项目进行合理的协调、规划、控制,最终达到项目全生命周期内的技术和经济指标的最优化。

BIM 的基础是建模,灵魂是信息,重点是协作,而工具是软件,为了实现上海中心的 BIM 协调应用,建设方于 2010 年就与 Autodesk 公司共同制定了上海中心的软件实施技术框架。

(2)BIM 项目管理框架

①BIM 工作团队的构成与建立

上海中心的管理模式定位为“建设单位主导、参建单位共同参与的基于 BIM 技术的精益化管理模式”,即作为建设方需要主导大厦各个阶段的 BIM 应用,而参与大厦项目的各方各尽其职,负责工作范围内的 BIM 应用和实施。

②BIM 工作团队职责

各施工分包商 BIM 团队负责其服务范围内的 BIM 模型的创建、维护和应用工作,并受其总包单位的管理和协调。在项目结束时,分包商应负责向总包商提交真实准确的竣工 BIM 模型、BIM 应用资料和相关数据等,供业主及总包商审核和集成。

各 BIM 团队建立后,项目各方两周一次定期举行 BIM 工作会议,建设方 BIM 负责人或者总包 BIM 负责人召集组织会议,按 BIM 工作的实际需要布置落实相关工作。出席对象为各阶段参与 BIM 工作的内部员工和外部团队的 BIM 负责人。

③项目团队组建后,作为建设方还需要负责的工作内容

数据平台的搭建、BIM 实施标准的建立。

(3)BIM 项目管理流程

①模型数据的创建和管理

BIM 模型为实现 BIM 应用信息的基本载体,在方案及初步设计阶段,Gensler 建筑设计事务所及其结构设计分包美国 TT 结构师事务所,生成了多个建筑和结构专业的 BIM 模型,这些模型成为上海中心项目最初的 BIM 数据库。

同济大学建筑设计研究院采用 3D 化设计方式,从模型中直接输出平、立、剖等工程图,供 CAD 团队加工成施工图纸,并应用 3D 设计协调,大大提高了设计质量。

各施工分包方需要在设计方 BIM 模型的基础上,根据施工深化图纸进行模型深化,并保证最终和现场施工情况保持一致。

②关键流程的细化

• BIM 模型提交流程

通常情况下,BIM 模型创建的负责方需在合同签订后的 30 天内提交 BIM 组织架构表,建设方 BIM 负责人需对其负责 BIM 工作的团队资格进行审核。BIM 模型创建的负责方需在合同签订后的 45 天内提交 BIM 执行计划书,建设方 BIM 负责方需对执行计划书进行审核。BIM 模型创建的负责方需在合同签订后的 120 天内提交最初的 BIM 模型。BIM 模型创建的负责方需与施工深化图纸一起提交与图纸相一致的阶段性 BIM 模型。BIM 模型和相关文档的提交统一采用 Vault 平台。BIM 模型创建的负责方需按以上时间节点将 BIM 数据上传到 Vault 平台站点的单位目录下,并发邮件通知建设方 BIM 负责人和施工总包 BIM 负责人。

• BIM 模型审核流程

对于各专业施工模型,施工总包负责审核并集成,给出审核报告,并协调施工各方制订整改方案和期限。建设方 BIM 负责人负责监督审核进程。

对于分部分项工程的施工模型,建设方 BIM 负责人负责组织建设方各部门审核。审核通过后,建设方 BIM 负责人负责组织施工各方签署分部分项工程 BIM 认可协议,即可开始相应部位的施工。认可协议签署后,审核后的 BIM 模型将被发布到 Vault 平台上,供各方查阅。

• BIM 模型变更流程

因工程变更而引起的模型变更由施工总包负责组织和协调各相关施工单位实施,施工总包审核后,将更改的 BIM 模型上传到 Vault 平台站点的单位目录下,并发邮件通知建设方 BIM 负责人。

• BIM 竣工模型验收流程

对于隐蔽工程/分部分项工程验收,相关的 BIM 模型验收工作包括参与验收、自检合格、提交验收申请、资料验收、验收过程。

对于工程竣工验收,相关的 BIM 模型验收工作包括竣工验收小组、工程完工申报、资料验收、验收过程、工程完工证书。

相关资料

BIM 作为建筑业的一个新生事物,出现在我国已经有十年了。目前,国内 BIM 应用正在不断发展,前景很好,住建部颁布了《2016—2020 年建筑业信息化发展纲要》,在发展目标中提出:"十三五"时期,全面提高建筑业信息化水平,着力增强 BIM、大数据、智能化、移动通信、云计算、物联网等信息技术集成应用能力,建筑业数字化、网络化、智能化取得突破性进展,初步建成一体化行业监管和服务平台,数据资源利用水平和信息服务能力明显提升,形成一批具有较强信息技术创新能力和信息化应用达到国际先进水平的建筑企业及具有关键自主知识产权的建筑业信息技术企业。

本章小结

本章分两个层次对 BIM 技术与工程项目管理的应用进行了介绍:

首先介绍了 BIM 的概念及应用,分别从以下三点说明 BIM 的含义:①BIM 是设施所有信息的数字化表达,是一个可以作为设施虚拟替代物的信息化电子模型,是共享信息的资源;②BIM 是在开放标准和相互性基础之上建立、完善和利用设施的信息化电子模型的行为过程。③BIM 是一个透明、可重复、可核查的、可持续的协同工作环境。其次对 BIM 技术在设施全生命周期的前期策划阶段、设计阶段、施工阶段及基于 BIM 的工程项目管理的整体框架、主要功能及应用流程进行了概貌性介绍。

思考题

1. 从哪几个方面理解 BIM 的含义?
2. 简述基于 BIM 的工程项目管理的整体框架及应用流程。

第3章 建筑工程项目组织管理

学习目标

1. 了解工程项目组织的特点和设置原则。
2. 掌握工程项目组织形式的种类及优缺点。
3. 掌握建筑工程项目采购模式的种类及特点。
4. 掌握项目管理机构的职责。

载人航天精神

载人航天工程是中国航天领域迄今规模最庞大、系统最复杂、技术难度大、质量可靠性安全性要求最高和极具风险性的一项重点工程。

我国的载人航天工程,从飞船设计、火箭改进、轨道控制、空间应用到测控通信、航天员训练、发射场和着陆场等方案设计论证,中国航天人始终瞄准世界先进技术,面对一系列全新领域和尖端课题,他们始终不懈探索、敢于超越,攻克了一项又一项关键技术难题,获得了一大批具有自主知识产权的核心技术和生产性关键技术,展示了新时期中国航天人的卓越创新能力。这些重大突破,使我国在一些重要技术领域达到了世界先进水平。

中国航天人牢记党和人民的重托,满怀为国争光的雄心壮志,自强不息,顽强拼搏,团结协作,开拓创新,取得了一个又一个辉煌成果,也铸就了特别能吃苦、特别能战斗、特别能攻关、特别能奉献的载人航天精神。

中国航天人的成功实践告诉我们,一定要勇于站在世界科技发展的最前列,敢于在一些重要领域和科技前沿创造自主知识产权,大力提高核心竞争力,努力在世界高新技术领域占有一席之地。

资料来源:作者根据相关资料编写而成

3.1 工程项目组织

3.1.1 工程项目组织的概念 //

"组织"一词一般有两种含义,一种是动词,如组织活动,这种组织是管理的一种职能,表示对一个过程的筹划、安排、协调、控制和检查;另一种是名词,如项目组织、企业组织,指按照一定的规则为实现某种既定的目标而形成的职务或职位结构。

工程项目组织是指为完成特定的工程项目任务而建立起来的、从事工程项目具体工作的组织。该组织的目的是按任务或职位制定一套合适的组织结构,以使项目人员能为实现项目目标而有效地工作。

3.1.2 工程项目组织的特点 //

工程项目组织的建立和运行符合一般的组织原则和规律,但也有自身的特殊性,这一特殊性是由工程项目的特点所决定的。

1.工程项目组织具有一次性、暂时性的特点

工程项目组织随工程项目的开始而组建,随着工程项目的结束而解散,一个组织的寿命与它在项目中所承担的任务的时间长短有关。即使一些经常从事相近项目任务或项目管理任务的机构,其组织人员未变,但由于不同的项目,也应该认为这个项目组织是一次性的、暂时性的。工程项目组织的一次性和暂时性,是它区别于企业组织的一大特点。工程项目组织与企业组织之间有着复杂的关系。工程项目组织需要依附于企业组织,表现在项目组织的人员由企业提供,如项目经理由企业的法定代表人任命,有些项目任务直接由企业的某一部门来完成,如项目组织形式中的部门控制式。由于企业组织领导追求长期、稳定,因此工程项目组织必须适应企业组织,最小限度地减少对原企业组织的冲击。

2.工程项目组织具有目标性

任何工程项目都有明确的建设目标,项目组织的设置就是为了完成项目的总目标,所以工程项目组织具有目标性。但由于项目组织的各参与者来自不同的企业或部门,具有各自独立的经济利益,所以在项目中存在着统一的总目标与不同利益群体目标之间的矛盾,要取得项目的成功,就要顾及不同群体的利益,协调好不同群体间的关系。

3.工程项目内的组织关系种类多

工程项目的各参与单位共同组成工程项目组织,在工程项目组织中,隶属于同一企业的群体之间的组织关系是行政的领导与被领导的关系,隶属于不同企业的群体间的组织关系是合同关系,合同的签订与解除表示组织关系的建立和脱离,如业主与承包商之间为合同关系,业主与监理之间为合同关系,虽然承包商与监理之间没有合同关系,但他们责任与权力的划分,由合同来限定。

4.工程项目组织具有高度的弹性、可变性

工程项目组织随着项目任务的承接和完成,不断有成员进入或退出工程项目组织,这就要求工程项目组织要有高度的弹性来适应经常的变动。此外,采用不同的项目采购方式、有着不同的项目实施计划,则有不同的项目组织形式。

3.1.3　工程项目组织设置的基本原则 ///

根据工程项目组织自身的特殊性,在设置工程项目组织结构时,应遵循如下原则:

1. 目标统一原则

工程项目的各参与单位如施工、设计、监理、设备安装等的工作性质、工作任务和利益不尽相同,因此形成了代表不同利益方的项目组织,所以项目运行的组织障碍较大。为了使项目顺利实施,达到项目的总目标,必须要求项目的参与者应就总目标达成一致。当然,在项目实施过程中也要顾及各参与方本身的利益,使各方满意。从实现统一的总目标角度出发,在组织设置中要因目标设事、因事设岗位,按岗位定人员,以职责定制度授权力。

2. 责、权、利平衡原则

在工程项目的组织设置中,首先,明确项目各单位间的经济关系、职责和权限,调动各方的积极性,责、权、利三位一体,责任者既是责任的承担者也是权力的拥有者和利益的享受者;其次,责权利互相挂钩,使成员能够有责有权有利,解决有责无权或有责无利的责权利脱节状况;最后,责权利明晰化,使成员知道具体的责任内容、权利范围和利益大小。如果责权利失去平衡或者失去监督,那么后果是非常严重的,影响会很恶劣。

3. 适用性和灵活性原则

工程建设项目的阶段性、露天性和流动性必然带来生产对象数量、质量和地点的变化,进而造成资源配置的品种和数量变化,管理工作和组织机构要随之进行调整,以使组织机构适应施工任务的变化。这就是说,组织机构,不能一成不变,要时刻准备调整人员及部门设置,以适应工程任务变动对管理机构的要求。项目组织是企业组织的有机组成部分,项目组织是由企业组建的,项目组织的人员来自企业,项目管理组织解体后,其人员仍回企业。即使进行组织机构调整,人员也是进出于企业人才市场的。工程项目的组织形式必须适应而不能修改企业组织。这些都要求工程项目组织要有一定的适用性和灵活性,要根据业主的能力、承包商的素质、项目本身的概况来选择合适的项目组织结构,以利于项目的参与者利益的实现,并便于领导。

4. 建立适度的管理跨度与管理层次

管理跨度亦称管理幅度,是指一个主管人员直接管理的下属人员数量。跨度大,管理人员的接触关系增多,处理人与人之间关系的数量随之增大。当跨度太大时,领导者及下属常会出现应接不暇的情况。当设计组织机构时,必须使管理跨度适当。然而跨度大小又与分层多少有关。不难理解,层次多,跨度会小;层次少,跨度会大。这就要根据领导者的能力和施工项目的大小进行权衡。对工程项目管理层来说,管理跨度更应尽量少些,以集中精力于工程管理。

5. 合理授权

授权是现代组织运作的关键,也是领导力提升的重要环节。只有合理的授权,才能让领导者"分身有术",才有时间和精力处理关乎工程项目发展的关键问题和关键环节,才能更有效地提升领导力。合理授权能够调动员工的工作积极性和主观能动性,形成员工的主人翁意识,是最好的员工激励手段。在授权前,应做好目标的设定和责任范围的明确,要从组织制度上保障授权在可控或可监督的范围之内,在工作进展过程中应随时关注领导力提升,对偏离工作轨道的及时予以纠正。

3.1.4 工程项目组织的形式 //

组织结构通常包括线型组织结构、职能型组织结构、矩阵型组织结构等类型。组织结构模式可以用组织结构图来描述，反映一个组织系统中各组成部门之间的组织关系。在组织结构图中，矩形框表示工作部门，上级工作部门对其直接下属工作部门的指令关系用单向箭线表示。

1. 线型组织结构

线型组织结构是出现最早、最简单的一种组织结构形式，它来自军事组织系统，在线型组织结构中，每一个工作部门只能对其直接的下属部门下达工作指令，每一个工作部门也只有一个直接的上级部门。因此，每一个工作部门的指令源是唯一的，避免了由于矛盾的指令而影响组织系统的运行。图 3-1 所示为线型组织结构形式，图 3-1 中，A 可以对 B_1、B_2、B_3 下达指令；B_2 可以对 C_{21}、C_{22}、C_{23} 下达指令；虽然 B_1、B_3 比 C_{21}、C_{22}、C_{23} 高一个组织层次，但是 B_1、B_3 并不是 C_{21}、C_{22}、C_{23} 的直接上级，不允许它们对 C_{21}、C_{22}、C_{23} 下达指令。

优点：保证单头领导，每个组织单元仅向一个上级负责，一个上级对下级直接行使管理和监督的权力，即直线职权，一般不能越级下达指令。项目参加者的工作任务、责任、权力明确，指令唯一，这样可以减少扯皮和纠纷，协调方便，信息流通快，决策迅速，项目易控制，责权的关系清晰。

缺点：当项目较多、较大时，每个项目对应一个组织，使企业资源不能达到合理使用，项目经理责任较大，一切决策信息都集中于他处，这要求项目经理是"全能"式人物，通晓各种业务、多种知识技能，否则决策较难，较慢，容易出错。

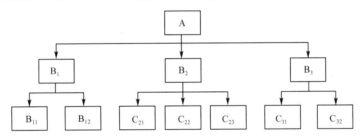

图 3-1 线型组织结构形式

2. 职能型组织结构

职能型组织结构与线型组织结构恰好相反，它的各级直线主管都配有通晓所涉及业务知识的专业人员，直接向下发号施令。即组织内除直线主管外还相应地设立一些职能部门，分担某些职能管理的业务，这些职能部门有权向下级部门下达命令和指示。因此，每一个工作部门可能得到其直接和非直接的上级工作部门下达的工作指令。图 3-2 所示为职能型组织结构形式，图 3-2 中，B_1、B_2、B_3 表示职能部门，C_1、C_2、C_3、C_4 表示下属部门，A 可以对 B_1、B_2、B_3 下达指令，B_1 可以对 C_1、C_2、C_3、C_4 下达指令，C_1、C_2、C_3、C_4 有多个指令源。

优点：以职能部门为承担项目任务的主体，可以充分发挥职能部门的资源集中优势，有利于保障项目所需要的资源的供给和项目可交付成果的质量，提高管理效率，减轻项目经理的负担。

缺点：每一个职能人员都有直接指挥权，妨碍了组织必要的集中领导和统一指挥，形成了多头领导,易导致基层无所适从,造成管理的混乱。

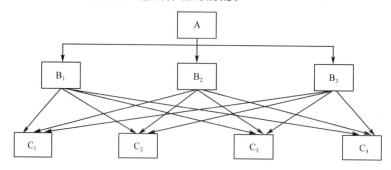

图 3-2   职能型组织结构形式

3.矩阵型组织结构

矩阵型组织结构是一种较新型的组织结构模式,它既有按职能划分的纵向管理部门,又有按项目划分的横向工作部门,两者结合,形成一个矩阵。为了保证实现一定的管理目标,横向工作部门的项目设负责人,在组织的最高层的直接领导下进行工作,负责完成项目。为实现项目目标,所需的各类专业人员应从各职能部门中抽调,他们既接受本职能部门的领导,又接受项目小组的领导。一旦任务完成,该项目小组解散,人员仍回原职能部门工作。

优点:能够形成以项目为中心的管理,集中全部的资源为各项目服务,项目目标能够得到保证;各种资源统一管理,能使资源得到最有效的使用,特别是有效合理利用企业的职能部门专业人员;项目组织成员仍属于一个职能部门,可以保证组织的稳定性和项目工作的连续性,使得专业人员在职能部门中通过参与项目获得个人业务素质的提高;具有灵活性,能很好地适应动态管理和优化组合的需求。

缺点:存在组织上的双重领导、双重职能、双重信息流和指令。矩阵型组织结构运行中存在项目领导和部门领导的界面,双方容易产生争权、扯皮和推卸责任的现象,必须严格区分项目和部门工作的任务、责任和权力,划定界限。

按项目经理权力大小及其他项目特点,矩阵型组织分为弱矩阵、平衡型矩阵和强矩阵。如图 3-3 所示。

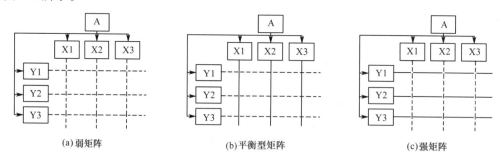

(a)弱矩阵   (b)平衡型矩阵   (c)强矩阵

图 3-3   矩阵型组织结构形式

弱矩阵组织形式类似于职能型组织形式,是矩阵型组织形式的一个极端类型。在这种组织形式里,项目可能只有一个全职人员,即项目经理,项目经理的角色更像协调人员而非管理者。项目成员不是直接从职能部门调派过来,而是利用他们在职能部门为项目提供服务。对于技术简单的项目适合采用弱矩阵组织。因为技术简单的项目,各职能部门所承担的工作,其技术界面是明晰的或比较简单的,跨部门的协调工作很少或很容易完成。

平衡型矩阵组织也称中矩阵组织,是指在向各部门借调过来的成员当中,指定一个人担任专案主持人的角色。对于有中等技术复杂程度而且周期较长的项目,适合采用平衡型矩阵组织。采用平衡型组织结构,需要精心建立管理程序和配备训练有素的协调人员才能取得好的效果。

强矩阵组织形式是矩阵型组织形式的另一个极端类型。强矩阵组织形式类似于项目式组织形式,它们的区别在于项目部从公司中分离出来作为独立的单元。项目人员可根据需要全职或兼职地为项目服务。在强矩阵组织中,具有项目型组织的许多特点:拥有专职的、具有较大权限的项目经理以及专职的项目管理人员。对于技术复杂而且时间相对紧迫的项目,适合采用强矩阵组织。

3.2 建筑工程项目的采购模式

工程采购是指业主在建设项目的建设期对工程建设项目整体的购买。采购的内容包括工程咨询、管理、勘察、设计、施工、设备安装调试等,有的情况下还包括建设项目运营期的运营和维护。不同的项目有不同的目标,不同的工程建设项目要求采用不同的工程采购模式,业主在选择项目采购模式时,应当结合工程类别、投资主体、投资预期目标、融资渠道,选择最优的工程采购模式与具体的工程建设项目相适应。

3.2.1 项目管理委托的模式

项目管理咨询公司(咨询事务所)可以接受业主方、设计方、施工方、供货方和建设项目总承包方的委托,提供代表委托方利益的项目管理服务。项目管理咨询公司所提供的这类服务的工作性质属于工程顾问(工程咨询)服务。

业主方项目管理的方式主要有三种:

(1)业主方自行项目管理。

(2)业主方委托项目管理咨询公司承担全部业主方项目管理的任务。

(3)业主方委托项目管理咨询公司与业主方人员共同进行项目管理,业主方从事项目管理的人员在项目管理咨询公司委派的项目经理的领导下工作。

3.2.2 设计任务委托的模式

设计任务的委托主要有两种模式:

(1)业主方委托一个设计单位或由多个设计单位组成的设计联合体或设计合作体作为设计总负责单位,设计总负责单位视需要再委托其他设计单位配合设计。

(2)业主方不委托设计总负责单位,而平行委托多个设计单位进行设计。

3.2.3 物资采购的模式

工程建设物资指的是建筑材料、建筑构配件和设备。

《中华人民共和国建筑法》(以下简称《建筑法》)对物资采购有这样的规定:按照合同约

定,建筑材料、建筑构配件和设备由工程承包单位采购的,发包单位不得指定承包单位购入用于工程的建筑材料、建筑构配件和设备或者指定生产厂、供应商。

物资采购工作应符合有关合同和设计文件所规定的数量、技术要求和质量标准,并符合工程进度、安全、环境和成本管理等要求。

业主方工程建设物资采购有多种模式,如:

（1）业主方自行采购。

（2）与承包商约定部分物资由指定供货商采购。

（3）承包商采购等。

3.2.4　施工任务委托的模式 //

施工任务的委托主要有如下几种模式:

1.施工平行发包模式

在施工平行发包模式中,业主可以根据建设项目结构、建设项目施工的不同专业系统进行分解发包,将不同的施工任务分别委托给不同的施工单位,各个施工单位分别与业主签订合同,各个施工单位之间的关系是平行关系。如图 3-4 所示。

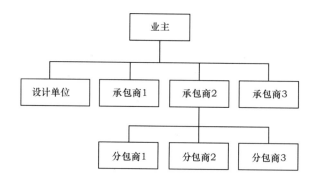

图 3-4　施工平行发包模式

施工平行发包的一般工作程序为设计→招投标→施工→验收,即一般情况下,在通过招标选择承包商时该部分工程的施工图已经完成,不确定性因素少,每个承包商对业主负责,并接受监理工程师的监督,经业主同意,直接承包的承包商也可进行分包。

优点:每一部分工程的发包都以施工图设计为基础,投标人进行投标报价较有依据;对业主来说,每一招标项目规模较小,有资格的投标单位多,能形成良好的竞争环境,降低合同价,有利于业主的投资控制;某一部分施工图完成后,即可开始这部分工程的招标,开工日期提前,可以边设计边施工,缩短建设周期。

缺点:业主要负责所有合同的招标、谈判、签约和跟踪管理,招标及合同管理的工作量大;业主要负责对所有承包商的管理及组织协调,对各承包商之间互相干扰造成的问题承担责任,在这种模式中,组织争执较多,索赔较多。

2.施工总承包模式

在这种模式下,业主首先委托咨询、设计单位进行可行性研究和工程设计,并交付整个项目的施工详图,然后业主组织施工招标,最终选定一个施工单位或由多个施工单位组成的施工联合体或施工合作体作为施工总承包商,与其签订施工总承包合同。如图 3-5 所示。

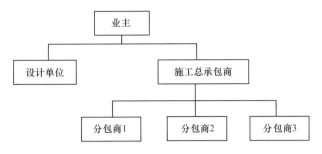

图 3-5　施工总承包模式

在总承包中,业主只选择一个总承包商,要求总承包商用本身力量承担其中主体工程的施工任务。经业主同意,总承包商可以把一部分专业工程或子项工程分包给分包商。总承包商向业主承担整个工程的施工责任,并接受监理工程师的监督管理。分承包商与总承包商签订分包合同,与业主没有直接的经济关系。总承包商除组织好自身承担的施工任务外,还要负责协调各分包商的施工活动,起总协调和总监督的作用。

根据《中华人民共和国建筑法》规定:禁止总承包商将其承包的全部建筑工程转包给他人,禁止总承包商将其承包的全部建筑工程肢解以后以分包的名义分别转包给他人。禁止总承包商将工程分包给不具备相应资质条件的单位。禁止分包商将其承包的工程再分包。

建筑工程总承包商按照总承包合同的约定对建设单位负责;分包商按照分包合同的约定对总承包商负责。总承包商和分包商就分包工程对建设单位承担连带责任。

优点:一般以施工图设计为投标报价的基础,投标人的投标报价较有依据;在开工前就有较明确的合同价,有利于业主的总投资控制;业主只需要进行一次招标,与施工总承包商签约,因此招标及合同管理工作量小;业主只负责对施工总承包商的管理及组织协调,其组织与协调的工作量比平行发包会大大减少。

缺点:由于一般要等施工图设计全部结束后,业主才进行施工总承包的招标,因此,开工日期不可能太早,建设周期会较长。这是施工总承包模式的最大缺点,限制了其在建设周期紧迫的建设工程项目上的应用。

3. 施工总承包管理模式

施工总承包管理模式是指业主方委托一个施工单位或由多个施工单位组成的施工联合体或施工合作体作为施工总承包管理单位,业主方另委托其他施工单位作为分包单位进行施工。一般情况下,施工总承包管理单位不参与具体工程的施工,但如施工总承包管理单位也想承担部分工程的施工,它也可以参加该部分工程的投标,通过竞争取得施工任务。施工总承包管理模式的合同关系有两种可能,即业主与施工承包单位直接签订合同(图 3-6)或者由施工总承包管理单位与施工承包单位签订合同(图 3-7)。

优点:在初步设计后、施工图设计完成前就可以进行施工总承包管理的招标,完成一部分分包工程施工图就可对其进行招标,分包合同的招标可以提前,这样有利于提前开工,缩短建设周期。各分包单位之间的组织与协调由施工总承包管理单位负责,减轻业主方管理的工作量。

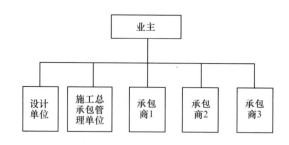

图 3-6 业主与施工承包单位直接签订合同的施工总承包管理模式

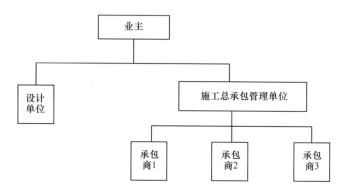

图 3-7 施工总承包管理单位与施工承包单位签订合同的施工总承包管理模式

缺点：在进行对施工总承包管理单位的招标时，只确定施工总承包管理费，而不确定工程总造价，这可能成为业主控制总投资的风险。一般情况下，所有分包合同的招投标、合同谈判以及签约工作均由业主方负责，业主方的招标及合同管理工作量较大。

3.2.5 项目总承包模式 //

《中华人民共和国建筑法》第二十四条规定：提倡对建筑工程实行总承包，禁止将建筑工程肢解发包。建筑工程的发包单位可以将建筑工程的勘察、设计、施工、设备采购一并发包给一个工程总承包单位，也可以将建筑工程的勘察、设计、施工、设备采购的一项或者多项发包给一个工程总承包单位；但是，不得将应当由一个承包单位完成的建筑工程肢解成若干部分发包给几个承包单位。

《中华人民共和国建筑法》第二十九条规定：建筑工程总承包单位可以将承包工程中的部分工程发包给具有相应资质条件的分包单位；但是，除总承包合同中约定的分包外，必须经建设单位认可。建筑工程总承包单位按照总承包合同的约定对建设单位负责；分包单位按照分包合同的约定对总承包单位负责。总承包单位和分包单位就分包工程对建设单位承担连带责任。

"工程总承包"可以是全过程的承包，也可以是分阶段的承包。工程总承包的范围、承包方式、责权利等由工程总承包合同界定。工程总承包主要有如下方式：

1.设计-采购-施工总承包(Engineering Procurement Construction，EPC)

设计-采购-施工总承包又称"交钥匙"工程，即工程总承包单位按照合同约定，承担工程项目的设计、采购、施工、试运行服务等工作,并对承包工程的质量、安全、工期、造价全面负责。"交钥匙"工程是设计、采购、施工总承包业务和责任的延伸,最终向业主提交一个满足使用功能、具备使用条件的工程。

2. 设计-施工总承包(Design Build,DB)

设计-施工总承包即工程总承包单位按照合同约定,承担工程项目的设计和施工,并对承包工程的质量、安全、工期、造价全面负责。

3. 其他派生的工程总承包方式

根据工程项目的不同规模、类型和业主要求,工程总承包还可采用设计-采购总承包(EP)、采购-施工总承包(PC)等方式。

项目总承包模式,是对传统的承发包模式的变革,它的基本出发点是借鉴工业生产组织的经验,实现建设生产过程的组织集成化,以克服由于设计和施工不协调而影响建设进度。

对业主而言,实行项目总承包,有利于项目的系统管理和综合控制,可大大减轻业主的管理工作量,有利于充分利用总承包单位的管理资源,最大限度地降低项目风险,也符合国际惯例和国际承包市场的运行规则。

对总承包单位而言,总承包单位一开始就参与设计,能将其在建筑材料、施工方法、结构形式、价格和市场等方面的经验充分地融入设计中,从而对工程项目的经济性产生积极的影响,克服了设计与施工的分离,从而加快建设进度。另外,采用这种模式还可以促进总承包单位自身的生产发展,促进建筑工业化、提高生产率。

对设计单位而言,从一开始就与总承包单位合作,会在设计时考虑施工,可以结合施工单位的特点和能力进行设计,减少施工阶段的设计变更。

3.3 项目管理责任制度

3.3.1 项目管理机构与项目管理机构负责人 ///////////////////////////

项目管理责任制度应作为项目管理的基本制度。项目管理机构是根据建设单位、勘察单位、设计单位、施工单位、监理单位等工程建设组织授权,直接实施项目管理的单位。可以是项目管理公司、项目部、工程监理部等。项目管理机构的定位是建设工程项目各实施主体和参与方针对工程项目建设所成立的专门性管理机构,负责各单位职责范围内的项目管理工作。如施工企业的项目经理部,其负责人即为项目经理。

建设工程项目各实施主体和参与方应建立项目管理责任制度,明确项目管理组织和人员分工,建立各方相互协调的管理机制。

建设工程项目各实施主体和参与方法定代表人应书面授权委托项目管理机构负责人,并实行项目负责人责任制。建设工程项目管理机构负责人需承担各自职责范围内的全面职责;应根据法定代表人的授权范围、期限和内容,履行管理职责;应取得相应资格,并按规定取得安全生产考核合格证书;应按相关约定在岗履职,对项目实施全过程及全面管理。

项目管理机构负责人在工程项目建设进入收尾阶段时,经建设方准许,可以监管另一项目的管理工作,但不得影响项目的正常运行。施工单位项目经理不得同时在两个及两个以上工程项目担任项目负责人。

3.3.2 项目建设相关责任方管理 ///

项目建设相关责任方应在各自的实施阶段和环节,明确工作责任,实施目标管理,确保项目正常运行。项目建设相关责任方应包括建设单位、勘察单位、设计单位、施工单位供应单位、监理单位、咨询单位和代理单位等。项目管理机构负责人应按规定接受相关部门的责任追究和监督管理;需按国家相关法规要求对工程质量承担其应当承担的责任;应在工程开工前签署质量承诺书,报相关工程管理机构备案。

建设单位应建立管理责任排查机制,按项目进度和时间节点,对各方的管理绩效进行验证性评价。

3.3.3 项目管理机构 ///

项目管理机构应承担项目实施的管理任务和实现目标的责任。项目管理机构应由项目管理机构负责人领导,接受组织职能部门的指导、监督、检查、服务和考核,负责对项目资源进行合理使用和动态管理;项目管理机构应在项目启动前建立,在项目完成后或按合同约定解体。

(1)建立项目管理机构应遵循下列规定:

①结构应符合组织制度和项目实施要求。

②应有明确的管理目标、运行程序和责任制度。

③机构成员应满足项目管理要求及具备相应资格。

④组织分工应相对稳定并可根据项目实施变化进行调整。

⑤应确定机构成员的职责、权限、利益和需承担的风险。

(2)建立项目管理机构应遵循下列步骤:

①根据项目管理规划大纲、项目管理目标责任书及合同要求明确管理任务。

②根据管理任务分解和归类,明确组织结构。

③根据组织结构,确定岗位职责、权限以及人员配置。

④制定工作程序和管理制度。

⑤由组织管理层审核认定。

(3)项目管理机构的管理活动应符合下列要求:

①应执行管理制度。

②应履行管理程序。

③应实施计划管理,保证资源的合理配置和有序流动。

④应注重项目实施过程的指导、监督、考核和评价。

3.3.4 项目管理目标责任书 ///

项目管理目标责任书需根据组织的管理需要和工程项目建设特点,细化管理工作目标和具体要求,以便更好地实施。项目管理目标责任书应属于组织内部明确责任的系统性管理文件,其内容应符合组织制度要求和项目自身特点。

(1)编制项目管理目标责任书应依据下列信息:

①项目合同文件。

②组织管理制度。

③项目管理规划大纲。

④组织经营方针和目标。

⑤项目特点和实施条件与环境。

(2)项目管理目标责任书宜包括下列内容:

①项目管理实施目标。

②组织和项目管理机构职责、权限和利益的划分。

③项目现场质量、安全、环保、文明、职业健康和社会责任目标。

④项目设计、采购、施工、试运行管理的内容和要求。

⑤项目所需资源的获取和核算办法。

⑥法定代表人向项目管理机构负责人委托的相关事项。

⑦项目管理机构负责人和项目管理机构应承担的风险。

⑧项目应急事项和突发事件处理的原则和方法。

⑨项目管理效果和目标实现的评价原则、内容和方法。

⑩项目实施过程中相关责任和问题的认定和处理原则。

⑪项目完成后对项目管理机构负责人的奖惩依据、标准和办法。

⑫项目管理机构负责人解职和项目管理机构解体的条件及办法。

⑬缺陷责任期、质量保修期及之后对项目管理机构负责人的相关要求。

3.3.5 项目管理机构负责人职责、权限和管理 ////////////////////////////////

(1)项目管理机构负责人应履行下列职责:

①项目管理目标责任书中规定的职责。

②工程质量安全责任承诺书中应履行的职责。

③组织或参与编制项目管理规划大纲、项目管理实施规划,对项目目标进行系统管理。

④主持制定并落实质量、安全技术措施和专项方案,负责相关的组织协调工作。

⑤对各类资源进行质量监控和动态管理。

⑥对进场的机械、设备、工器具的安全、质量和使用进行监控。

⑦建立各类专业管理制度,并组织实施。

⑧制定有效的安全、文明和环境保护措施并组织实施。

⑨组织或参与评价项目管理绩效。

⑩进行授权范围内的任务分解和利益分配。

⑪按规定完善工程资料,规范工程档案文件,准备工程结算和竣工资料,参与工程竣工验收。

⑫接受审计,处理项目管理机构解体的善后工作。

⑬协助和配合组织进行项目检查、鉴定和评奖申报。

⑭配合组织完善缺陷责任期的相关工作。

（2）项目管理机构负责人需全面履行工程项目管理职责。

以施工单位项目经理为例，其项目管理职责包括：

①项目经理需按照经审查合格的施工设计文件和施工技术标准进行工程项目施工，应对因施工导致的工程施工质量、安全事故或问题承担全面责任。

②项目经理需负责建立质量安全管理体系，配备专职质量、安全等施工现场管理人员，落实质量安全责任制、质量安全管理规章制度和操作规程。

③项目经理需负责施工组织设计、质量安全技术措施、专项施工方案的编制工作，认真组织质量、安全技术交底。

④项目经理需加强进入现场的建筑材料、构配件、设备、预拌混凝土等的检验、检测和验证工作，严格执行技术标准规范要求。

⑤项目经理需对进入现场的超重机械、模板、支架等的安装、拆卸及运行使用全过程监督，发现问题，及时整改。

⑥项目经理需加强安全文明施工费用的使用和管理，严格按规定配备安全防护和职业健康用具，按规定组织相关人员的岗位教育，严格特种工作人员岗位管理工作。

（3）项目管理机构负责人应具有下列权限：

① 参与项目招标、投标和合同签订。

②参与组建项目管理机构。

③参与组织对项目各阶段的重大决策。

④主持项目管理机构工作。

⑤决定授权范围内的项目资源使用。

⑥在组织制度的框架下制定项目管理机构管理制度。

⑦参与选择并直接管理具有相应资质的分包人。

⑧参与选择大宗资源的供应单位。

⑨在授权范围内与项目相关方进行直接沟通。

⑩法定代表人和组织授予的其他权利。

相关资料

工程项目的组织协调

工程项目的组织协调，主要是指在工程项目建设当中，针对施工活动中各有关要素间的协调，以及各要素在时间、空间上的协调。工程项目的组织协调大致可以分成以下三个部分：一是管理组织系统内部的协调；二是管理组织系统与业主、承包单位、设计单位等其他系统间的协调；三是业主、设计单位、上级主管部门（质检站）等有关系统间的协调。管理组织内部的协调工作，主要协调项目管理部内部人际关系，明确划分各自的工作职责，设计比较完备的管理工作流程，明确规定管理部正式沟通的方式、渠道和时间，使大家按程序、规则办事，提高工作效率。

本章小结

　　针对工程项目组织的特点,遵循工程项目组织设置的基本原则,根据工程项目及业主的自身情况,来选择适宜的工程项目组织形式及工程项目的采购模式。以项目经理为主体,以项目管理目标责任书为依据,建立项目经理责任制,来保证工程项目目标的实现。

思考题

　　1.矩阵型组织结构中的项目经理与直线型组织结构中的项目经理的角色有什么不同?

　　2.建造师一定是项目经理吗? 两者有什么区别?

　　3.如何选择与工程项目适宜的项目采购模式?

　　4.简述项目组织与企业组织的区别。

第4章
建筑工程招标与投标管理

4

学习目标

1. 熟悉建筑工程招标投标的概念。
2. 了解招标的范围和规模标准。
3. 掌握招标方式及各自的特点。
4. 熟悉建筑工程招标的程序。
5. 掌握建筑工程投标的程序。
6. 了解常见的投标报价策略。

抗洪精神

1998年夏,我国江南、华南大部分地区及北方局部地区普降大到暴雨。长江干流及鄱阳湖、洞庭湖水系,珠江、闽江、嫩江、松花江等江河相继发生了有史以来的特大洪水。党中央紧系军民心,领导军民谱写了一曲又一曲气吞山河的抗洪壮歌。

党中央密切关注着灾情发展趋势和抗灾进展,时刻牵挂着受灾群众和抢险军民,各级党组织充分发挥了党的领导作用。这场抗洪抢险斗争、规模大、气势壮,斗争严酷激烈,而更为重要的是,上下一心、干群一心、党群一心、军民一心、前方后方一心。在这场伟大的抗洪抢险斗争中形成了万众一心、众志成城,不怕困难、顽强拼搏、坚韧不拔、敢于胜利的伟大抗洪精神,这是无比珍贵的精神财富。

发扬抗洪精神,必须增强忧患意识、责任意识、使命意识,时时刻刻想到,有困难要克服,有大山要攀登,只有这样,才可能激发我们的意志,振奋我们的精神,提高我们的工作效率,为党为人民多做贡献。

"九八抗洪精神"的实质是,以公而忘私,舍生忘死的共产主义精神为灵魂;以人民利益、国家利益、全局利益至上的大局意识为核心;以团结一致,齐心协力,"一方有难,八方支援"的社会主义大协作精神为纽带;以不怕困难,不畏艰险,敢于胜利的革命英雄主义精神为旗帜;以自强不息、贵公重义、艰苦奋斗、同舟共济、坚韧不拔、自尊自励等传统美德为血脉为营养。这一切高贵美好的品格在共同抗击自然灾害的殊死搏斗中所形成的交汇点——时代精神和民族精神的交汇点,社会主义和爱国主义、集体主义的交汇点,革命英雄主义和社会主义人道主义的交汇点。

资料来源:论九八抗洪精神《中国防汛抗旱》,1998年第04期.

4.1 招标投标与招标投标法概述

4.1.1 招标投标的概念

招标投标,是指在市场经济条件下,进行大宗货物、工程以及服务的采购与提供时,招标人提出招标条件,投标人投标竞争获得交易资格的行为。

4.1.2 招标投标的特点

建筑工程项目招标投标的目的是在工程建设中引入竞争机制,择优选定勘察、设计、设备安装、施工、装饰装修材料设备供应、监理和工程总承包单位,以保证缩短工期、提高工程质量和节约建设资金。工程招标投标的特点有以下几点:

(1)通过竞争机制,实行交易公开。

(2)鼓励竞争,防止垄断,优胜劣汰,实现投资效益。

(3)通过科学合理和规范化的监管机制与运作程序,可有效地杜绝不正之风,保证交易的公正和公平。

4.1.3 招标投标的要求

由于建筑工程项目实施过程和采购的复杂性,工程过程中大量的问题、争执、矛盾以致失败都与招标投标过程有关。为了顺利地实现建筑工程项目的总目标,建筑工程项目招标投标必须符合以下要求:

(1)符合法律和法规规定的招标程序,并保证各项工作、各文件内容、各主体资格的合法性、有效性,签订合法的合同。

(2)双方须通过招标投标过程,在相互了解、相互信任的基础上签订合同。

从业主的角度来看,通过资格预审等手段可以了解承包商的资信、能力、经验以及承包商为工程实施所做的各项安排,确定承包是合格的,能圆满地完成合同责任;通过竞争选择,接受承包商的报价。在所有的投标人中,承包商的报价是较低而合理的。

从承包商和供应商的角度来看,须全面了解业主对工程、对自己的要求及自己的工程责任,理解招标文件、合同文件的详细情况;以了解业主的资信,相信业主的支付能力;了解自己所承担工程的范围,自己所面临的合同风险、工程难度,并已做了周密的安排,承包商的报价是有利的,已包括了合理的利润。

(3)签订完备的、周密的、含义清晰的,同时又是责权利关系平衡的合同,以减少合同执行中的漏洞、争执和不确定性。

(4)双方须对建筑工程项目的目标和工程采购的范围、工程的具体要求、合同的理解具有一致性。如果在招标投标过程中双方对这些理解存在差异,必然会导致实施过程中的争执。

4.1.4 建筑工程项目招标投标的作用和意义 //

建筑市场实行招标投标制度是适应我国社会主义市场经济的需求,招标投标工作的开展,促进了社会生产力水平的提高,加快了社会主义市场经济体制在建筑市场的建立和完善,促进了建筑市场的统一和开放,有利于培育、发展和规范建筑市场。建筑工程项目招标投标制度自实施以来,取得了明显的社会效益和经济效益,其作用和意义具体表现在以下几个方面:

(1)有利于规范业主行为,督促建设单位重视并做好工程建设的前期工作,从根本上改正了"边勘察、边设计、边施工"的做法,促进了征地、设计、筹资等工作的落实,监督其严格按程序办事。

(2)有利于降低工程造价,提高投资效益。据统计,建筑工程实行招标投标制度,一般可节约 10％～15％的投资。

(3)有利于提高功效,缩短工期,保证工程质量。

(4)增强了设计单位的经济责任意识,促使设计人员注意设计方案的经济性;增强了监理单位的责任感。

(5)有利于减少工程纠纷,保护市场主体的合法权益。

(6)体现了公平竞争的原则,这种公平不仅体现在招标人、投标人的地位上,更体现在投标人之间的地位上。施工单位之间的竞争更加公开、公平、公正,对施工单位既是一种冲击,又是一种激励,可促进企业加强内部管理,提高生产效率。

(7)有利于预防职务犯罪和商业犯罪。

总之,招标投标对于促进市场竞争机制的形成,使参与投标的承包商获得公平、公正的待遇,提高建筑领域的透明度和规范化,促进投资节约,使项目的效益最大化,以及对建筑市场的健康发展都具有重要的意义。

4.2 建筑工程招标

招标是整个招标投标过程的第一个环节,也是对投标、评标、定标有直接影响的环节,所以在《中华人民共和国招标投标法》(以下简称《招标投标法》)中对这个环节确立了一系列明确的规范。

4.2.1 建筑工程招标的概念 //

建筑工程招标是指建设单位在发包工程或购买设备时或经营某项业务时,通过一系列程序选择合适的承包商或供货商以及其他合作单位的过程。

4.2.2 招标人 //

《招标投标法》第 8 条规定:招标人是指依照招标投标法的规定提出招标项目、进行招标的法人或者其他组织。

从招标行为实施主体的自主性来看,招标人有建设单位(自行招标)和招标代理机构(代理招标)两种。

1.建设单位

《工程建设项目自行招标试行办法》第4条对建设单位自行招标必须具备的条件做出了规定：

(1)具有项目法人资格(或者法人资格)。

(2)具有与招标项目规模和复杂程度相适应的工程技术、概预算、财务和工程管理等方面专业技术力量。

(3)有从事同类工程建设项目招标的经验。

(4)设有专门的招标机构或者拥有3名以上专职招标业务人员。

(5)熟悉和掌握招标投标法及有关法规规章。

招标人符合法律规定的自行招标条件的,可以自行办理招标事宜。任何单位和个人不得强制其委托招标代理机构办理招标事宜。

2.招标代理机构

招标人不具备自行招标能力的,必须委托相应招标代理机构代为办理招标事宜。这既是保证工程招标质量和效率的客观需要,也是符合国际惯例的通行做法。《招标投标法》《工程建设项目招标代理机构资格认定办法》对工程招标代理机构应当具备的条件、资格认定及其管理等做出了明确规定。

(1)工程招标代理机构的概念

工程招标代理机构是指接受招标人的委托,从事工程的勘察、设计、施工、监理以及与工程建设有关的重要设备(进口机电设备除外)、材料采购招标的代理业务的社会中介组织。

(2)工程招标代理机构的资格

工程招标代理机构资格分为甲级、乙级和暂定级。甲级工程招标代理机构可以承担各类工程的招标代理业务。乙级工程招标代理机构只能承担工程总投资1亿元人民币以下的工程招标代理业务。暂定级工程招标代理机构只能承担工程总投资6000万元人民币以下的工程招标代理业务。

(3)工程招标代理机构的条件

根据《工程建设项目招标代理机构资格认定办法》第8条规定,申请工程招标代理资格的机构应当具备下列条件：

①是依法设立的中介组织,具有独立法人资格。

②与行政机关和其他国家机关没有行政隶属关系或者其他利益关系。

③有固定的营业场所和开展工程招标代理业务所需设施及办公条件。

④有健全的组织机构和内部管理的规章制度。

⑤具备编制招标文件和组织评标的相应专业力量。

⑥具有可以作为评标委员会成员人选的技术、经济等方面的专家库。

⑦法律、行政法规规定的其他条件。

4.2.3 招标条件 //

1.一般招标条件

根据《招标投标法》第9条、《房屋建筑和市政基础设施工程施工招标投标管理办法》第9条和《工程建设项目施工招标投标办法》第8条的规定,依法必须招标的工程建设项目,应当具备下列条件才能进行施工招标：

(1)招标人已经依法成立。

(2)初步设计及概算应当履行审批手续的,已经批准。

(3)招标范围、招标方式和招标组织形式等应当履行核准手续的,已经核准。

(4)有相应资金或资金来源已经落实。

(5)有招标所需的设计图纸及技术资料。

(6)法律法规规定的其他条件。

2.招标内容核准

《招标投标法实施条例》第7条规定,按照国家有关规定需要履行项目审批、核准手续的依法必须进行招标的项目,其招标范围、招标方式、招标组织形式应当报项目审批、核准部门审批、核准。项目审批、核准部门应当及时将审批、核准确定的招标范围、招标方式、招标组织形式通报有关行政监督部门。

4.2.4 招标的范围和规模标准

1.建设工程必须招标的范围

2017年12月,经修改后公布的《招标投标法》规定,在中华人民共和国境内进行下列工程建设项目包括项目的勘察、设计、施工、监理以及与工程建设有关的重要设备、材料等的采购,必须进行招标：

(1)大型基础设施、公用事业等关系社会公共利益、公众安全的项目。

(2)全部或者部分使用国有资金投资或者国家融资的项目。

(3)使用国际组织或者外国政府贷款、援助资金的项目。

2.可以不进行招标的建设工程项目

《招标投标法》规定,涉及国家安全、国家秘密、抢险救灾或者属于利用扶贫资金实行以工代赈、需要使用农民工等特殊情况不适宜进行招标的项目,按照国家有关规定可以不进行招标。

《中华人民共和国招标投标法实施条例》还规定,除《招标投标法》规定可以不进行招标的特殊情况外,有下列情形之一的,可以不进行招标：

(1)需要采用不可替代的专利或者专有技术。

(2)采购人依法能够自行建设、生产或者提供。

(3)已通过招标方式选定的特许经营项目投资人依法能够自行建设、生产或者提供。

(4)需要向原中标人采购工程、货物或者服务,否则将影响施工或者功能配套要求。

(5)国家规定的其他特殊情形。

4.2.5 招标方式

《招标投标法》中规定的招标方式一般有两种：公开招标与邀请招标。

1.公开招标

公开招标是指招标人以招标公告的方式邀请不特定的法人或者其他组织投标。依法必须进行招标项目的招标公告,应当通过国家指定的报刊、信息网络或者其他媒介发布。

2. 邀请招标

邀请招标是指招标人以投标邀请书的方式邀请特定的法人或者其他组织投标。招标人采用邀请招标方式的,应当向三个以上具备承担招标项目的能力、资信良好的特定的法人或者其他组织发出投标邀请书。国务院发展计划部门确定的国家重点项目和省、自治区、直辖市人民政府确定的地方重点项目不适宜公开招标的,经国务院发展计划部门或者省、自治区、直辖市人民政府批准,可以进行邀请招标。

3. 公开招标和邀请招标的主要区别

(1)发布信息的方式不同。公开招标是发布公告,邀请招标是发出投标邀请书。

(2)选择承包人的范围不同。公开招标是面向全社会的,一切潜在的对招标项目感兴趣的法人和其他经济组织都可参加投标竞争,其竞争性体现得最为充分,招标人拥有绝对的选择余地,但他事先不能掌握投标人的数量。邀请招标所针对的对象是事先已了解的法人或其他经济组织,投标人的数量有限,其竞争性是不完全充分的,招标人的选择范围相对较小,可能漏掉在技术上或报价上更有竞争力的承包商或供应商。

(3)公开的程度不同。公开招标中,所有的活动都必须严格按照预先指定并为大家所知的程序及标准公开进行,其作弊的可能性大大减小;而邀请招标的公开程度就相对逊色一些,产生不法行为的机会也就多一些。

(4)时间和费用不同。由于公开招标程序比较复杂,投标人的数量没有限定,所以其时间和费用都相对较多。而邀请招标只在有限的投标人中进行,所以其时间可大大缩短,费用也可有所减少。

4.2.6 招标程序

根据《招标投标法》和《工程建设项目施工招标投标办法》的规定,招标程序如下:

①成立招标组织,由招标人自行招标或委托招标。

②编制招标文件和标底(如果有)。

③发布招标公告或发出投标邀请书。

④对潜在投标人进行资质审查,并将审查结果通知各潜在投标人。

⑤发售招标文件。

⑥组织投标人踏勘现场,并对招标文件答疑。

⑦确定投标人编制投标文件所需要的合理时间。

⑧接受投标书。

⑨开标。

⑩评标。

⑪定标、签发中标通知书。

⑫签订合同。

1. 招标公告

招标公告是招标人以公告方式邀请不特定的潜在投标人就招标项目参加投标的意思表示。公开招标的招标信息必须通过公告的途径予以通知,使所有合格的投标人都有同等机会了解招标要求。招标公告是公开招标的第一步,也是决定竞争的广泛程度,保证招标质量的关键性一步。招标公告的作用是让潜在投标人获得招标信息,以便进行项目筛选,确定是否参与竞争。

（1）招标公告的发布方式

依法必须进行招标的项目的招标公告，应当通过国家指定的报刊、信息网络或者其他媒介发布。国内招标公告应使用中国文字，国际招标公告还应同时使用英文或相关国家的文字。国际招标还可以在发布招标公告的同时，向有关国家的使馆或驻招标国的外国机构发出通知。2000年7月1日国家发展和改革委员会第4号令发布了《招标公告发布暂行办法》，同时指定《中国日报》《中国经济导报》《中国建设报》和中国采购与招标网为发布依法必须招标项目的招标公告的媒介。其中，依法必须招标的国际招标项目的招标公告应在《中国日报》发布。在不同媒介发布的同一招标项目的招标公告的内容应当一致。指定媒介发布依法必须进行招标的项目的招标公告，不得收取费用。

（2）招标公告的主要内容

招标公告的主要目的是发布招标项目的有关信息，使那些有兴趣的潜在投标人知道与项目有关的主要情况，来决定其是否参加投标。因此，招标公告的内容对潜在投标人是至关重要的。

①施工招标公告的主要内容

根据《工程建设项目施工招标投标办法》第14条的规定，施工招标的招标公告或者投标邀请书应当至少载明下列内容：招标人的名称和地址；招标项目的内容、规模、资金来源；招标项目的实施地点和工期；获取招标文件或者资格预审文件的地点和时间；对招标文件或者资格预审文件收取的费用；对投标人的资质等级的要求。

②设计招标公告的主要内容

根据《建筑工程设计招标投标管理办法》第8条的规定，设计招标的招标公告或者投标邀请书应当载明招标人的名称和地址、招标项目的基本要求、投标人的资质以及获取招标文件的办法等事项。

2.招标文件与标底编制

（1）招标文件

《招标投标法》第19条规定：招标人应当根据招标项目的特点和需要编制招标文件。招标文件应当包括招标项目的技术要求、对投标人资格审查的标准、投标报价要求和评标标准等所有实质性要求和条件以及拟签订合同的主要条款。国家对招标项目的技术、标准有规定的，招标人应当按照其规定在招标文件中提出相应要求。招标项目需要划分标段、确定工期的，投标人应当合理划分标段、确定工期，并在招标文件中载明。

《招标投标法实施条例》第24条规定：招标人对招标项目划分标段的，应当遵守招标投标法的有关规定，不得利用划分标段限制或者排斥潜在投标人。依法必须进行招标的项目的招标人不得利用划分标段规避招标。

《工程建设项目施工招标投标办法》第24条规定，招标人根据施工招标项目的特点和需要编制招标文件。招标文件一般包括下列内容：

①招标公告或投标邀请书。

②投标人须知。

③合同主要条款。

④投标文件格式。

⑤采用工程量清单招标的,应当提供工程量清单。

⑥技术条款。

⑦设计图纸。

⑧评标标准和方法。

⑨投标辅助材料。

招标人应当在招标文件中规定实质性要求和条件,并用醒目的方式标明。

（2）标底的编制

在招标过程中,建设单位对拟建的工程项目自己或请工程咨询公司事先计算出建成该项目工程所需的全部资金额,这个资金额的数据,就称为标底。

根据《招标投标法实施条例》及《工程建设项目施工招标投标办法》,编制标底应遵守如下规定:

①招标人可根据项目特点决定是否编制标底。编制标底的,标底编制过程和标底必须保密。

②一个招标项目只能有一个标底。

③招标项目编制标底的,应根据批准的初步设计、投资概算,依据有关计价办法,参照有关工程定额,结合市场供求状况,综合考虑投资、工期和质量等方面的因素合理确定。

④标底由招标人自行编制或委托中介机构编制。接受委托编制标底的中介机构不得参加受托编制标底项目的投标,也不得为该项目的投标人编制投标文件或者提供咨询。

⑤任何单位和个人不得强制招标人编制或报审标底,或干预其确定标底。

⑥招标项目可以不设标底,进行无标底招标。

3. 招标文件的发售

招标文件、图纸和有关基础资料发放给通过资格预审或投标资格的投标单位。不进行资格预审的,发放给愿意参加投标的单位。投标单位收到招标文件、图纸和有关资料后,应当认真核对,核对无误后以书面形式予以确认。

（1）招标文件的发售价格

在工程实践中,经常会出现招标人以不合理的高价发售招标文件的现象。对此,《招标投标法实施条例》第16条以及《工程建设项目施工招标投标办法》第15条中做出了明确规定:对招标文件或者资格预审文件的收费应当合理,仅限于补偿印刷、邮寄的成本支出,不得以营利为目的。对于所附的设计文件,招标人可以向投标人酌收押金;对于开标后投标人退还设计文件的,招标人应当向投标人退还押金。根据该项规定,借发售招标文件的机会谋取不正当利益的行为是法律所禁止。

（2）招标文件的发售时间

《招标投标法实施条例》对于招标文件的发售时间也做出了明确规定:招标人应当按招标公告或者投标邀请书规定的时间、地点发售招标文件。招标文件的发售期不得少于5日。

4. 招标人的保密义务

在招标投标实践中,常常会发生招标人泄漏招标事宜的事情。如果潜在投标人得到了其他潜在投标人的名称、数量及其他可能影响公平竞争的招标情况,可能会采用不正当竞争手段影响招标投标活动的正当竞争,使招标投标的公平性失去意义。对此,《招标投标法》第22条第1款规定,招标人不得向他人透露已获取招标文件的潜在投标人的名称、数量以及可能影响公平竞争的有关招标投标的其他情况。

5. 招标文件的澄清和更改

招标文件对招标人具有法律约束力，一经发出，不得随意更改。

根据《招标投标法》第23条的规定，招标人对已发出的招标文件进行必要的澄清或者修改的，应当在招标文件要求提交投标文件截止时间至少15日前，以书面形式通知所有招标文件收受人。该澄清或者修改的内容为招标文件的组成部分。

6. 资格审查

招标人可以根据招标项目本身的特点和需要，要求潜在投标人或者投标人提供满足其资格要求的文件，对潜在投标人或者投标人进行资格审查；法律、行政法规对潜在投标人或者投标人的资格条件有规定的，依照其规定。

(1)资格审查的类型

资格审查分为资格预审和资格后审。

①资格预审

资格预审是指在投标前对潜在投标人进行的资格审查。

采取资格预审的，招标人应当发布资格预审公告、编制资格预审文件，资格预审应当按照资格预审文件载明的标准和方法进行。国有资金占控股或者主导地位的依法必须进行招标的项目，招标人应当组建资格审查委员会审查资格预审申请文件。资格预审结束后，招标人应当及时向资格预审申请人发出资格预审结果通知书。未通过资格预审的申请人不具有投标资格。通过资格预审的申请人少于三个的，应当重新招标。

②资格后审

资格后审是指在开标后对投标人进行的资格审查。

进行资格预审的，一般不再进行资格后审，但招标文件另有规定的除外。招标人采用资格后审办法对投标人进行资格审查的，应当在开标后由评标委员会按照招标文件规定的标准和方法对投标人的资格进行审查。经资格后审不合格的投标人的投标应作废标处理。

(2)资格审查的内容

资格审查应主要审查潜在投标人或者投标人是否符合下列条件：

①具有独立订立合同的权利。

②具有履行合同的能力，包括专业、技术资格和能力，资金、设备和其他物质设施状况，管理能力，经验、信誉和相应的从业人员。

③没有处于被责令停业，投标资格被取消，财产被接管、冻结，破产状态。

④在最近三年内没有骗取中标和严重违约及重大工程质量问题。

⑤法律、行政法规规定的其他资格条件。

资格审查时，招标人不得以不合理的条件限制、排斥潜在投标人或者投标人，不得对潜在投标人或者投标人实行歧视待遇。任何单位和个人不得以行政手段或者其他不合理方式限制投标人的数量。

7. 现场踏勘

招标人根据招标项目的具体情况，可以组织潜在投标人踏勘项目现场。设置这一程序的目的，一方面是让投标人了解工程项目的现场条件、自然条件、施工条件以及周围环境条件，以便于编制投标报价；另一方面也是要求投标人通过自己的实地考察，来确定投标原则和决定投标策略,避免合同履行过程中投标人以不了解现场情况为由推卸应承担的合同责任。

招标人根据招标项目的具体情况,可以组织潜在投标人踏勘项目现场,向其介绍工程场地和相关环境的有关情况。潜在投标人依据招标人介绍情况做出的判断和决策,由投标人自行负责。招标人不得组织单个或者部分潜在投标人踏勘项目现场。

8.答疑

对于潜在投标人在阅读招标文件和现场踏勘中提出的疑问,招标人可以书面形式或召开投标预备会的方式解答,但需同时将解答以书面方式通知所有购买招标文件的潜在投标人。该解答的内容为招标文件的组成部分。

9.投标、开标

投标按招标文件规定的时间在公正机关的监督下进行,提交投标文件的投标人少于三个的,招标人应当依法重新招标。开标在招标文件确定的提交招标文件截止时间的同一时间公开进行,开标地点应当为招标文件中预先确定的地点。

开标会议由招标人或招标代理人主持,邀请所有投标人参加,评标委员会委员和其他有关单位的代表也应当应邀出席开标,招标投标管理机构应到场监督。通常情况下,开标会议的一般程序为:

(1)参加开标会议的人员签名报到,会议主持人宣布开标会议开始,宣读招标人法定代表人资格证明或招标人代表的授权委托书,介绍参加开标仪式的单位和人员名单。

(2)由公证人员和投标人代表检查投标文件的密封情况,也可委托公证机构检查并公证。

(3)由主持人当众宣布评标定标的原则及方法;招标人或招标投标管理机构的人员对投标文件的密封、标志、签署等情况进行检查,启封投标文件,由唱票人员进行唱票(指公布投标文件的主要内容,如投标人名称、投标报价、工期、质量、主要材料用量、投标保证金、优惠条件等)。

(4)由招标投标管理机构当众宣布审定后的标底(如果有)。

(5)由投标人的法定代表人或其委托代理人核对开标会议记录,并签字确认开标结果。

10.评标、决标、签订合同

(1)评标

当开标过程结束后进入评标阶段,评标由招标人依法组建的评标委员会负责,评标委员会由招标人的代表和有关技术、经济方面的专家组成,成员人数为五人以上的单数,其中技术、经济等方面的专家不得少于成员总数的三分之二。与投标人有利害关系的人不得进入相关项目的评标委员会,评标委员会的人员名单在中标结果确定之前应保密,招标人应采取必要措施,保证评标在严格保密的情况下进行,评标委员会在完成评标后,应当向招标人提出书面评标报告,并推荐合格的中标候选人,整个评标过程应在招标投标管理机构的监督下进行。

(2)决标

以评标委员会提供的评标报告为依据,按照招标规则规定,须对评标委员会所推荐的中标候选人进行比较以确定中标人,招标人也可以授权评标委员会直接确定中标人,并向其发出中标通知书,同时将中标结果通知所有未中标的投标人。

（3）签订合同

招标人和中标人应当在规定的时间期限内,正式签订书面合同。同时,双方要按照招标投标文件的约定相互提交履约担保或者履约保函。合同订立后,招标人应及时通知其他未中标的投标人,按要求退回招标文件、图纸和有关技术资料,同时退还投标保证金。

4.3 建筑工程投标

4.3.1 投标的概念及投标程序 //

建筑工程投标是在建筑工程招标投标活动中,投标人在获悉招标人提出的条件和要求后,以订立合同为目的向招标人做出愿意参加相关任务的承接竞争的过程。它是投标人的一项重要活动。因此,投标程序与招标程序是相互对应的,只是在程序中各有其工作内容。投标程序中的内容是从投标者角度考虑的,建筑工程项目投标程序如下:

1. 投标前的准备工作

投标前的准备工作包括招标信息采集和投标工程的选择两项内容。

（1）招标信息采集

目前投标人采集招标信息的渠道很多,最普遍的是通过大众媒体所发出的招标公告采集相关信息。投标人必须认真分析验证所获信息的真实可靠性,并证实其招标项目确实已立项批准和资金已经落实等。

（2）投标工程的选择

投标人在证实招标信息真实可靠后,同时还要对招标人的信誉、实力等方面进行了解,根据了解到的情况,正确选择拟投标工程,以减少工程实施过程中承包商的风险。

2. 参加资格预审

投标人资格预审决定招标人是否通过是投标工作的第一关。投标人应按资格预审文件的要求和内容认真填写各种表格,在规定的有效期限内递送到规定的地点,投标人申报资格预审应做好以下工作:

（1）做好以往完成的工程资料累计工作。基础资料的积累不仅是对以往工作的考察、总结,也是投标工作不失良机的基本保证。

（2）在填写资格预审调查表前对调查表进行分析,针对招标工程的特点,着重突出重点和优势,特别是要反映本公司的施工经验、施工水平、施工组织能力、技术设备力量及业绩等特点。

3. 购买和分析招标文件

（1）购买招标文件

投标人在通过资格预审后,就可以在规定的时间内向招标人购买招标文件,购买招标文件时,投标人应该按照投标文件的要求提供投标保证金等。

（2）分析招标文件

招标文件是投标人投标报价的主要依据,投标单位取得投标资格,获得投标文件之后的首要工作就是认真、仔细地研究分析招标文件,充分了解其内容和要求,以使有针对性地安排投标工作。研究招标文件重点放在投标者须知、合同条款、设计图纸、工程范围及工程量清单上,还要研究技术规范要求,看是否有特殊要求。

投标人应该重点注意招标文件中以下几个方面的问题:

①通读招标文件

通读招标文件的目的是吃透招标文件,搞清楚报价范围和承包者的责任,弄清各项技术要求,了解工程中需要使用哪些特殊的材料和设备,理出招标文件中含糊不清的问题,并及时提请招标人予以澄清。

②投标人需要注意招标工程的详细内容和范围,避免遗漏或多报

a.应当明确工程量表的编制方法和体系,了解工程量清单中的各项内容是否列入工程的全部工作内。

b.对于承包工程相关联的项目有何报价要求,例如,对旧建筑物的拆迁,工程监理现场办公室及生活住处等怎样列入工程总价中。

c.关于分包有何规定,承包商对分包商提供何种条件,承担什么责任。

d.合同中有无调价条款。

③投标书附录和合同条件

投标书附录和合同条件是招标文件的重要组成部分,其中可能注明了招标人的特殊要求,即投标人在中标后应享有的权利,所要承担的义务和责任等,投标人在报价时需要考虑这些因素。

4.进行各项调查研究

在研究招标文件的同时,投标人需要对招标工程的自然、经济和社会条件进行调查,这些都是工程施工的制约因素,必然会影响到工程成本,是投标报价必须考虑的。

(1)现场自然环境踏勘

投标人在认真分析招标文件的同时,还应按照招标文件规定的时间,对拟施工的现场进行考察,尤其是在我国实行工程量清单报价模式后,招标人所投报的单价一般被认为是在经过现场踏勘的基础上编制而成的。报价单报出后,投标人无权因现场踏勘不周,情况了解不细或因素考虑不周全而提出修改标价或索赔等要求。

现场踏勘由招标人组织,投标人自费自愿参加。现场踏勘时应从以下五个方面详细了解工程的有关情况,为投标工作提供第一手资料:工程性质以及与其他工程之间的关系;投标人投标的那一部分工程与其他承包商之间的关系;工程地貌、地质、气候、交通、电力、水源、有无障碍物等情况;工地附近有无住宿条件、料场开采条件、其他加工条件、设备维修条件等;工地附近治安情况。

(2)市场宏观经济环境调查

投标文件编制时,投标报价是一个很重要的环节。为了能够准确确定投标报价,投标时应调查工程所在地的经济形势和经济状况,包括工程所在地的人工工资标准、与投标工程实施相关的法律法规、劳动力与材料的供应情况、设备市场的租赁情况、专业施工公司的经营状况等,为准确报价提供依据。

(3)业主方与投标竞争对手调查

投标时应掌握业主、咨询工程师的情况,尤其是业主的项目资金落实情况、参加竞争的其他公司的情况,与其他承包商或分包商的关系。经过调查可以获得更充分的信息,并为参

加现场踏勘与标前会议提供参考依据。

5.计算和复核工程量

现阶段我国进行工程施工投标时,工程量有两种情况。第一种情况是招标文件编制时,招标人给出具体的工程量清单,投标人报价时使用。在这种情况下,投标人在进行投标时,应根据图纸等资料对给定工程量的准确性进行复核,为投标报价提供依据,在工程量复核过程中,如果发现某些工程量有较大错误或遗漏,应向招标人提出,要求招标人更正或补充。如果招标人不做更正或补充,投标人投标时应注意到调整单价以减少实际实施过程中的由于工程量调整带来的风险。第二种情况是招标人不给出具体的工程量清单,只给相应工程的施工图纸。这时,投标报价应根据给定的施工图纸,结合工程量计算规则自行计算工程量。自行计算工程量时,应严格按照工程量计算规则的规定进行,不能漏项,不能少算或多算。

6.选择施工方案

施工方案是报价的基础和前提,也是招标人评标时要考虑的重要因素之一。有什么样的方案,就有什么样的人工、机械与材料消耗,就会有相应的报价。因此,必须弄清分项工程的内容、工程量、工程进度计划的各项要求、机械设备状态、劳动与组织状况等关键环节,据此制订施工方案。

施工方案,应由投标人的技术负责人主持制订,主要内容有:选择和确定施工方法;对大型复杂工程则要考虑多种方案,进行综合对比;选择施工设备和施工设施;编制施工进度计划等。

7.计算投标报价

投标报价计算的工作内容一般包括:定额分析,单价分析,工程成本计算,确定间接费率和利润率,确定报价。此外,在进行投标报价计算时,首先必须根据招标文件复核或计算工程量;并且作为投标报价计算的必要文件,也应预先确定施工方案和施工进度。

8.编制投标文件

投标文件应按照招标文件的要求编写,一般不带任何附加条件,有附加条件的投标文件(书)一般视为废标处理,投标文件的内容包括:

(1)投标书。

(2)投标保证书。

(3)报价表。报价表格形式依合同类型而定,单价合同一般将各项单价列在工程量表(清单)上。有时业主要求报单价分析表,则需按招标文件规定,将主要的或全部的单价均附上单价分析表。

(4)施工组织设计或施工规划。

(5)施工组织机构图表及主要工程施工管理人员名单和简历。

(6)若将部分子项工程分包给其他承包人,则需将分包商的情况写入投标文件。

(7)其他必要的附件及资料。如投标保函、承包人营业执照、企业资质等级证书、承包人投标全权代表的委托书及其姓名和地址、能确认投标者财产经济状况的银行或金融机构的名称和地址等。

9.正式投标

投标人按照招标人的要求完成标书的准备和填报后,就可以向招标人正式提交投标文件。在投标时需要注意以下几个方面：

（1）注意投标的截止日期

招标人所规定的投标截止日就是提交标书最后的期限，超过该日期之后就被视为无效投标。在招标文件要求提交投标文件的截止时间后送达的投标文件，招标人可以拒收。

（2）投标文件的完备性

投标人应按照招标文件的要求编制投标文件。投标文件应当对招标文件提出的实质性要求和条件做出响应。投标不完备或投标没有达到招标人的要求，在招标范围以外提出新的要求，均被视为对招标文件的否定，不会被招标人所接受。投标人必须为自己所投出的标负责，如果中标，必须按照投标文件中所阐述的方案完成工程，其中包括质量标准、工期与进度计划、报价限额等基本指标以及招标人所提出的其他要求。

（3）注意标书的标准

标书的提交要有固定的要求，基本内容是：签章、密封。如果不密封或密封不满足要求，投标是无效的。投标书还需要按照要求签章，投标书需要盖有投标企业公章以及企业法人的名章（或签字）。如果项目所在地与企业距离较远，由当地项目部经理组织投标，需要提交企业法人对于投标项目经理的授权委托书。

10. 接受中标通知书、签订合同、提供履约担保

经过评标，投标人被确定为中标人之后，招标人应向投标人发出中标通知书。中标人在收到中标通知书后，应在规定的时间和地点与招标人签订合同。我国规定招标人和中标人应当自中标通知书发出之日起 30 日内签订书面合同，合同内容应按照招标文件、投标文件的要求和中标的条件签订。

4.3.2　投标人 ///

1. 投标人的概念

《招标投标法》规定，投标人是响应招标、参加投标竞争的法人或者其他组织。投标人应当具备承担招标项目的能力；国家有关规定对投标人资格条件或者招标文件对投标人资格条件有规定的，投标人应当具备规定的资格条件。

《招标投标法实施条例》规定，投标人参加依法必须进行招标项目的投标，不受地区或者部门的限制，任何单位和个人不得非法干涉。与招标人存在利害关系可能影响招标公正性的法人、其他组织或者个人，不得参加投标。单位负责人为同一人或者存在控股、管理关系的不同单位，不得参加同一标段投标或者未划分标段的同一招标项目投标。违反以上规定的，相关投标均无效。投标人发生合并、分立、破产等重大变化的，应当及时书面告知招标人。投标人不再具备资格预审文件、招标文件规定的资格条件或者其投标影响招标公正性的，其投标无效。

2. 联合体投标

联合体投标是一种特殊的投标人组织形式，一般适用于大型的或结构复杂的建设项目。《招标投标法》规定，两个以上法人或者其他组织可以组成一个联合体，以一个投标人的身份共同投标。联合体各方均应当具备承担招标项目的相应能力；国家有关规定或者招标文件对投标人资格条件有规定的，联合体各方均应当具备规定的相应资格条件。由同一专业的单位组成的联合体,按照资质等级较低的单位确定资质等级。

联合体各方应当签订共同投标协议,明确约定各方拟承担的工作和责任,并将共同投标协议连同投标文件一并提交招标人,联合体中标的,联合体各方应当共同与招标人签订合同,就中标项目向招标人承担连带责任。招标人不得强制投标人组成联合体共同投标,不得限制投标人之间的竞争。

《招标投标法实施条例》进一步规定,招标人应当在资格预审公告、招标公告或者投标邀请书中载明是否接受联合体投标。招标人接受联合体投标并进行资格预审的,联合体应当在提交资格预审申请文件前组成。资格预审后联合体增减、更换成员的,其投标无效。联合体各方在同一招标项目中以自己名义单独投标或者参加其他联合体投标的,相关投标均无效。

3. 投标文件

(1)投标文件的内容要求

《招标投标法》规定,投标人应当按照招标文件的要求编制投标文件。投标文件应当对招标文件提出的实质性要求和条件做出响应。招标项目属于建设施工项目的,投标文件的内容应当包括拟派出的项目负责人与主要技术人员的简历、业绩和拟用于完成招标项目的机械设备等。

2013年3月国家发展和改革委员会、财政部、住房和城乡建设部等9部门经修改后发布的《<标准施工招标资格预审文件>和<标准施工招标文件>暂行规定》中进一步明确,投标文件应包括下列内容:投标函及投标函附录;法定代表人身份证明或附有法定代表人身份证明的授权委托书;联合体协议书;投标保证金;已标价工程量清单;施工组织设计;项目管理机构;拟分包项目情况表;资格审查资料;投标人须知前附表规定的其他材料。但是,投标人须知前附表规定不接受联合体投标的,或投标人没有组成联合体的,投标文件不包括联合体协议书。

《建筑工程施工发包与承包计价管理办法》中规定,投标报价不得低于工程成本,不得高于最高投标限价。投标报价应当依据工程量清单、工程计价有关规定、企业定额和市场价格信息等编制。

(2)投标文件的修改与撤回

《招标投标法》规定,投标人在招标文件要求提交投标文件的截止时间前,可以补充、修改或者撤回已提交的投标文件,并书面通知招标人。补充、修改的内容为投标文件的组成部分。

《招标投标法实施条例》进一步规定,投标人撤回已提交的投标文件,应当在投标截止时间前书面通知招标人。

(3)投标文件的送达与签收

《招标投标法》规定,投标人应当在招标文件要求提交投标文件的截止时间前,将投标文件送达投标地点。招标人收到投标文件后,应当签收保存,不得开启。投标人少于3个的,招标人应当依法重新招标。在招标文件要求提交投标文件的截止时间后送达的投标文件,招标人应当拒收。

《招标投标法实施条例》进一步规定,未通过资格预审的申请人提交的投标文件,以及逾期送达或者不按照招标文件要求密封的投标文件,招标人应当拒收。招标人应当如实记载投标文件的送达时间和密封情况,并存档备查。

相关资料

《政府采购货物和服务招标投标管理办法》

为了规范政府采购当事人的采购行为,加强对政府采购货物和服务招标投标活动的监督管理,维护国家利益、社会公共利益和政府采购招标投标活动当事人的合法权益,依据《中华人民共和国政府采购法》(简称政府采购法)、《中华人民共和国政府采购法实施条例》(简称政府采购法实施条例)和其他有关法律法规规定,制定了政府采购管理办法。财政部对《政府采购货物和服务招标投标管理办法》(财政部令第18号)进行了修订,修订后的《政府采购货物和服务招标投标管理办法》已经部务会议审议通过,自2017年10月1日起施行。

该办法遵循公开、公平、公正和诚实信用的原则,实行监督管理与操作执行相分离的管理体制。政府采购应当有助于实现经济和社会发展政策目标,落实节约能源、环境保护和促进中小企业发展等政策措施。

政府采购方式包括询价采购、公开招标、竞争性谈判、单一来源采购等。对于达到国务院办公厅规定公开招标限额标准,应当采取公开招标方式的项目,因特殊情况,确需采用公开招标以外采购方式的货物及服务项目,应按规定程序报财政部批准后方可组织实施。对于未达到规定公开招标限额标准的项目,需要采取公开招标以外采购方式的,部直属单位应依据本办法规定采购方式的适用条件,确定政府采购方式。

本章小结

本章内容主要为建筑工程项目招标投标的概念、特点、作用和意义,招标方式,招标规模标准,招标的程序,投标程序以及投标报价策略等内容。通过本章的学习,学生应熟悉建筑工程项目招标投标的概念、招标规模标准;掌握建筑工程项目招标的方式及各种招标方式的特点;熟悉建筑工程项目施工招标投标的程序、内容及常见的投标报价策略。

思考题

1. 简述公开招标和邀请招标的特点和适用范围。
2. 简述工程施工招标文件所包括的内容。
3. 简述建筑工程招标投标的作用和意义。
4. 简述工程项目施工投标的程序和主要工作内容。
5. 简述建筑工程项目招标的范围和规模标准。

第5章
建筑工程项目进度管理

学习目标

1. 掌握建筑工程项目进度控制的概念和目的。
2. 理解建筑工程项目进度计划及其计划系统的基本概念。
3. 了解建筑工程项目总进度计划的作用及特点,熟悉其编制原则和程序。
4. 掌握流水施工的组织方式和横道图的编制。
5. 理解工程网络计划的编制方法。
6. 掌握工程网络计划有关的时间参数的计算。
7. 掌握建筑工程项目进度计划的检查方法。
8. 熟悉建筑工程项目进度控制的管理措施。

火神山医院7 000人鏖战9天建成

火神山医院建筑面积3.4万平方米,有病房、接诊室、ICU、网络机房、供应库房、垃圾暂存间等,共1 000张病床。

2020年1月23日下午,武汉市决定,参照2003年北京小汤山医院模式,在蔡甸区建设一座专门医院——武汉火神山医院。当天,武汉市城建局成立了建设指挥部,由中信建筑设计院设计,中建三局、武汉建工集团、武汉航发集团、汉阳市政集团4家单位参建。

设计方中信建筑设计院60余名在汉员工加班赶图,通宵开展设计工作,5小时内完成场地平整设计图,24小时内完成方案设计图,60小时内交付全部施工图。

当晚8时许,施工单位组织上百台挖掘机、推土机等施工机械,赶至现场,通宵进行场平、回填等施工。

2020年2月2日经过7 000余名建设者的日夜鏖战,火神山医院从平地建起,工期仅用了9天。

9天建成一座3.4万平方米的高标准医院,这是现代化管理效率的一个典型案例,也是建设、设计、施工等单位协同合作的结果,再次凸显了中国共产党领导下"集中力量办大事"的制度优势。

资料来源:作者根据相关资料编写而成

5.1 建筑工程项目进度计划的类型及编制

5.1.1 流水施工方法的应用 //

1. 流水施工概述

(1) 流水施工的概念

施工组织方式通常有依次施工、平行施工和流水施工三种。实践证明,流水施工是最有效的科学组织方式。

流水施工是指所有的施工过程按一定的时间间隔依次投入施工,各个施工过程陆续开工、陆续竣工,使同施工过程的施工队组保持连续、均衡施工,不同的施工过程尽可能平行搭接施工的组织方式。

(2) 流水施工的表达方式

流水施工的表达方式一般有横道图和网络图两种,其中横道图具有绘图简单、形象直观、使用方便的特点,因此被广泛用于表达流水施工进度计划。工程

什么是横道图

项目横道图一般在左边按项目活动(工作、工序或作业)的先后顺序列出项目的

活动名称。如图 5-1 所示为某分项工程的横道图,图右边是进度表,图上边的横栏表示时间,用水平线段在时间坐标下标出项目的进度线,水平线段的位置和长度反映该项目从开始到完工的时间。

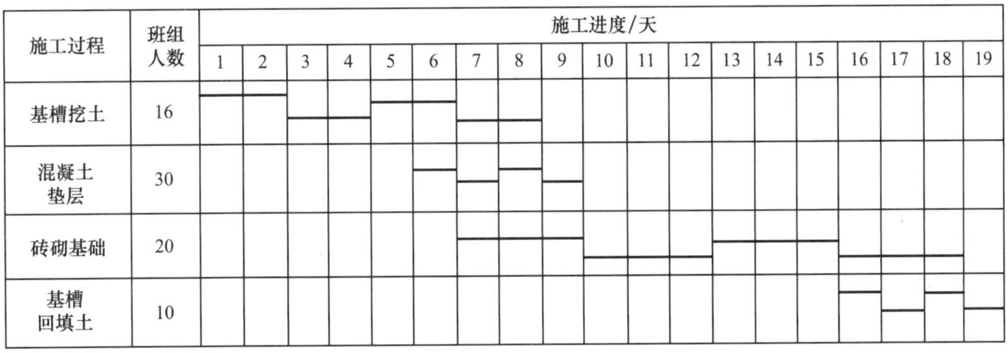

施工过程	班组人数	施工进度/天																		
		1	2	3	4	5	6	7	8	9	10	11	12	13	14	15	16	17	18	19
基槽挖土	16																			
混凝土垫层	30																			
砖砌基础	20																			
基槽回填土	10																			

图 5-1 某分项工程的横道图

2. 流水施工参数

(1) 工艺参数

工艺参数:在组织流水施工时,用以表达流水施工在施工工艺上开展顺序及其特征的参数,包括施工过程和流水强度两个参数。

流水强度(V_i)的计算公式为

$$V_i = \sum_{i=1}^{x} R_i S_i \tag{5-1}$$

式中 R_i——投入施工过程 i 的某种施工机械台数;

        S_i——投入施工过程 i 的某种施工机械产量定额;

        x——投入施工过程 i 的施工机械种类数。

（2）空间参数

空间参数是指在组织流水施工时,用以表达流水施工在空间布置上开展形态的参数,通常包括工作面和施工段。划分施工段的原则有:

a.施工段的数目要合理。

b.各施工段的劳动量（或工程量）要大致相等（相差宜在 15％以内）。

c.要有足够的工作面。

d.要有利于结构的整体性。

e.以主导施工过程为依据进行划分。

f.当组织流水施工对象有层间关系、分层分段施工时,应使各施工队组能连续施工。

（3）时间参数

在组织流水施工时,用以表达流水施工在时间排列上所处状态的参数,主要包括流水节拍、流水步距和流水工期等。

①流水节拍

流水节拍是指从事某一施工过程的施工队组在一个施工段上完成施工任务所需的时间,用符号 t_i 表示（$i=1,2,\cdots$）。

确定流水节拍应考虑的因素:

a.施工队组人数应符合该施工过程最小劳动组合人数的要求。

b.要考虑工作面的大小或某种条件的限制。

c.要考虑各种机械台班的效率或机械台班产量的大小。

d.要考虑各种材料、构配件等施工现场堆放量、供应能力及其他有关条件的制约。

e.要考虑施工及技术条件的要求。

f.确定一个分部工程各施工过程的流水节拍时,首先应考虑主要的、工程量大的施工过程的节拍值,其次确定其他施工过程的节拍值。

g.节拍值一般取整数,必要时可保留 0.5 天（台班）的小数值。

②流水步距

流水步距是指两个相邻的施工过程的施工队组相继进入同一施工段开始施工的最小时间间隔（不包括技术与组织间歇时间）,用符号 $K_{i,i+1}$ 表示（i 表示前一个施工过程,$i+1$ 表示后一个施工过程）。

③流水工期

自参与流水的第一个队组投入工作开始,至最后一个队组撤出工作面为止的整个持续时间。由于一项建设工程往往包含很多流水组,因此流水工期一般均不是整个工程的总工期。

5.1.2 横道图进度计划的编制方法

在组织流水施工时,根据施工过程时间参数的不同特点,如流水节拍的节奏特征等,可以组成多种不同的流水施工组织形式,常见的流水作业组织形式主要有等节拍流水作业、成倍节拍流水作业和分别流水作业三种。

1.等节拍流水作业（等节奏流水）

等节拍流水作业是指同一施工过程在各施工段上的流水节拍都相等,并且不同施工过程之间的流水节拍也相等的一种流水施工方式。即各施工过程的流水节拍均为常数,故也称为等节奏流水或固定节拍流水。

(1)等节拍流水施工的特征

①各施工过程在各施工段上的流水节拍彼此相等。

②流水步距彼此相等,而且等于流水节拍值。

③各专业工作队在各施工段上能够连续作业,施工段之间没有空闲时间。

④施工班组数 n_1 等于施工过程数 n。

(2)等节奏流水施工的组织流程(表 5-1)

表 5-1　　　　　　　　　　　等节奏流水施工的组织流程

序号	内　容
1	确定项目施工起点及流向,分解施工过程
2	确定施工顺序,划分施工段。施工段的划分,根据层间关系、施工层的有无,以及技术、组织间歇时间和平行搭接时间等参数的不同,施工段数与施工过程数之间的关系也会有所不同
3	确定流水节拍,根据等节拍流水要求,应使各流水节拍 t 相等
4	确定流水步距,$K=t$
5	计算流水施工的工期。流水施工的工期可按下式进行计算: $$T=(r \cdot m+n-1)K+\sum Z_1 - \sum C$$ 式中:T 为流水施工总工期;r 为施工层数;m 为施工段数;n 为施工过程数;K 为流水步距;Z_1 为两施工过程在同一层内的技术组织间歇时间;C 为同一层内两施工过程间的平行搭接时间
6	绘制流水施工指示图表

①不分施工层时,

$$T=(m+n-1)t+\sum Z_{i,i+1} - \sum C_{i,i+1} \tag{5-2}$$

式中　T——流水施工总工期;

　　　m——施工段数;

　　　n——施工过程数;

　　　t——流水节拍;

　　　$Z_{i,i+1}$——i 和 $i+1$ 两施工过程之间的技术组织间歇时间;

　　　$C_{i,i+1}$——i 和 $i+1$ 两施工过程之间的平行搭接时间;

②分施工层时,

$$T=(m \cdot r+n-1)t+\sum Z_1 - \sum C_1 \tag{5-3}$$

式中　$\sum Z_1$——同一施工层中技术组织间歇时间之和;

　　　$\sum C_1$——同一施工层中平行搭接时间之和;

　　　其他符号含义同前。

【例 5-1】　某工程有三个施工过程,分为四段施工,节拍均为 1 天。要求乙施工后,各段均需间隔一天方允许丙施工。

解　已知 $n=3$,$m=4$,$t=1$ 天,

①$K=t=1$ 天

②$T=(m+n-1)t+\sum Z_{i,i+1} - \sum C_{i,i+1} = (4+3-1) \times 1+1-0=7$ 天

③绘制横道图(图 5-2):

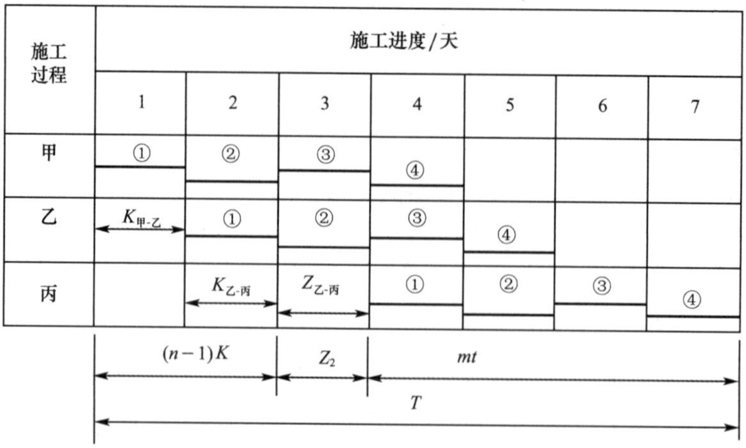

图 5-2 等节拍专业流水施工图

2. 成倍节拍流水作业(异节奏流水)

成倍节拍流水作业是指同一施工过程在各个施工段上的流水节拍相等,不同施工过程之间的流水节拍不完全相等,但各个施工过程的流水节拍均为其中最小流水节拍的整数倍,即各个流水节拍之间存在一个最大公约数。成倍节拍流水施工也称为等步距异节拍流水施工。成倍节拍流水施工的组织流程,详见表 5-2。

表 5-2 成倍节拍流水施工的组织流程

序号	内 容
1	确定项目施工起点及流向,分解施工过程
2	确定流水节拍
3	确定流水步距 K_b,按下式计算:$K_b=$ 最大公约数 $\{t_1,t_2,\cdots,t_n\}$
4	确定专业工作队数;$b_j = t_j/k , n = \sum b_j$ 式中,j 施工过程编号;t_j 为施工过程 j 在各施工段上的流水节拍;b_j 为施工过程 j 所要组织的专业施工队数;n 为专业工作队总数
5	确定施工段数: A.不分施工层时,可按划分施工段原则确定施工段数目。 B.分施工层时,每层的施工段数可按下式确定: $$m = n_1 + \frac{\max \sum Z_1}{K_b} + \frac{\max Z_2}{K_b}$$
6	计算总工期 $$T = (m \cdot r + n - 1) \cdot K_b + \sum Z_1 - \sum C_{j,j} + 1$$ 式中,r 为施工层数
7	绘制流水施工指示图表

【例 5-2】 某工程分两层叠制构件,有三个主要施工过程,节拍为:扎筋 3 天,支模 3 天,浇混凝土 6 天。要求层间技术间歇不少于 2 天,且支模后需经 3 天检查验收,方可浇混凝土。试组织成倍节拍流水。

解 ①确定流水步距 K:节拍最大公约数为 3,则 $K=3$ 天。

②计算施工队组数 b_i:

$$b_{钢}=3/3=1(个);b_{木}=3/3=1(个);b_{混}=6/3=2(个)$$

③确定每层流水段数 m:

层间间歇 2 天,施工过程间歇 3 天,

$$m = \sum b_i + Z_1 / k + \sum Z_2 / K = (1+1+2) + 2/3 + 3/3 \approx 5.7; 取 m = 6 (段)$$

④ 计算工期 T_p：

$$T_p = (r \cdot m + \sum b_i - 1)K + \sum Z_2 - \sum C$$
$$= (2 \times 6 + 4 - 1) \times 3 + 3 - 0 = 48 (天)$$

⑤ 绘制横道图(图5-3)：

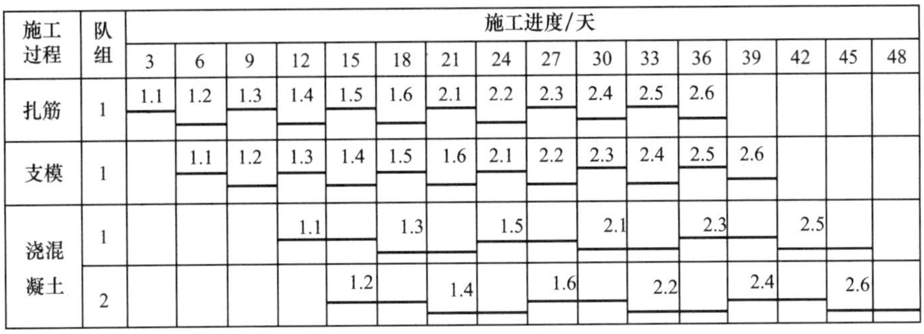

施工过程	队组	施工进度/天															
		3	6	9	12	15	18	21	24	27	30	33	36	39	42	45	48
扎筋	1	1.1	1.2	1.3	1.4	1.5	1.6	2.1	2.2	2.3	2.4	2.5	2.6				
支模	1		1.1	1.2	1.3	1.4	1.5	1.6	2.1	2.2	2.3	2.4	2.5	2.6			
浇混凝土	1				1.1		1.3		1.5		2.1		2.3		2.5		
	2					1.2		1.4		1.6		2.2		2.4		2.6	

图5-3 成倍节拍专业流水施工图

3. 分别流水作业(无节奏流水)

分别流水作业是指同一施工过程在各个施工段上流水节拍不完全相等的一种流水施工方式。

(1)无节奏流水施工的特点

①每个施工过程在各个施工段上的流水节拍不尽相等。

②各个施工过程之间的流水步距不完全相等且差异较大。

③各施工作业队能够在施工段上连续作业,但有的施工段之间可能有空闲时间。

④施工队组数(n_1)等于施工过程数(n)。

(2)无节奏流水施工的组织流程(表5-3)

表5-3　　　　　　　　　无节奏流水施工的组织流程

序号	内 容
1	确定项目施工起点及流向,分解施工过程
2	确定施工顺序,划分施工段
3	按相应的公式计算各施工过程在各个施工段上的流水节拍
4	流水步距"取最大差法"计算步骤： ①列表：列出各施工过程的作业时间表； ②累加：将各施工过程的作业时间分别累计； ③斜减：将以上施工过程的累计作业时间错位相减；取大。在各列差数中取其中最大值,即得该相邻两施工过程的流水步距
5	绘制流水施工指示图表

【例5-3】　某工程分为四段,有甲、乙、丙三个施工过程。其在各段上的流水节拍如下：

甲——3 2 2 4

乙——1 3 2 2

丙——3 2 3 2

解 ①确定流水步距：

$K_{甲-乙}$：

甲的节拍累加值	3	5	7	11	
乙的节拍累加值		1	4	6	8
差值	3	4	3	5	−8

取最大差值，得：$K_{甲-乙}=5$（天）

$K_{乙-丙}$：

乙的节拍累加值	1	4	6	8	
丙的节拍累加值		3	5	8	10
差值	1	1	1	0	−10

取最大差值，得：$K_{乙-丙}=1$（天）

② 计算流水工期：

$$T_P = \sum K + T_N + \sum Z_2 - \sum C = (5+1) + 10 + 0 - 0 = 16 （天）$$

③画进度表（图 5-4）：

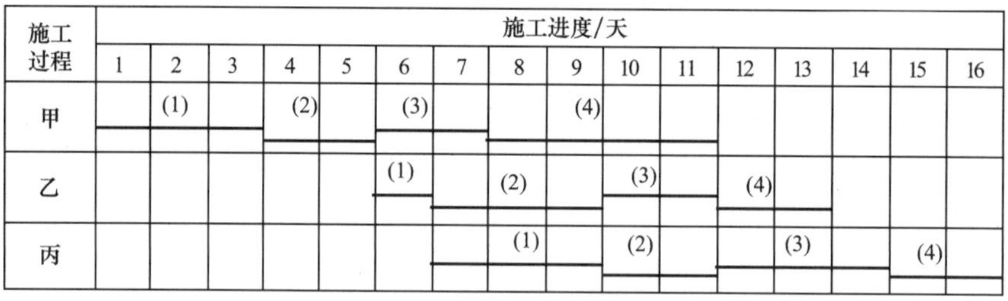

施工过程	施工进度/天															
	1	2	3	4	5	6	7	8	9	10	11	12	13	14	15	16
甲		(1)		(2)		(3)			(4)							
乙						(1)		(2)		(3)		(4)				
丙								(1)		(2)			(3)		(4)	

图 5-4　无节奏节拍专业流水施工图

5.1.3　工程网络计划的编制方法

1.网络计划概述

（1）网络计划应用的基本概念

什么是网络图

网络图：由箭线和节点按照一定规则组成的、用来表示工作流程的、有向有序的网状图形。

网络计划：在网络图上加注工作的时间参数等而编制成的进度计划。

网络计划技术：用网络计划对工程的进度进行安排和控制，以保证实现预定目标的科学的计划管理技术。

（2）网络计划的发展

网络计划技术是一种有效的系统分析和优化技术，来源于工程技术和管理实践，是20世纪50年代陆续出现的一些计划管理的新方法。这些方法均将计划的工作关系建立在网络模型上,把计划的编制、协调、优化和控制有机地结合起来,并在如何保证和缩短时间、降低成本、提高效率、节约资源等方面取得了显著的成效。

我国引进和应用网络计划理论,除国防科研领域外,以土木建筑工程建设领域最早。网络计划技术是指用网络图表示计划中各项工作之间相互制约和依赖的关系,在此基础上,通过各种计算和分析,寻求最优计划方案的计划管理技术。网络计划图(简称网络图)是指由箭线和节点按一定规则组成的用来表示工作流程的有向、有序网状图形。

(3)网络计划的基本原理

应用网络图的形式表述一项工程的各个施工过程的顺序及它们间的相互关系,经过计算分析,找出决定工期的关键工序和关键线路,通过不断改善网络图,得到最优方案,力求以最小的消耗取得最大的效益。

(4)网络图的特点

①能明确表达各项工作开展先后顺序和反映出各项工作之间的相互依赖、相互制约的关系。

②能进行各种时间参数的计算,并能找出关键工作和关键线路,便于在工作中抓主要矛盾。

③显示机动时间,便于更好地控制和监督,也能更好地调配人力、物力。

④能够进行计划的优选比较,从而选择最佳方案。

⑤它不仅可以用于控制项目的施工进度,还可用于控制工程费用,如一定费用下工期最短和一定工期内费用最低的网络计划的优化。

⑥在计算劳动力需求量及资源消耗时,与横道图相比较为困难,也没有横道图简单、直观。

(5)网络计划的分类

为适应不同用途的需要,工程网络计划的内容和形式可按多种方法进行分类。

①按工作的持续时间是否已知划分

a. 肯定型网络计划。

b. 非肯定型网络计划。

c. 随机网络计划。

②按工程项目的组成及应用范围划分

a. 总体网络计划。

b. 单项工程网络计划。

c. 单位工程网络计划。

③按计划目标的多少划分

a. 单目标网络计划。

b. 多目标网络计划。

④按工作和事件在网络图中表达的含义不同划分

a. 双代号网络计划。

b. 单代号网络计划。

双代号网络计划和单代号网络计划均属于项目管理方法中的关键线路法。

2.双代号网络计划(图)

(1)基本概念

双代号网络图是应用较为普遍的一种网络计划形式,由工作、节点和线路三个要素构成。双代号网络图中的工作用箭线表示:工作名称标注在箭线上方,完成该项工作的持续时间(或需要的资源数量)写在箭线下方,箭尾表示工作开始,箭头表示工作结束。如图 5-5 所示。

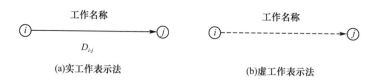

(a)实工作表示法　　　　　　(b)虚工作表示法

图 5-5　双代号网络图表示方法

①箭线

在双网络图中,一条箭线表示一项工作(施工过程、任务);实箭线消耗资源(如砌墙:消耗砖、砂浆、人工)、消耗时间(有时不消耗资源,只消耗时间)。有时为了正确表达工作之间的逻辑关系,需要增加虚工作。虚工作是时间为零的假设工作,用虚箭线表示;虚工作与实工作不同,不消耗时间和资源。虚工作能确切表达网络图中工作之间相互制约、相互联系的逻辑关系;起到逻辑联系或逻辑断路的作用。

②节点

在双代号网络图中,节点是指工作开始或完成的时间点,通常用圆圈(或方框)表示。节点表示的是工作之间的交接点,它既表示该节点前一项或若干项工作的结束,也表示该节点后一项或若干项工作的开始,箭线两端各与一个节点衔接,它表示各工作之间的相互关系。

代表工作的箭线,其箭尾节点表示该工作的开始,称为工作的开始节点;其箭头指向的节点表示该工作的结束,称为工作的结束节点。任何工作都可以用其箭线上方的工作名称或箭线两端的两个节点的编号来表示,开始节点编号在前,结束节点编号在后。所有的节点都应统一编号,进行编号时,箭尾节点的号码应小于箭头节点的号码。

网络图中的第一个节点称为起点节点,它表示一项工程或任务的开始;网络图的最后一个节点称为终点节点,它表示一项工程或任务的完成;其余的节点均称为中间节点。

③线路

网络图中从起点节点出发,沿着箭头方向连续通过一系列箭线和节点,直至到达终点节点的"通道",称为线路。网络图中的线路有多条,一条线路上的所有工作的持续时间之和称为该线路的长度。

线路上总的工作持续时间最长的线路称为关键线路。其余线路称为非关键线路。位于关键线路上的工作称为关键工作。关键工作完成快慢直接影响整个计划工期的实现。

(2)双代号网络图的绘制规则

①正确反映各工作的先后顺序和相互关系(逻辑关系)——受人员、工作面、施工顺序等要求的制约。双代号网络图中常见的逻辑关系及其表示方法见表5-4。

表 5-4 双代号网络图中常见的逻辑关系及其表示方法

序号	工作间逻辑关系	表示方法
1	A、B、C 无紧前工作，即工作 A、B、C 均为计划的第一项工作，且平行进行	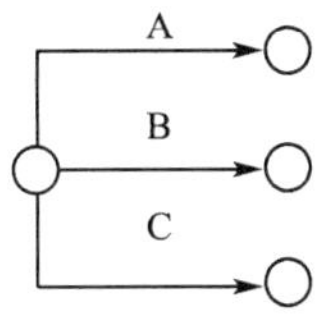
2	A 完成后，B、C、D 才能开始	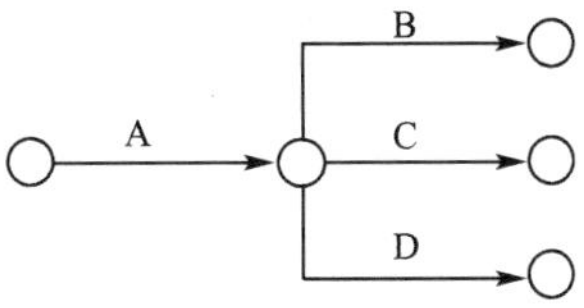
3	A、B、C 均完成后，D 才能开始	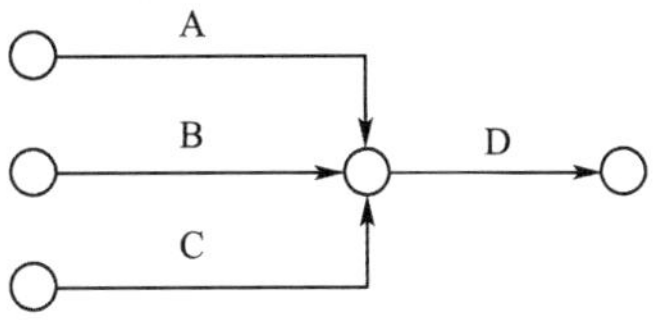
4	A、B 均完成后，C、D 才能开始	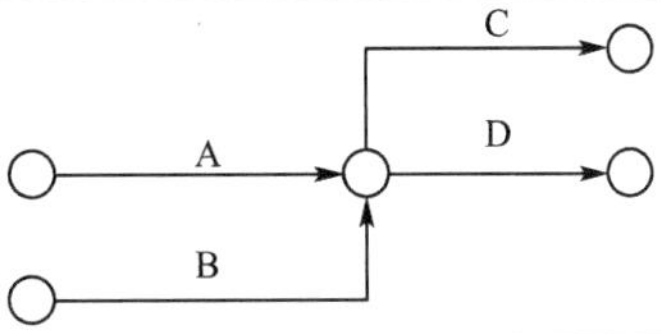
5	A 完成后，D 才能开始；A、B 均完成后，E 才能开始；A、B、C 均完成后，F 才能开始	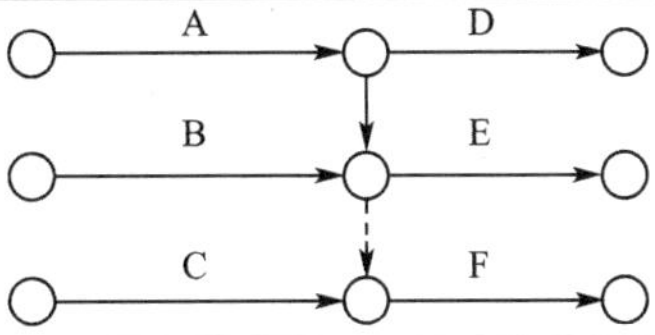
6	A 与 D 同时开始，B 为 A 的紧后工作，B、D 完成后，C 才能开始	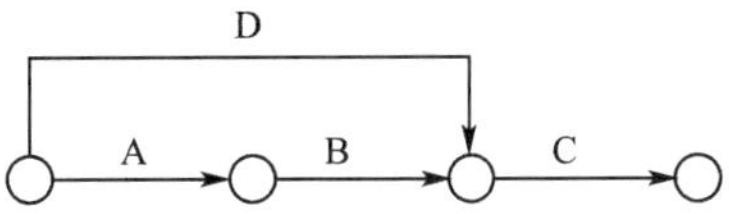
7	A、B 均完成后，D 才能开始；A、B、C 均完成后，E 才能开始；D、E 完成后，F 才能开始	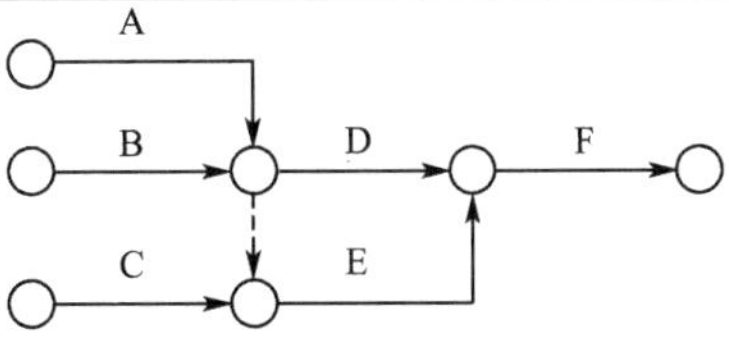
8	A 结束后，B、C、D 才能开始；B、C、D 结束后，E 才能开始	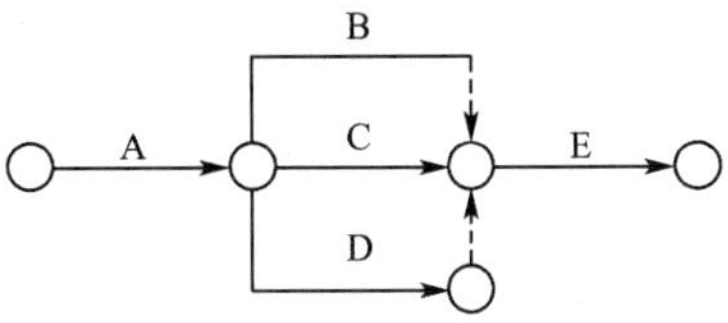
9	A、B 完成后，D 才能开始；B、C 完成后，E 才能开始	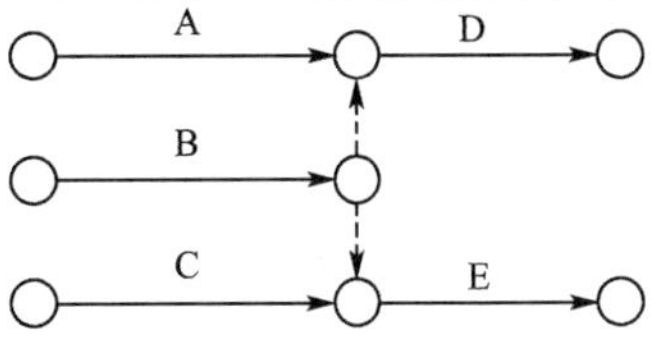

②在一个网络图中,只能有一个起点节点,一个终点节点(图 5-6)。否则,不是完整的网络图。

图 5-6　母线法绘制示例

③网络图中不允许有闭回路(图 5-7)。

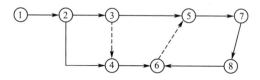

图 5-7　错误示例Ⅰ

④不允许出现相同编号的工序或工作。

⑤不允许有双箭头的箭线或无箭头的线段(图 5-8)。

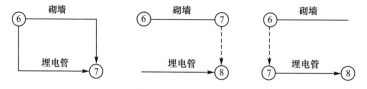

图 5-8　错误示例Ⅱ

⑥严禁有无箭尾节点或无箭头节点的箭线(图 5-9)。

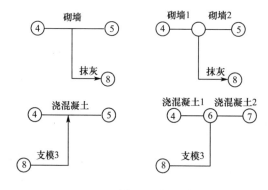

图 5-9　错误示例Ⅲ

(3)双代号网络图的绘制步骤

双代号网络图的绘制方法,视各人的经验而不同,但从根本上说,都要在既定施工方案的基础上,根据具体的施工客观条件,以统筹安排为原则。一般的绘图步骤如下:

a.任务分解,划分施工工作。

b.确定完成工作计划的全部工作及其逻辑关系。

c.确定每一工作的持续时间,制定工作分析表。

d. 根据工作分析表(表 5-5),绘制并修改网络图。

表 5-5 工作分析表

序号	工作名称	工作代号	紧前工作	紧后工作	持续时间	资源强度
1						
2						
3						
4						

【例 5-4】 通过分析,某建筑工程项目计划涉及的各项工作的先后顺序与逻辑关系见表 5-6。绘制相对应的双代号网络图。

表 5-6 某建筑工程项目工作分析表

序号	本工作	紧前工作	紧后工作
1	A	—	C、D、E
2	B	—	E
3	C	A	F
4	D	A	F、G
5	E	A、B	F、G
6	F	C、D、E	
7	G	D、E	

绘制步骤:

①根据已知的紧前工作,确定出紧后工作,并自左至右先画紧前工作,后画紧后工作。

②若紧后工作完全相同或完全不同,则肯定没有虚箭线(D 与 E);若紧后工作既有相同的,又有不同的,则肯定有虚箭线(A 与 B,C 与 D,C 与 E)。

③到相同的紧后工作用虚箭线,到不同的紧后工作则无虚箭线(A 和 B 同时到 E;C 和 D、E 同时到 F)。

调整后的网络图如图 5-10 所示。

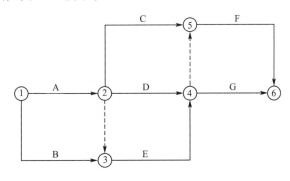

图 5-10 调整后的网络图

3. 单代号网络计划(图)

(1)单代号网络计划图也由许多箭线及节点构成,但是构成单代号网络图的基本符号含义与双代号网络计划图完全不同,单代号网络计划图是以节点及其编号表示工作,以箭线表示工作之间逻辑关系的,在节点中加注工作代号、名称和持续时间,形成单代号网络计划。

（2）单代号构成与基本符号

①节点

单代号网络图中的每一个节点表示一项工作，节点宜用圆圈或矩形表示。节点所表示的工作名称、持续时间和工作代号等应标注在节点内，如图 5-11 所示。单代号网络图中的节点必须编号，编号标注在节点内，其号码可间断，但严禁重复。

箭线的箭尾节点编号应小于箭头节点的编号。一项工作必须有唯一的一个节点及相应的一个编号。

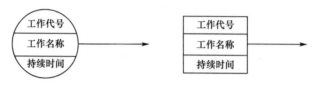

图 5-11　单代号网络图表示方法

②箭线

单代号网络图中的箭线表示紧邻工作之间的逻辑关系，既不占用时间，也不消耗资源。箭线应画成水平直线、折线或斜线。箭线水平投影的方向应自左向右，表示工作的行进方向。工作之间的逻辑关系包括工艺顺序和组织顺序，在网络图中均表现为工作之间的先后顺序。

③线路

单代号网络图中，各条线路应用该线路上的节点编号从小到大依次表述。

（3）单代号网络图的绘制规则

①单代号网络图必须正确表达已确定的逻辑关系。

②单代号网络图中，不允许出现循环回路。

③单代号网络图中，不能出现双向箭头或无箭头的连线。

④单代号网络图中，不能出现没有箭尾节点或没有箭头节点的箭线。

⑤绘制网络图时，箭线不宜交叉，当交叉不可避免时，可采用过桥法或指向法绘制。

⑥单代号网络图中只应有一个起点节点和一个终点节点。当网络图中有多个起点节点或多个终点节点时，应在网络图的两端分别设置一项虚工作，作为该网络图的起点节点和终点节点。如图 5-12 所示。

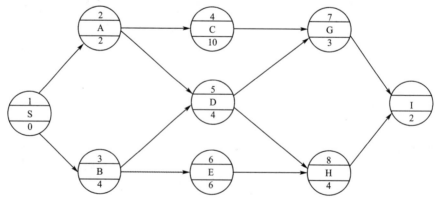

图 5-12　单代号网络图

单代号网络图的绘制规则大部分与双代号网络图的绘制规则相同,故不再进行解释。

5.1.4 工程网络计划有关时间参数的计算 ///////////////////////////////////

所谓时间参数,是指网络计划的工期,以及工作及节点所具有的各种时间值。

1. 双代号网络计划时间参数的计算

时间参数计算应在各项工作的持续时间确定之后进行。双代号网络图的主要时间参数如下:

①工作持续时间 D_{i-j},工作持续时间是一项工作从开始到完成的时间。

②计算工期 T_c,是指根据时间参数计算得到的工期。

③工作最早开始时间 ES_{i-j},是指在各紧前工作全部完成后,工作 i-j 有可能开始的最早时刻。

④工作最早完成时间 EF_{i-j},是指在各紧前工作全部完成后,工作 i-j 有可能完成的最早时刻。

⑤工作最迟开始时间 LS_{i-j},是指在不影响整个任务按期完成的前提下,工作 i-j 必须开始的最迟时刻。

⑥工作最迟完成时间 LF_{i-j},是指在不影响整个任务按期完成的前提下,工作 i-j 必须完成的最迟时刻。

⑦总时差 TF_{i-j},是指在不影响总工期的前提下,工作 i-j 可以利用的机动时间。

⑧自由时差 FF_{i-j},是指在不影响其紧后工作最早开始时间的前提下,工作 i-j 可以利用的机动时间。

在计算各种时间参数时,规定工作的开始时间或结束时间都是以单位时间的终了时刻为计算标准。如 $ES_{i-j}=5$,则表示工作 i-j 的最早开始时间为第 5 天末。

2. 双代号网络计划时间参数的计算

双代号网络计划时间参数的计算有按节点计算法、按工作计算法、标号计算法。各种计算方法的原理都差不多,本书主要介绍工作计算法。

双代号网络图时间参数快速计算

工作计算法一般采用"六时标注法",如图 5-13 所示。具体方法如下:

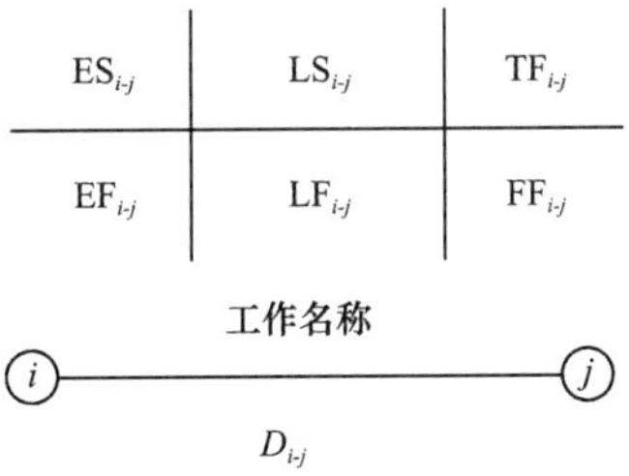

ES_{i-j}	LS_{i-j}	TF_{i-j}
EF_{i-j}	LF_{i-j}	FF_{i-j}

工作名称

i ——————— j

D_{i-j}

图 5-13 六时标注法

(1)计算工作最早开始时间和最早完成时间。工作的最早开始时间应从网络计划的起点节点开始,顺着箭线方向自左向右依次逐项计算,直到终点节点为止。

以网络计划起点节点为开始节点的工作的最早开始时间,如无规定时,其值等于零。如网络计划起点节点代号为 i,则

$$ES_{i-j}=0(i=1)$$

(5-5)

工作最早完成时间等于其最早开始时间与该工作持续时间之和。工作 $i\text{-}j$ 的最早完成时间以 $ES_{i\text{-}j}$ 表示,即

$$EF_{i\text{-}j} = ES_{i\text{-}j} + D_{i\text{-}j} \tag{5-6}$$

其他工作的最早开始时间等于其各紧前工作的最早完成时间的最大值($i < j < k$),即 $ES_{j\text{-}k} = \max\{EF_{i\text{-}j}\}$ 或 $ES_{j\text{-}k} = \max\{ES_{i\text{-}j} + D_{i\text{-}j}\}$。

(2)网络计划计算工期的确定。网络计划的计算工期,以 T_c 表示。它等于以网络计划终点节点 n 为完成节点的各项工作的最早完成时间的最大值,即

$$T_c = \max\{EF_{i\text{-}n}\} \tag{5-7}$$

(3)计算工作最迟开始时间和工作最迟完成时间。工作的最迟时间受工期的约束,故工作的最迟完成时间应从网络计划的终点节点开始,逆着箭线方向自右向左依次进行计算,直到起点节点为止。以网络计划终点节点 n 为完成节点的工作的最迟完成时间,即

$$LF_{i\text{-}n} = T_c \tag{5-8}$$

工作最迟开始时间等于其最迟完成时间与该项工作的持续时间之差,以 $LS_{i\text{-}j}$ 表示,即

$$LS_{i\text{-}j} = LF_{i\text{-}j} - D_{i\text{-}j} \tag{5-9}$$

其他工作的最迟完成时间等于其各项紧后工作的最迟开始时间的最小值,即($i < j < k$)

$$LF_{i\text{-}j} = \min\{LS_{j\text{-}k}\} \tag{5-10}$$

或 $$LF_{i\text{-}j} = \min\{LF_{j\text{-}k} - D_{j\text{-}k}\}$$

(4)计算工作时差。工作总时差是指在不影响工期的前提下,一项工作所拥有的机动时间,以 $TF_{i\text{-}j}$ 表示。总时差等于工作的最迟开始时间减去最早开始时间,或等于最迟完成时间减去最早完成时间,即

$$TF_{i\text{-}j} = LS_{i\text{-}j} - ES_{i\text{-}j} \tag{5-11}$$

或 $$TF_{i\text{-}j} = LF_{i\text{-}j} - EF_{i\text{-}j}$$

工作的自由时差即从本工作最早开始时间与其紧后工作的最早开始时间之间扣除本工作的持续时间后,所剩余时间的最小值($i < j < k$),即

$$FF_{i\text{-}j} = \min\{ES_{j\text{-}k} - EF_{i\text{-}j}\} \tag{5-12}$$

或 $$FF_{i\text{-}j} = \min\{ES_{j\text{-}k} - ES_{i\text{-}j} - D_{i\text{-}j}\}$$

注:工作的自由时差是该工作总时差的一部分,当其总时差为零时,其自由时差也必然为零。

【例 5-5】 根据双代号网络图 5-14 计算 $LF_{i\text{-}j}$、$LS_{i\text{-}j}$,已知 $ES_{1\text{-}2} = 0$、$ES_{1\text{-}2} = 0$,并标注在图上。

解 ①最早开始、最早完成时间的计算

工作 A:$ES_{1\text{-}2} = 0$

$\qquad EF_{1\text{-}2} = ES_{1\text{-}2} + D_{1\text{-}2} = 0 + 2 = 2$

工作 B:$ES_{1\text{-}3} = 0$

$\qquad EF_{1\text{-}3} = ES_{1\text{-}3} + D_{1\text{-}3} = 0 + 4 = 4$

工作 C:$ES_{2\text{-}6} = ES_{1\text{-}2} + D_{1\text{-}2} = 0 + 2 = 2$

$\qquad EF_{2\text{-}6} = ES_{2\text{-}6} + D_{2\text{-}6} = 2 + 10 = 12$

工作 D:$ES_{4\text{-}5} = \max\{ES_{1\text{-}2} + D_{1\text{-}2}; ES_{1\text{-}3} + D_{1\text{-}3}\} = \max\{0 + 2, 0 + 4\} = 4$

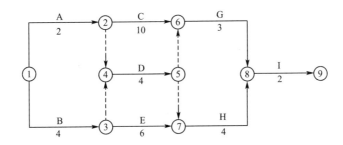

图 5-14 双代号网络图

$$EF_{4-5} = ES_{4-5} + D_{4-5} = 4 + 4 = 8$$

工作 E：$ES_{3-7} = ES_{1-3} + D_{1-3} = 0 + 4 = 4$

$$EF_{3-7} = ES_{3-7} + D_{3-7} = 4 + 6 = 10$$

工作 G：$ES_{6-8} = \max\{ES_{2-6} + D_{2-6}；ES_{4-5} + D_{4-5}\} = \max\{2 + 10, 4 + 4\} = 12$

$$EF_{6-8} = ES_{6-8} + D_{6-8} = 12 + 3 = 15$$

工作 H：$ES_{7-8} = \max\{ES_{3-7} + D_{3-7}；ES_{4-5} + D_{4-5}\} = \max\{4 + 6, 4 + 4\} = 10$

$$EF_{7-8} = ES_{7-8} + D_{7-8} = 10 + 4 = 14$$

工作 I：$ES_{8-9} = \max\{ES_{6-8} + D_{6-8}；ES_{7-8} + D_{7-8}\} = \max\{12 + 3, 10 + 4\} = 15$

$$EF_{8-9} = ES_{8-9} + D_{8-9} = 15 + 2 = 17$$

②计算工期

$$T_c = EF_{8-9} = ES_{8-9} + D_{8-9} = 15 + 2 = 17$$

③最迟完成、最迟开始时间的计算

工作 I：$LF_{8-9} = T_c = 17$

$$LS_{8-9} = LF_{8-9} - D_{8-9} = 17 - 2 = 15$$

工作 H：$LF_{7-8} = LS_{8-9} = 15$

$$LS_{7-8} = LF_{7-8} - D_{7-8} = 15 - 4 = 11$$

工作 G：$LF_{6-8} = LS_{8-9} = 15$

$$LS_{6-8} = LF_{6-8} - D_{6-8} = 15 - 3 = 12$$

工作 E：$LF_{3-7} = LS_{7-8} = 11$

$$LS_{3-7} = LF_{3-7} - D_{3-7} = 11 - 6 = 5$$

工作 D：$LF_{4-5} = \min\{LS_{6-8}, LS_{7-8}\} = \min\{12, 11\} = 11$

$$LS_{4-5} = LF_{4-5} - D_{4-5} = 11 - 4 = 7$$

工作 C：$LF_{2-6} = LS_{6-8} = 12$

$$LS_{2-6} = LF_{2-6} - D_{2-6} = 12 - 10 = 2$$

工作 B：$LF_{1-3} = \min\{LS_{3-7}, LS_{4-5}\} = \{5, 7\} = 5$

$$LS_{1-3} = LF_{1-3} - D_{1-3} = 5 - 4 = 1$$

工作 A：$LF_{1-2} = \min\{LS_{2-6}, LS_{4-5}\} = \{2, 7\} = 2$

$$LS_{1-2} = LF_{1-2} - D_{1-2} = 2 - 2 = 0$$

④工序总时差

工作 A：$TF_{1-2} = LS_{1-2} - ES_{1-2} = 0 - 0 = 0$

工作 B：$TF_{1-3} = LS_{1-3} - ES_{1-3} = 1 - 0 = 1$

工作 C：$TF_{2-6} = LS_{2-6} - ES_{2-6} = 2 - 2 = 0$

工作 D：$TF_{4-5} = LS_{4-5} - ES_{4-5} = 7 - 4 = 3$

工作 E：$TF_{3-7} = LS_{3-7} - ES_{3-7} = 5 - 4 = 1$

工作 G：$TF_{6-8} = LS_{6-8} - ES_{6-8} = 12 - 12 = 0$

工作 H：$TF_{7-8} = LS_{7-8} - ES_{7-8} = 11 - 10 = 1$

工作 I：$TF_{8-9} = LS_{8-9} - ES_{8-9} = 15 - 15 = 0$

⑤工序自由时差

工作 A：$FF_{1-2} = \min\{ES_{2-6} - EF_{1-2}, ES_{4-5} - EF_{1-2}\} = \min\{2-2, 4-2\} = 0$

工作 B：$FF_{1-3} = \min\{ES_{3-7} - EF_{1-3}, ES_{4-5} - EF_{1-3}\} = \min\{4-4, 4-4\} = 0$

工作 C：$FF_{2-6} = ES_{6-8} - EF_{2-6} = 12 - 12 = 0$

工作 D：$FF_{4-5} = \min\{ES_{6-8} - EF_{4-5}, ES_{7-8} - EF_{4-5}\} = \min\{12-8, 10-8\} = 2$

工作 E：$FF_{3-7} = ES_{7-8} - EF_{3-7} = 10 - 10 = 0$

工作 G：$FF_{6-8} = ES_{8-9} - EF_{6-8} = 15 - 15 = 0$

工作 H：$FF_{7-8} = ES_{8-9} - EF_{7-8} = 15 - 14 = 1$

工作 I：$FF_{8-9} = T_c - EF_{8-9} = 17 - 17 = 0$

⑥图上标注如图 5-15 所示。

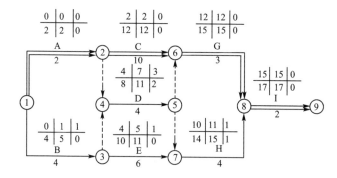

图 5-15　双代号网络图

3. 单代号网络计划时间参数的计算

单代号网络图时间参数快速计算

单代号网络图的计算,可按照双代号网络图的计算方法和计算顺序进行。也可在计算出最早时间和工期后,先计算各个工作之间的时间间隔,再据其计算出总时差和自由时差,最后计算各项工作的最迟时间。

利用间隔时间计算时差后,再求最迟时间：

(1)最早时间计算

①最早开始时间

$$ES_i = \max\{ES_n + D_n\} = \max\{EF_n\}$$

开始节点 $ES_i = 0$；顺线累加,取大。

②最早完成时间

$$EF_i = ES_i + D_i$$

③计算工期

$$T_c = EF_n = ES_n + D_n$$

（2）相邻两项工作的时间间隔

后项工作的最早开始时间与前项工作的最早完成时间的差值

$$\mathrm{LAG}_{i\text{-}j} = \mathrm{ES}_j - \mathrm{EF}_i$$

（3）时差计算

①工作的总时差

$$\mathrm{TF}_n = 0,\ \mathrm{TF}_i = \min\{\mathrm{LAG}_{i\text{-}j} + \mathrm{TF}_j\} \quad 逆线计算$$

②工作的自由时差

$$\mathrm{FF}_i = \min\{\mathrm{LAG}_{i\text{-}j}\}$$

（4）最迟时间

①最迟完成时间

$$\mathrm{LF}_n = T_p (计划工期);\ \mathrm{LF}_i = \mathrm{EF}_i + \mathrm{TF}_i$$

②最迟开始时间

$$\mathrm{LS}_i = \mathrm{LF}_i - D_i = \mathrm{ES}_i + \mathrm{TF}_i$$

（5）关键线路

总时差为"0"的关键工作构成的自始至终的线路。或 $\mathrm{LAG}_{i\text{-}j}$ 均为 0 的线路（宜逆箭线寻找）。

【例 5-6】 根据单代号网络图 5-16，计算其时间参数。

计算结果如图 5-16 所示。

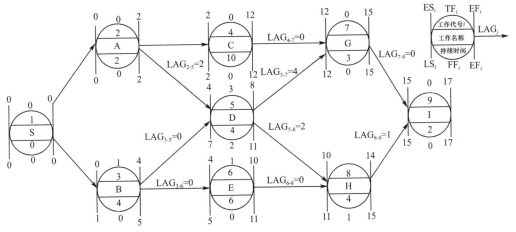

图 5-16 单代号网络图

5.2 建筑工程项目进度计划的调整方法

5.2.1 施工进度计划检查与分析 //

1. 施工进度计划检查的内容

根据不同需要可对施工进度计划进行日常检查或定期检查。检查的内容如下：

①进度管理情况。

②进度偏差情况。

③实际参加施工的人力、机械数量与计划数。

④实际完成和累计完成的工程量。

⑤窝工人数、窝工机械台班数及其原因分析。

2. 施工进度计划检查的方式

（1）定期、经常地收集由承包商单位提供的有关进度报表资料

项目施工进度报表资料不仅是对工程项目实施进度控制的依据，同时也是核对工程进度的依据。在一般情况下，进度报表格式由监理单位提供给施工承包单位，施工承包单位按时填写完后提交给监理工程师核查。报表的内容根据施工对象及承包方式的不同而有所区别，但一般应包括工作的开始时间、完成时间、持续时间、逻辑关系、实物工程量和工作量，以及工作时差的利用情况等。承包单位若能准确地填报进度报表，监理工程师就能从中了解到工程项目的实际进度情况。

（2）由驻地监理人员现场跟踪检查工程项目的实际进度情况

为了避免施工承包单位超报已完工程量，驻地监理人员有必要进行现场实地检查和监督。可以每月或每半个月检查一次，也可以每旬或每周检查一次。如果在某一施工阶段出现不利情况，则需要每天检查。

（3）召开现场会议

除上述两种方式外，由监理工程师定期组织现场施工负责人召开现场会议，也是获得工程项目实际进度情况的一种方式。通过面对面的交谈，监理工程师可以从中了解到施工过程中的潜在问题，以便及时采取相应的措施加以预防。

3. 影响建筑工程项目进度的因素

（1）工程建设各相关单位

如向有关部门提出各种申请审批手续的延误；合同签订时遗漏条款、表达失当；计划安排不周密，组织协调不力，导致停工待料、相关作业脱节；领导不力，指挥失当，使参加工程建设的各个单位、各个专业、各个施工过程之间交接、配合上发生矛盾等。

（2）物资供应

如材料、构配件、机具、设备供应环节的差错，品种、规格、质量、数量、时间不能满足工程的需要；特殊材料及新材料的不合理使用；施工设备不配套，选型失当，安装失误，有故障等。

（3）资金

建设单位没有按照合同要求及时提供工程预付款，施工单位不能正常进行施工准备，导致工程无法按期开工，或建设单位未能及时支付工程进度款，造成工程资金紧张影响进度。

（4）设计变更

在施工过程中，由于原设计与施工现场条件不符或原设计出现错误以及业主提出的新的设计变更等，需停工等待新的设计方案，延误工程进度；或由于按照之前的设计方案施工导致需返工引起的进度延长。

（5）施工条件

如复杂的工程地质条件；不明的水文气象条件；地下埋藏文物的保护、处理；洪水、地震、台风等不可抗力等。

（6）各种风险因素

如外单位临近工程施工干扰；节假日交通、市容整顿的限制；临时停水、停电、断路；以及在国外常见的法律及制度变化，经济制裁，战争、骚乱、罢工、企业倒闭等。

（7）承包单位自身管理水平

如施工工艺错误；不合理的施工方案；施工安全措施不当；不可靠技术的应用、计划不周、施工现场管理混乱、解决施工中各种问题不及时等。

4. 进度计划的检查方法

进度计划的检查方法主要是对比法，即实际进度与计划进度对比，发现偏差则进行调整或修改计划。常用的检查比较方法有如下几种：

（1）横道图比较法

横道图比较法是指将项目实施过程中检查实际进度收集到的数据，经加工整理后直接用横道线平行绘于原计划的横道线处，进行实际进度与计划进度的比较方法。采用横道图比较法，可以形象、直观地反映实际进度与计划进度的比较情况。

例如，某工程项目基础工程的计划进度和截至第 9 天末的实际进度如图 5-17 所示，其中双线条表示该工程计划进度，粗实线表示实际进度。从图中实际进度与计划进度的比较可以看出，到第 9 天末检查实际进度时，A 和 B 两项工作已经完成；C 工作按计划也应该完成，但实际只完成 75％，任务量拖欠 25％；D 工作按计划应该完成 60％，而实际只完成 20％，任务量拖欠 40％。

根据各项工作的进度偏差，进度控制者可以采取相应的纠偏措施对进度计划进行调整，以确保该工程按期完成。

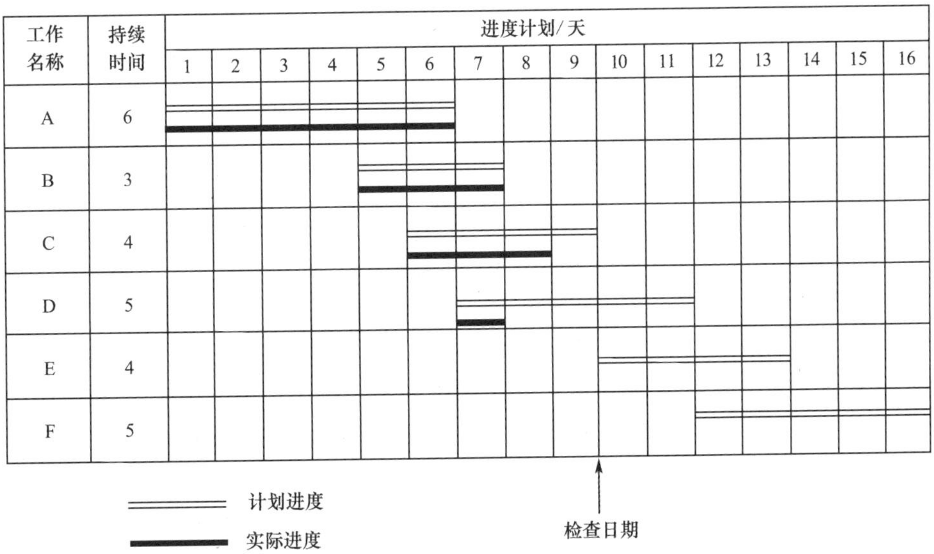

图 5-17 横道图比较法

横道图比较法可分为以下两种方法：

①匀速进展横道图比较法

匀速进展是指在工程项目中，每项工作在单位时间内完成的任务量都是相等的，即工作的进展速度是均匀的。此时，每项工作累计完成的任务量与时间呈线性关系（图 5-18）。完成的任务量可以用实物工程量、劳动消耗量或费用支出表示。为了便于比较,通常用上述物理量的百分比表示。

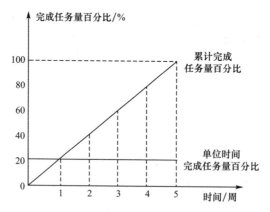

图 5-18　工作匀速进展时任务量与时间关系的曲线

必须指出,该方法仅适用于工作从开始到结束的整个过程中,其进展速度均为固定不变的情况。如果工作的进展速度是变化的,则不能采用这种方法进行实际进度与计划进度的比较;否则,会得出错误的结论。

②非匀速进展横道图比较法

当工作在不同单位时间里进展速度不相等时,累计完成的任务量与时间的关系就不可能是线性关系。此时,应采用非匀速进展横道图比较法进行工作实际进度与计划进度的比较。

非匀速进展横道图比较法在用涂黑粗线表示工作实际进度的同时,还要标出其对应时刻完成任务量的累计百分比,并将该百分比与其同时刻计划完成任务量的累计百分比相比较,判断工作实际进度与计划进度之间的关系。

(2)S曲线比较法

S曲线比较法是以横坐标表示时间,纵坐标表示累计完成任务量,绘制一条按计划时间累计完成任务量的S曲线;然后将工程项目实施过程中各检查时间实际累计完成任务量的S曲线也绘制在同一坐标系中,进行实际进度与计划进度比较的一种方法。

(3)香蕉曲线比较法

香蕉曲线是由两条S曲线组合而成的闭合曲线。由S曲线比较法可知,工程项目累计完成的任务量与计划时间关系,可以用一条S曲线表示。对于一个工程项目网络计划来说,如果以其中各项工作的最早开始时间安排进度而绘制S曲线,称为ES曲线;如果以其中各项工作的最迟开始时间安排进度而绘制S曲线,称为LS曲线。两条S曲线具有相同的起点和终点,因此,两条曲线是闭合的。在一般情况下,ES曲线上其余各点均落在LS曲线的相应点的左侧。由于该闭合现形似"香蕉",故称为香蕉曲线。

香蕉曲线比较法的作用:

①合理安排工程项目进度计划。

②定期比较工程项目的实际进度与计划进度。

(4)前锋线比较法

前锋线比较法是通过绘制某检查时刻工程项目实际进度前锋线,进行工程实际进度与计划进度比较的方法,它主要适用于时标网络计划。所谓前锋线,是指在原时标网络计划上,从检查时刻的时标点出发,用点画线依次将各项工作实际进展位置点连接而成的折线。前锋线比较法就是通过实际进度前锋线与原进度计划中各工作箭线交点的位置来判断工作实际进度与计划进度的偏差,进而判定该偏差对后续工作及总工期影响程度的一种方法。

(5)列表比较法

列表比较法是指记录检查时正在进行的工作名称和已进行的天数,然后列表计算有关参数,根据原有总时差和尚有总时差判断实际进度与计划进度的比较方法,见表 5-7。

表 5-7　　　　　　　　　　网络计划检查结果分析表

工作编号	工作名称	检查时尚需工作天数	按计划最迟尚有天数	自由时差		自由时差		情况分析
				原有	目前尚有	原有	目前尚有	

5.进度计划的偏差分析

(1)分析出现进度偏差的工程是否为关键工作

如果出现进度偏差的工作位于关键线路上,即该工作为关键工作,则无论其偏差有多大,都将对后续工作和总工期产生影响,必须采取相应的调整措施;如果出现偏差的工作是非关键工作,则需要根据进度偏差值与总时差和自由时差的关系做进一步分析。

(2)分析进度偏差是否超过总时差

如果工作的进度偏差大于该工作的总时差,则此进度偏差必将影响其后续工作和总工期,必须采取相应的调整措施;如果工作的进度偏差未超过该工作的总时差,则此进度偏差不影响总工期。至于对后续工作的影响程度,还需要根据偏差值与其自由时差的关系做进一步分析。

(3)分析进度偏差是否超时自由时差

如果工作的进度偏差大于该工作的自由时差,则此进度偏差将对其后续工作产生影响,此时应根据后续工作的限制条件确定调整方法。如果工作的进度偏差未超过该工作的自由时差,则此进度偏差不影响后续工作,原进度计划可以不做调整。

5.2.2 施工进度的调整

1.施工进度计划调整的要求

①使用网络计划进行调整,应利用关键线路。

②调整后编制的施工进度计划应及时下达。

③施工进度计划调整应及时有效。

④利用网络计划进行时差调整,调整后的进度计划要及时向班组及有关人员下达,防止继续执行原进度计划。

2.施工进度计划调整的内容

①调整关键线路的长度。

②调整非关键工作时差。

③增、减工作项目。

④调整工作间逻辑关系。

⑤重新确定某些工作的持续时间。

⑥对资源的投入做相应调整。

3. 施工进度计划调整的方法

(1)调整关键线路的方法

①当关键线路的实际进度比计划进度拖后时,应在尚未完成的关键工作中,选择资源强度小或费用低的工作缩短其持续时间,并重新计算未完成部分的时间参数,将其作为一个新计划实施。

②当关键线路的实际进度比计划进度提前时,应选用资源占用量大或者直接费用高的后续关键工作适当延长其持续时间,以降低其资源强度或费用。当确定要提前完成计划时,应将计划尚未完成的部分作为一个新计划,重新确定关键工作的持续时间,按新计划实施。

(2)调整非关键工作的方法

主要利用其时差进行调整,调整的幅度应在其时差的范围内进行,以便更充分地利用资源、降低成本或满足施工的需要。每一次调整后都必须重新计算时间参数,观察该调整对计划全局的影响。可采用以下几种调整方法:

①将工作在其最早开始时间与最迟完成时间范围内移动。

②延长非关键工作的持续时间。

③缩短非关键工作的持续时间。

(3)增、减工作项目时的调整方法

①不打乱原网络计划总的逻辑关系,只对局部逻辑关系进行调整。

②在增减工作后应重新计算时间参数,分析对原网络计划的影响;当对工期有影响时,应采取调整措施,以保证计划工期不变。

(4)调整逻辑关系

只有当实际情况要求改变施工方法或施工组织时才可进行逻辑关系的调整。调整时应避免影响原定计划工期和其他工作。

(5)调整工作的持续时间

当发现某些工作的原持续时间估计有误或实现条件不充分时,应重新估算其持续时间,并重新计算时间参数,尽量使原计划工期不受影响。

(6)调整资源的投入

当资源供应发生异常时,应采用资源优化方法对计划进行调整,或采取应急措施,使其对工期的影响最小。网络计划的调整,可以定期进行,亦可根据计划检查的结果在必要时进行。

5.3 建筑工程项目进度控制的措施

5.3.1 项目进度控制的组织措施 //

组织是目标能否实现的决定性因素,为实现项目的进度目标,应充分重视健全项目管理的组织体系。在项目组织结构中应有专门的工作部门和符合进度控制岗位资格的专人负责进度控制工作。

从管理构架入手,理顺各职能管理部门之间的关系,建立精简、高效的组织体系,使工程进展过程中的各种信息流得以高效、快捷地上传下达,并及时地对进度计划做微幅调整,优化资源配置,使进度偏差控制在较小的范围内。各部门职能分工如下:

1. 工程技术部

工程技术部负责工程总进度、年进度计划的编制。及时掌握工程进展情况的汇总信息,对总进度计划实施动态控制;参加监理单位定期召开的进度会议,接受监理人员的指示和协调;必要时根据监理人员指示对工程进度计划进行调整。

2. 计划合同部

计划合同部负责工程季、月进度计划的编制,制定工程进度考核管理办法及奖罚制度。及时掌握工程进展情况的汇总信息;参加监理人员定期召开的进度会议,接受监理人的指示和协调;必要时根据监理人指示对工程进度计划进行调整。

3. 生产调度室

生产调度室根据计划合同部下达的月进度计划和工程实际进展情况制订周计划,下达给各工区,并监督实施;根据工程进度考核管理办法,对各工区执行奖罚措施;接受各工区关于工程进度的合理化建议并适时传达给计划合同部。

4. 施工队

施工队是周进度计划的具体执行人和工程进展信息资料的收集、整理、反馈人,接受工程部的安排、监督和奖罚,并对工程进度提出合理化建议。由于工区是进度计划的实施者,必须采取有效措施,提高一线作业员工的积极性,使进度计划落到实处。工程进度奖罚措施必须合理、可行,并及时兑现。

5.3.2　项目进度控制的管理措施 //

1. 技术管理措施

认真调查、研究工程地质、水文、气象资料和市场情况,结合类似工程施工经验,制订切合工程实际的各施工阶段的技术方案、措施,以及应急技术措施,做好技术交底,建立技术档案,使技术管理科学化、信息化。

抓好新技术、新材料、新工艺的推广运用,充分发挥承包人在类似工程施工技术方面的优势,组织科技攻关小组,及时解决施工中出现的问题、难题。对工程进展中出现的进度问题提出相应的建议和措施,必要时根据监理人指示制定切实可行的加快工程进度的措施。

聘请单位内有经验的专家对重大技术问题进行咨询,在征得监理人同意后付诸实施。

2. 现场管理措施

建立健全质量保证体系,确保施工质量,避免因质量事故引发工期延误。

建立健全施工安全保证体系,采取有效的安全保障措施,组织好现场安全施工,做好文明施工,创造一个安全、文明、有序的施工环境。

在进度实施过程中抓住关键工作,加大人力、物力投入,特别是高峰期的投入,确保主要工序和关键线路按期完工,同时兼顾其他项目。

加强人员和设备管理,提高设备和生产率。

充分利用好发包人提供的有关施工设备,同时根据工程进展新购或从上级部门调配施工需要的设备进场,以充分满足施工需要。

充分利用网络管理技术,对施工所需材料、配件进行网络查询和采购,对物资存储进行科学管理,保证正常的物资采购和供应,尽量减少因材料、配件的短缺原因造成施工延误。

对工程款项进行科学管理,用好、用活资金,必要时从母体单位本部或采取其他手段调配充足的资金,保障施工生产对资金的需求。

3. 质量管理措施

承包人将按照"提高员工素质、规范工作行为、追求完美品质、满足用户要求"的质量方针,建立健全以项目经理为第一责任人的质量管理体系,结合工程实际,编制适合于本工程的质量计划,严格按计划中的过程、程序和项目实施,实行质量责任终身制,层层落实到个人,真正做到全员、全方位、全过程的有效控制。保证工程总体质量达到优良标准。

消灭一切质量事故,坚决杜绝由于质量问题引起的误工、返工现象,确保工程顺利进行。

项目经理将充分授权给项目部的质量管理部门,赋予质量管理部门针对质量事故防范与处理的奖罚权利,让质量管理者说话有分量、管理有力度。这样将加快各道工序合格施工及验收,避免误工及返工、工序衔接拖延导致工期损失。

4. 施工资源管理保证措施

设备物资、综合及财务部门,根据施工组织设计及总进度计划的要求,超前编制并落实好各阶段的人力、机械设备、材料物资及资金供应计划,确保施工进度的需要;主要的机械设备、材料物资保证有必要和足够的备用。

对不适合的设备及时更换,不得影响施工,以确保施工强度的要求。

5.3.3 项目进度控制的经济措施

建筑工程项目进度控制的经济措施涉及资金需求计划、资金供应的条件和经济激励措施等。

为确保进度目标的实现,应编制与进度计划相适应的资源需求计划(资源进度计划),包括资金需求计划和其他资源(人力和物力资源)需求计划,以反映工程实施的各阶段所需要的资源。通过对资源需求的分析,可发现所编制的进度计划实现的可能性,若资源条件不具备,则应调整进度计划。资金需求计划也是工程融资的重要依据。

资金供应条件包括可能的资金总供应量、资金来源(自有资金和外来资金)以及资金供应的时间。在工程预算中应考虑加快工程进度所需要的资金,其中包括为实现进度目标将要采取的经济激励措施所需要的费用等。

5.3.4 项目进度控制的技术措施

建筑工程项目进度控制的技术措施涉及对实现进度目标有利的设计技术和施工技术的选用。

不同的设计理念、设计技术路线、设计方案会对工程进度产生不同的影响,在设计工作的前期,特别是在设计方案评审和选用时,应对设计技术与工程进度的关系做分析比较。在工程进度受阻时,应分析是否存在设计技术的影响因素,为实现进度目标有无设计变更的可能性。

施工方案对工程进度有直接的影响,在决策其选用时,不仅应分析技术的先进性和经济理性,还应考虑其对进度的影响。在工程进度受阻时,应分析是否存在施工技术的影响因素,为实现进度目标有无改变施工技术、施工方法和施工机械的可能性。

相关资料

《建设工程项目管理规范》GB/T 50326—2017(部分)

项目管理机构的进度控制过程应符合下列规定:

1 将关键线路上的各项活动过程和主要影响因素作为项目进度控制的重点;

2 对项目进度有影响的相关方的活动进行跟踪协调。

9.3.4 项目管理机构应按规定的统计周期,检查进度计划并保存相关记录。进度计划检查应包括下列内容:

1 工作完成数量;

2 工作时间的执行情况;

3 工作顺序的执行情况;

4 资源使用及其与进度计划的匹配情况;

5 前次检查提出问题的整改情况。

本章小结

建筑工程项目进度通常是指工程项目实施结果的进展情况,在工程项目施工过程中要消耗时间(工期)、劳动力、材料、成本等才能完成项目的任务。建筑工程项目的进度管理是施工项目管理的重点内容之一,其实质就是合理安排资源供应,有条不紊地实现项目各项活动,保证建筑工程项目按建设单位的工期要求以及建筑施工单位投标时在进度方面的承诺完成。

建筑工程项目进度计划施工要编制月、季、旬、周作业计划和施工任务书,做好施工记录、掌握现场施工实际情况,落实跟踪控制进度计划。

施工总进度计划的编制原则、编制步骤都是根据施工合同、施工进度目标、有关技术经济资料和设计图纸来编制的。

建筑工程进度计划的类型主要包括横道图计划和工程网络计划两种。

建筑工程进度计划检查的方法有横道图比较法、S曲线比较法、香蕉曲线比较法、前锋线比较法和列表比较法。

建筑工程项目进度计划的措施主要包括组织措施、管理措施、经济措施和技术措施。

思考题

1. 建筑工程项目进度计划的种类有哪些?
2. 流水施工的基本组织方式包括哪些?
3. 双代号网络计划的绘制规则是什么?
4. 建筑工程项目进度控制的措施主要有哪些?
5. 建筑工程项目计划调整的方法主要有哪些?

第6章
建筑工程项目施工成本管理

6

学 习 目 标

1. 了解施工成本的构成。
2. 熟悉建筑工程项目施工成本管理的任务和环节。
3. 了解施工成本计划的类型。
4. 掌握建筑工程项目成本控制的步骤和方法。
5. 掌握建筑工程项目施工成本分析的方法。

静以修身,俭以养德

一切节约,归根到底都是时间的节约。——马克思

续范亭:"节约莫怠慢,积少成千万。一粒米如珠,一菜不许烂。""节约虽有限,万合是十石。细流成江河,冲破东海岸。"

南北朝·颜之推《颜氏家训》:"财有限,费用无穷,当量入为出。"

量:估量,计算。财物是有限的,但是浪费却是没有止境的,每个家庭都应当要计算出自己的收入与支出。

艰苦奋斗、勤俭节约是中华民族的传统美德。当年,美国记者斯诺到达延安,被共产党人艰苦朴素的作风深深震撼,盛赞"那种精神,那种力量,那种欲望,那种热情……是人类历史本身的丰富而灿烂的精华",将其誉为"东方魔力""兴国之光"。今天,我们仍要让"东方魔力"催生力量、"兴国之光"散发光芒。

资料来源:何勇进,节约莫怠慢 积少成千万.中国军网,2020.09.25

6.1 建筑工程项目施工成本管理概述

6.1.1 施工成本的基本知识

1. 施工成本的概念

施工成本是指在建筑工程项目的施工过程中所发生的全部生产费用的总和,包括消耗

的原材料、辅助材料、构配件等费用,周转材料的摊销费或租赁费,施工机械的使用费或租赁费,支付给生产工人的工资、奖金、工资性质的津贴等,以及进行施工组织与管理所发生的全部费用支出。施工成本是建筑企业的产品成本,亦称为工程成本,一般以项目的单位工程为核算对象,通过各单位工程成本核算来反映施工项目成本。

2.施工成本的分类

施工成本按不同的分类标准分为不同的类型。

(1)按成本的核算方法划分

①预算成本:是指根据施工图计算的工程和预算单价确定的工程预算成本,反映了为完成工程项目建筑安装任务所需的直接费用和间接费用。

②实际成本:是指项目在施工生产过程中实际发生的并按一定的成本核算对象和成本项目归集的生产费用支出的总和。

③目标成本:是指按企业的施工预算确定的目标成本,这一目标成本是在项目经理领导下组织施工、充分挖掘潜力、采取有效的技术组织措施和加强管理经济核算的基础上,预先确定的工程项目的成本目标。

(2)按成本的构成划分

①直接成本:是指在施工过程中耗费的构成工程实体或者有助于工程实体形成的各项费用支出,是可以直接计入工程对象的费用,包括人工费、材料费、施工机械使用费、施工措施费。

②间接成本:是指为施工准备、组织和管理施工生产的全部费用的支出,是进行工程施工必须发生的费用,包括管理人员工资、办公费、差旅交通费等。

(3)按成本习性划分

①固定成本:是反应工程项目中固定资产的购置、使用、归集等内容的成本。

②变动成本:是反应直接用于材料费、施工人员工资变动费用的成本。

6.1.2 施工成本管理的任务 //

施工成本管理是企业的一项重要的基础管理,是要在保证工期和质量满足要求的情况下,采取相应的措施,包括组织措施、经济措施、技术措施、合同措施把成本计划控制在计划范围内,并进一步寻求最大限度地节约成本。建筑工程项目施工成本管理的任务和环节包括:

①成本预测。

②成本计划。

③成本控制。

④成本核算。

⑤成本分析。

⑥成本考核。

6.2 建筑工程项目施工成本计划

建筑工程项目施工成本计划是施工项目成本管理的一个重要环节,是实现降低施工项目成本任务的指导性文件,从某种意义上来说,编制建筑工程施工成本计划也是施工项目成本预测的继续,如果对承包项目所编制成本计划达不到目标成本要求,就必须组织施工项目管理班子的有关人员重新研究寻找降低成本的途径,再进行重新编制,从第一次所编的成本计划到改变成第二次或第三次等的成本计划直至最终定案,实际上意味着进行了一次次的成本计划改进,同时编制成本计划的过程也是一次动员施工项目经理部全体职工,挖掘降低成本潜力的过程,也是检验施工技术质量管理、工期管理、物资消耗和劳动力资源管理等效果的全过程。

施工成本计划是在项目经理负责下,在成本预测的基础上进行的,是以货币形式预先规定施工项目进行中的施工生产耗费的计划总水平,通过施工成本计划可以确定对比项目总投资应实现的计划成本降低额与降低率,并且按成本层次、有关成本项目以及项目进展的逐阶段对成本计划加以分解,并制订各级成本实施方案。

6.2.1 施工成本计划的类型

1.按成本计划的构成划分

(1)直接成本计划

直接成本计划主要反映构成直接成本的各种材料、人工、机械费等预算价值、计划降低额与计划降低率。

(2)间接成本计划

间接成本计划主要反映构成施工现场管理费用的计划数、预算收入数及降低额。间接成本计划应根据工程项目的核算期,以项目总收入费为基础,制订各部门费用的收支计划,汇总后作为工程项目管理费用计划。在间接成本计划中,收入应与取费口径一致,支出应与会计核算中管理费用的二级科目一致。

2.按编制的方法划分

(1)预算成本计划

预算成本计划是指主要以施工图中的工程实物量、施工工料消耗定额,计算工料消耗量,并进行工料汇总,然后统一以货币形式反映其施工生产耗费水平的计划。

(2)实际成本计划

实际成本计划是指报告期内企业根据自身的生产技术条件和企业管理水平对实际发生的各项施工费用而制订的成本计划。

3.按成本计划反映的内容范围划分

(1)项目总成本计划

项目总成本计划是指整个工程项目所有费用的总计划。

(2)项目子成本计划

项目子成本计划是反映各项工程费用情况的计划。

4.按成本习性划分

（1）固定成本计划

固定成本计划是反映工程项目中固定资产的购置、使用、归集等内容的计划。

（2）变动成本的计划

变动成本计划反映的是直接用于材料费、施工人员的工资变动费用的计划。

6.2.2　施工项目成本计划的作用

施工成本的计划是施工项目管理六大环节重要的一环，正确编制施工成本计划有非常重要的作用。

1.成本计划是对生产消耗进行控制、分析和考核的重要依据

成本计划可作为对生产消耗进行事前预计、事中检查控制和事后考核评价的重要依据。许多施工单位仅单纯重视项目成本管理的事中控制和事后考核，却忽视甚至省略了至关重要的事前计划，使得成本管理从一开始就缺乏目标，对于控制考核，也无从对比，产生很大的盲目性。成本计划一经确定，就应层层落实到部门、班组，并应经常将实际生产消耗与成本计划指标进行对比分析，揭露执行过程中存在的问题，及时采取措施，改善和完善成本管理工作，以保证成本计划各项指标得以实现。

2.成本计划是编制其他有关施工计划的基础

每一个施工项目都有着自己的项目计划，这是一个完整的体系。在这个体系中，成本计划与其他各方面的计划有着密切的联系。它们既相互依存又相互制约。如编制项目流动资金计划、企业利润计划等都需要成本计划的资料，同时成本计划也需要以施工方案、物资和价格计划等为基础。因此，正确编制施工项目成本计划是编制其他计划的重要保证。

3.成本计划是开展增产节约、降低产品成本的保证

成本计划是全体职工共同奋斗目标，为了保证成本计划和成本控制目标的实现，企业必须加强成本管理责任制，把成本计划和各项指标层层分解，步步落实到各部门、班组乃至个人，实行归口管理并做到责、权、利相结合，检查评比和奖励惩罚有根有据，使开展增产节约、降低产品成本、执行和完成各项成本计划指标成为上下一致、左右协调、人人自觉努力完成的共同行动。

4.成本计划是体现目标管理的一种具体形式

成本计划是建立施工项目成本管理责任制、开展成本控制和核算的基础。一般来说，一个施工成本计划应包括从开工到竣工所必需的施工成本，它是该施工项目降低成本的指导文件，是设立目标成本的依据，可以说，成本计划是目标成本的一种形式。

6.3　建筑工程施工成本计划编制

6.2.1　施工成本计划的编制依据

编制施工成本计划，需要广泛收集相关资料并进行整理，以作为施工成本计划编制的依据，在此基础上，根据有关设计文件、工程承包合同、施工组织设计、施工成本预测资料等，按照施工项目应投入的生产要素,结合各种因素的变化和拟采取的各种措施,估算施工项目生产费用支出的总水平,进而提出施工项目的成本计划控制指标,确定目标总成本。目标总成本确定后,应将总目标分解落实到各部门、班组,以便于进行控制的子项目或工序。最后,通过综合平衡,编制完成施工成本计划,施工成本计划的编制依据具体包括以下几个方面:

①投标报价文件。

②企业额定、施工预算资料。

③施工组织设计或施工方案。

④人工、材料、机械台班的市场价。

⑤企业颁布的材料指导价、企业内部机械台班价格、劳动力内部挂牌价格。

⑥周转设备内部租赁价格、摊销损耗标准。

⑦已签订的工程合同、分包合同(或估计书)。

⑧结构件外加工计划和合同。

⑨有关财务成本核算制度和财务历史资料。

⑩施工成本预测资料。

⑪拟采取降低施工成本的措施。

⑫其他相关资料,如相关的施工图纸及文件。

6.3.2 施工成本计划的编制方法

施工成本计划工作主要是在项目经理负责下,在成本预算、成本决策基础上进行的。编制中的关键前提——确定目标成本,是成本计划的核心,是成本管理所要达到的目的。成本目标通常以项目成本总降低额和降低率来定量地表示。项目成本目标的方向性、综合性和预测性,决定了必须选择科学地确定目标的方法。

1. 常用的施工成本计划

在概、预算编制力量较强、定额比较完备的情况下,特别是施工图预算与施工预算编制经验比较丰富的施工企业,工程项目的成本目标可由定额估算法产生。所谓施工图预算,它是以施工图为依据,按照预算定额和规定的取费标准以及图纸工程量计算出项目成本,反映为完成施工项目建筑安装任务所需的直接成本和间接成本。它是招标投标中计算标底的依据,评标的尺度,是控制项目成本支出、衡量成本节约或超支的标准,也是施工项目考核经营成果的基础。施工预算是施工单位(各项目经理部)根据施工定额编制的,作为施工单位内部经济核算的依据。

过去,通常以两算对比定额差与技术组织措施带来的节约额来估算计划成本的降低额,其计算公式为

计划成本降低额=两算对比定额差+技术组织措施计划节约额

一些施工单位对这种定额估算法又做了修改,其步骤及公式如下:

①根据已有的投标、预算资料,确定中标合同价与施工图预算的总价格、施工图预算与施工预算的总价格差。

②根据技术组织措施计划确定技术组织措施带来的项目节约额。

③对施工预算未能包含的项目,包括施工有关项目和管理费用项目,参照估算。

④对实际成本可能明显超过或低于定额的主要子项,按实际水平估算出其实际与定额水平之差。

⑤充分考虑不可见因素、工期制约因素以及风险因素、市场价格波动因素,加以试算调整,得出综合影响下施工项目成本计划。

⑥综合计算整个项目的目标成本降低额及降低率,得

$$目标成本降低额=[①+②-③±④]×[①+⑤]$$
$$目标成本降低率=目标成本降低额/项目的预算成本$$

2.计划成本法

施工成本计划中的计划成本编制方法,通常有以下几种:

(1)施工预算法

施工预算法是指主要以施工图中的工程实物量,套以施工工料消耗定额,计算工料消耗量,并进行工料汇总,然后统一以货币的形式反映其施工生产消耗水平。以施工工料消耗定额所计算的施工生产消费水平,基本是一个不变的常数。一个施工项目要实现较高的经济效益(提高降低成本水平),就必须在这个常数的基础上采取技术节约措施,以降低消耗恶性的单位消耗量和降低价格等措施,来达到成本计划的目标成本水平。因此,采用施工预算法编制成本计划时,必须考虑结合技术节约措施计划,以进一步降低施工生产消费水平。其计算公式为

$$施工预算法的计划成本(目标成本)=施工预算施工生产消费水平$$
$$(工料消耗费用-技术节约措施计划节约额)$$

(2)技术节约措施法

技术节约措施法是指以该施工项目计划采取的技术组织措施和节约措施所能取得的经济效果为施工项目成本降低额,然后求施工项目的计划成本的方法。其计算公式为

$$施工项目计划成本=施工项目预算成本-技术节约措施计划节约额(降低成本额)$$

(3)成本习性法

成本习性法是固定成本和变动成本在编制成本计划中的应用,主要是按照成本习性,将成本分成了固定成本和变动成本两类,以此作为计划成本。具体划分可采用费用分解法。

①材料费

材料费与产量有直接关系,属于变动成本。

②人工费

如果采用计件超额工资形式,其计件工资部分属于变动成本,奖金、效益工资和幅度工资部分,应计入变动成本。

③施工机械使用费

施工机械使用费中有些费用随产量增减而变动,如燃料、动力费,属变动成本;有些费用不随产量变动,如机械折旧费、大修理费、机修工、操作工的工资等,属于固定成本。此外还有机械的场外运输费和机械组装拆卸、替换配件、润滑擦拭等经常修理费,由于不直接用于生产,也不随产量增减成正比例变动,而是在生产能力得到充分利用的情况下,产量增长时,所分摊的费用就少一些,在产量下降时,所分摊的费用就多一些,所以这部分费用为介于固定成本和变动成本之间的半变动成本。可按一定比例划归固定成本与变动成本。

④其他直接费

其他直接费如水、电、风、气等费用以及现场发生的材料二次搬运费,多数与产量有关,属于变动成本。

⑤施工管理费

施工管理费中大部分在一定产量范围内与产量的增减没有直接关系,如工作人员工资、生产工人辅助工作、工资附加费、办公费、差旅费、交通费、固定资产使用费、职工教育经费、上级管理费等,基本上属于固定成本。检验试验费、外单位管理费等与产量增减有直接联系,则属于变动成本范围。此外,劳动保护费中的劳保服装费、防暑降温费、防寒用品费,劳动部门都有规定的领用标准和使用年限,基本上属于固定成本范围。技术安全措施、保健费、大部分与产量有关,属无变动性质。工具用具使用费中,行政管理部门使用的家具费属固定成本,工人领用工具随管理制度不同而不同,有些企业对机修工、电工、钢筋工、车工、钳工、刨工的工具按定额配备,规定使用年限,定期以旧换新,属于固定成本,而对民工、木工、抹灰工、油漆工的工具采取定额人工数、定价包干,则又属于变动成本。

按成本习性划分为固定成本和变动成本后,其计算公式为

施工项目计划成本=施工项目变动成本总额(C_2)+施工项目固定成本总额(C_1)

【例 6-1】 某施工项目,经过分部分项测算,测得其变动成本总额为 1 568 万元,固定成本总额为 526 万元。计算计划成本。

解 施工项目计划成本=1 568+526=2 094 万元

(4)按实计算法

按实计算法,就是施工项目经理部有关职能部门以该项目施工图预算的工料分析资料作为控制计划成本的依据。根据施工项目经理部执行施工定额的实际水平和要求,由各职能部门归口计算各项计划成本。

①人工费的计划成本,由项目管理部的人力资源部门统计,其计算公式为

人工费的计划成本=计划用工量×实际水平工资率

式中,计划用工量=(某项工程量/工日定额),工日定额可根据实际水平,考虑先进性,适当提高定额。

②材料费的计划成本,由项目管理部的材料部门统计,其计算公式为

材料费的计划成本=(主要材料的计划用量×实际价格)+(装饰材料的计划用量×实际价格)+(周转材料的使用量×使用时间×租赁价格)+构配件费用

在编制施工项目成本计划时,我们不可避免地会遇到一些风险因素。因为,目前我国实行社会主义市场经济,宏观调控与市场调节成为配置社会资源的两种方式,通过价格和竞争机制,使有限的资源配置到效益好的企业之中,这就必将促进企业间的资源竞争加剧,风险增大。

6.4 建筑工程项目施工成本控制

施工成本控制是指在施工过程中,对影响施工成本的各种因素加强管理,并采取各种有

效措施,将施工中实际发生的各种消耗和支出严格控制在成本计划范围内,随时解释并及时反馈,严格审查各项费用是否符合标准,计算实际成本和计划成本之间的差异并进行分析,进而采取多种措施,消除施工中的损失浪费现象。建筑工程项目施工成本控制应贯穿于项目从投标阶段开始直至竣工验收的全过程,它是建筑工程企业全面成本管理的重要环节。施工成本控制可分为事先控制、事中控制和事后控制。在项目的施工过程中,需按动态控制原理对实际施工成本的发生过程进行有效控制。

6.4.1 施工成本控制的原则

1. 建筑工程项目成本控制的概念

建筑工程项目成本控制是指在项目实施全过程中,借助各种理论、方法、手段、措施并通过一定的程序,在保证满足进度目标、质量目标、工期目标的同时,力争使项目的实际建造费用不超过计划额度的要求,并基于合理使用人力、物力、财力,努力提高项目投资经济效益、社会效益和生态环境效益,从而圆满实现项目的成本费用控制目标。

2. 成本控制的基础工作

项目成本管理的关键是控制项目成本,这就要求首先做好项目成本管理的基础工作。只有加强项目内部管理,形成工程完善的成本控制机制,才能使成本管理落到实处。

(1)牢固树立成本意识

在项目管理过程中,只有树立起全过程成本控制意识,将成本管理的观念贯彻到项目管理工作的每个方面,才能真正将成本管理落到实处。推进项目成本管理,必须树立全员、全面和全过程控制的意识。全员控制是指成本控制不是某个人的职责,而是涉及项目各单位、各部门和个人,每个部门乃至个人都要肩负成本责任,真正树立起全员控制的观念。全面控制是指成本控制不是单纯地就成本管理进行成本管理,而是涵盖了项目管理的方方面面,应围绕成本管理开展项目管理工作。全过程控制是指项目成本的发生贯穿于项目整个周期,因此从投标开始至中标后的实施及完工都要有成本控制的意识。从目前现状来看,在这个过程中,施工、竣工阶段的成本管理意识较强,而标前成本管理意识较为薄弱。特别是当前有的建筑施工企业标前成本管理意识缺乏,成本预算不到位,造成有的项目中标后即亏损的现象。

(2)建立完善的组织机构

要搞好项目成本控制,必须首先解决"谁来抓""如何抓"的问题。项目目标责任成本管理能不能落实到位,能不能深入到底,关键在于有没有健全的组织机构。为推行成本管理,各单位要成立包括工程技术、施工管理、财会、合同、物资、审查、人力资源等相关部门领导及成员组成的成本管理领导小组,负责项目部的成本管理、指导和考核。项目部也要成立相应的目标成本管理领导小组,负责本项目部目标负责成本的管理、实施、核算和考核。各业务部门之间要加强横向联系和配合,充分发挥业务部门的职能作用,使各项工作有章可循、有法可依,自觉做好项目部的成本管理工作。

(3)完善的制度建设及相应的配套措施

要加强项目成本管理的制度建设,并对这些制度进行细化,制定配套措施,使这些制度具有可操作性,才能使项目成本管理从制度转化为实践成为可能。围绕责任成本管理,要大力加强财务管理体系建设,加强固定资产、存货、货币资金、担保、对外投资等会计内部控制规范的规定,制定和完善预算管理、资金账户管理、绩效考核、项目部财务管理等方面的方法,完善项目成本管理的方法、程序,注重成本管理制度的实践性和可操作性,为成本控制创造有利可行的条件。

建筑工程项目施工成本控制是施工企业项目成本管理的关键工作,可以说成本管理的最终目的是降低成本、提高效益。每一个施工企业都应根据自身的施工水平和能力,制定企业内部定额,其根本目的是在实现施工项目的质量和工期目标的同时,给企业创造最大的经济效益。施工成本控制应遵循以下原则:

(1)全面成本控制原则

成本控制贯穿于施工项目的全过程,涉及项目的各个方面,是全过程的、全员参与的、全方位的项目成本控制。项目成本涉及项目组织中的各个部门、单位和班组的工作业绩,与每个职工有着切身利益的关系,所以是全员控制的过程,要求做到人人有责,人人参与。项目成本管理的全过程控制就是从项目论证、勘察、设计、施工,一直到竣工验收各个阶段都要进行成本的控制。

(2)动态控制原则

施工项目是一次性的,成本控制应随着项目的进展情况随时变化,即动态控制。因为施工准备阶段的成本控制只是根据施工组织设计的具体内容确定成本目标、编制成本计划、制订成本控制的方案,为今后的成本控制做好准备;而竣工阶段的成本控制,由于成本亏盈基本已成定局,即使发生了问题,也已来不及纠正。因此,施工过程阶段成本控制的好坏,对项目经济效益的高低具有关键的作用。

(3)目标管理原则

目标管理是贯彻执行施工成本计划的一种方法,它把成本控制计划的方针、任务、目的和措施等逐一加以分解,提出进一步的具体要求,并分别落实到执行计划的部门、单位和个人。施工企业应根据施工合同确定所施工项目的成本目标,并实行目标管理。目标管理的主要内容包括:目标的确定和分解,目标的责任落实和执行,执行结果的检查,评价目标和修正目标,形成目标管理的计划、执行、检查、处理循环,即 PDCA 循环。

(4)责、权、利相结合的原则

责、权、利相结合是成本控制得以实现的重要保证。在成本控制过程中,项目经理及各个专业管理人员都负有一定的成本责任,从而形成了整个责任网络。要使成本责任得以落实,责任人应享有一定的权限,即在规定的权利范围内可以决定某项费用能否开支、如何开支,行使对项目成本的实质控制。如物资采购人员在采购材料时,应享有选择供应商的权力,以确保材料成本相对最低。项目经理对各部门在成本控制中的业绩进行定期检查和考评,要与工资、奖金挂钩,做到奖罚分明。时间证明,只有责、权、利结合,才能使成本控制真正落到实处。

(5)例外原则

实施成本控制过程应遵循"例外"管理方法,所谓例外,是指在工程项目建设活动中那些不经常出现的关键性问题,它们对成本目标的顺利完成影响重大,也必须予以高度重视。在项目实施过程中"例外"的情况通常有如下几个方面:

一是从金额上来看有重大的差异,不论是正差异还是负差异,都属于例外问题。成本差额应根据项目的具体情况确定差异占原标准的百分率。

二是尽管有些成本差异虽未超过规定的百分率或最低金额,但一直在控制线的附近徘徊,亦应视"例外"。这意味着原来的成本预测可能不准确,要及时根据实际情况进行调整。

三是项目成本管理人员无法控制的成本项目发生重大的差异,也应视为"例外",如征地、拆迁、临时租用费用的上升等。

四是对项目施工全过程都有影响的成本项目,即使差异没有达到重要性的地位,也应受到项目成本管理人员的密切注意。如对于机械维修费片面强调节约,在短期内虽可再降低成本,但因维修不足可造成未来的停工修理,从而影响施工生产的顺利进行。

6.4.2 施工成本控制的依据

建筑工程项目施工成本控制要有科学的依据,要从客观事实出发,施工项目的各种文件、合同、图纸、计划等施工资料都是成本控制的依据。成本控制的依据重点包括以下几个方面:

1. 工程承包合同

施工成本控制要以工程承包合同为依据,围绕合同的有关规定,从预算收入和实际成本两方面,努力挖掘增收节支潜力,在合同规定的权限内尽量降低成本。

2. 施工成本计划

施工成本计划是根据施工项目的具体情况制定的成本控制方案,既包括预定的具体成本控制目标,又包括实现控制目标的措施和规划,是施工成本控制的指导文件。

3. 进度报告

进度报告提供了每一时刻的工程实际完成量、工程施工成本实际支付情况等重要信息。施工成本控制工作正是通过实际情况与施工成本计划相比较,找出二者之间的差别,分析偏差产生的原因,从而采取措施改进以后的工作。此外,进度报告还有助于管理者及时发现工程实施中存在的问题,并在事态还未造成重大损失之前采取有效措施,尽量避免损失,从而提高经济效益。

4. 工程变更

在项目的实施过程中,由于各方面的原因,工程变更是很难避免的。工程变更一般包括设计变更、进度计划变更、施工条件变更、技术规范变更与标准变更、施工次序变更、工程数量变更等。一旦出现变更,工程量、工期、成本都必将发生变化,从而使得施工成本控制工作变得更加复杂和困难。因此,施工成本管理人员应当通过对变更要求中的各类数据的计算、分析,随时掌握变更情况,包括已发生的工程量、将要发生的工程量、工期是否拖延、支付情况等重要信息,判断变更以及变更可能带来的索赔额度等,保证在不降低施工质量的前提下,做好成本控制工作。

有关施工组织设计、分包合同、施工图纸、劳动定额等资料都是成本控制的依据。

6.4.3 施工成本控制实施的步骤

在确定了项目成本计划后,就必须定期地进行成本计划值与实际值的比较,当实际值偏离计划值时,需分析产生偏差的原因,采取适当的纠错措施,以确保成本控制目标的实现。其实施步骤有:

1. 比较

按照确定的方式将施工成本的计划值和实际值逐项比较,以此确定施工成本是否已超支。

2. 分析

在比较的基础上对结果进行分析,以确定偏差的严重性及偏差产生的原因。这一步骤是施工成本控制工作的核心,其主要目的在于找出产生偏差的原因,从而采取有针对性的措施,避免或减少因相同原因重复发生偏差或减少而造成的损失。

3. 预测

根据项目实施情况估算整个项目完成时的施工成本,为决策提供支持。

4. 纠偏

当工程项目的实际施工成本出现了偏差,应当根据工程的具体情况、偏差分析和预测结果采取适当的措施,以期达到使施工成本偏差尽可能小的目的。纠偏是施工成本控制中最具实质性的一步,只有通过纠偏才能最终达到有效控制施工成本的目的。

5. 检查

检查是对工程的进展进行跟踪和检查,及时了解工程进展状况以及纠偏措施的执行情况和效果,为今后的工作积累经验。

6.4.4 施工成本控制的方法

1. 价值工程

价值工程是把技术和经济结合起来的管理技术,需要运用多方面的业务知识和实际数据,涉及经济部门和技术部门,所以必须按照系统工程的要求,有组织地融合各部门的智慧,才能取得理想的效果。

用价值工程控制成本的核心目的是合理处理成本与功能的关系,保证在确保工程功能的前提下降低成本。价值工程的计算公式为

$$V = F/C$$

式中　V——项目生产的要素和实施方案的价值;

　　　F——项目生产的要素和实施方案的功能;

　　　C——项目生产的要素和实施方案的成本。

价值工程原理不仅在施工期间被承包人广泛使用,而且在设计阶段也能对设计方案进行选择和优化。

2. 挣值法

挣值法又称为赢得值法或偏差分析法,挣值法是在工程项目实施中使用较多的一种方法,是对项目进度和费用进行综合控制的一种有效方法。挣值法最初是美国国防部采用的,到目前为止国际上先进的工程公司已普遍采用挣值法对工程项目成本进行综合分析控制。

挣值法的价值在于将项目进度和费用综合度量,从而能准确描述项目的进展状态,挣值法的另一个重要优点是可以预测项目可能发生的工期滞后量和费用超支量,从而及时采取纠正措施,为项目管理和控制提供有效手段。

(1)挣值法的三个基本参数

①计划工作量的预算费用(Budgeted Cost for Work Scheduled,BCWS)

BCWS 是指项目实施过程中某阶段计划要求完成的工作量所需要的预算费用,主要是反映进度计划应当完成的工作量(用费用表示)。其计算公式为

$$BCWS = 计划工作量 \times 预算定额$$

②已完工作量的预算费用(Budgeted Cost for Work Performed,BCWP)

BCWP 是指项目实施过程中某阶段按实际完成工作量及按预算定额计算出来的费用,即挣得值(Earned Value)。BCWP 的实质内容是将已完成的工作量用预算费用来度量。其计算公式为

$$BCWP = 已完工作量 \times 预算定额$$

③已完成工作量的实际费用(Actual Cost for Work Performed,ACWP)

ACWP 也称实际值,是指项目实施工程中某阶段实际完成的工作量所消耗的工时(费用),ACWP 主要反映项目执行的实际消耗指标。其计算公式为

$$ACWP = 已完工作量 \times 实际单价$$

(2)挣值法的评价指标

①费用偏差分析

a. 费用偏差(Cost Variance,CV)。其计算公式为

$$CV = BCWP - ACWP$$

BCWP、ACWP 均以已完工作量作为计算基准,因此两者的偏差即反映至前锋期项目的费用差异(CV)。

当 CV>0 时,表示有节余或效率高;

当 CV<0 时,表示执行效果不好,超支;

当 CV=0 时,表示实际消耗费用与预算费用相符。

b. 费用指数指标(Cost Performed Index,CPI)。其计算公式为

$$CPI = BCWP/ACWP$$

当 CPI>1 时,实际费用低于预算费用,效益好或效率高;

当 CPI<1 时,实际费用超出预算费用,效益差或效率低;

当 CPI=1 时,实际费用与预算费用吻合,达到预定目标。

②进度偏差分析

a. 进度偏差(Schedule Variance,SV)。其计算公式为

$$SV = BCWP - BCWS$$

进度是计划工作量和已完实际工作量的差异,因此两者的偏差即反映出项目工作量的进度差异。

当 SV>0 时,表示进度提前;

当 SV<0 时,表示进度延误;

当 SV=0 时,表示实际进度与计划进度相符。

b. 进度执行指标偏差(Schedule Performed Index,SPI)。其计算公式为

$$SPI = BCWP/BCWS$$

当 SPI>1 时,表示进度提前;

当 SPI<1 时,表示进度延误;

当 SPI=1 时,表示进度等于计划进度。

【例6-2】 某分项工程计划工程量是 3 000 m³，计划成本为 15 元/m³，实际完成工程量为 2 500 m³，实际成本 20 元/m³，则该分项工程的施工进度偏差为（　　）。

A. 拖后 7 500 元　　　　　　　　B. 提前 7 500 元

C. 拖后 12 500 元　　　　　　　D. 提前 12 500 元

解 分项工程的进度偏差：$SV=BCWP-BCWS$

$BCWP=$已完工作量×预算定额$=2\ 500×15=37\ 500$ 元

$BCWS=$计划工作量×预算定额$=3\ 000×15=45\ 000$ 元

$ACWP=$已完工作量×实际单价$=2\ 500×20=50\ 000$ 元

进度偏差：$SV=BCWP-BCWS=37\ 500-45\ 000=-7\ 500$ 元

费用偏差：$CV=BCWP-ACWP=37\ 500-50\ 000=-12\ 500$ 元

因此，选 A。

6.5　建筑工程项目施工成本分析与考核

施工成本分析是在施工成本核算的基础上，对成本的形成过程和影响成本升降的因素进行分析，以寻求进一步降低成本的途径，包括有利偏差的挖掘和不利偏差的纠正。施工成本分析贯穿于施工成本管理的全过程，施工成本分析是在成本的形成过程中，主要利用施工项目的核算资料，与目标成本、预算成本以及类似的施工项目的实际成本等进行比较，了解成本的变动情况，同时也分析主要技术与经济指标对成本的影响，系统地研究成本变动的因素，检查成本计划的合理性，并通过成本分析，深入揭露成本变动的规律，寻找降低施工成本的途径，以便有效地进行成本控制。成本偏差的控制，分析是关键，纠偏是核心，要针对分析得出的偏差发生原因，采取切实措施，加以纠正。

成本核算是成本分析与考核的基础，所以，要使成本分析与考核工作落到实处，首先要做好成本核算工作。

6.5.1　施工成本核算

施工成本核算是指将项目施工过程中所发生的各种费用和施工成本与计划目标成本，在保持统计口径一致的前提下进行对比，找出差异。它包括两个基本环节：一是按照规定的成本开支范围对施工费用进行归集，计算出施工费用的实际发生额；二是根据成本核算对象，采用适当的方法，计算出该项目的总成本和单位成本。施工成本核算所提供的各种成本信息，是成本预测、成本计划、成本控制、成本分析和成本考核等各个环节的依据。因此，加强施工成本核算工作，对降低施工成本、提高企业的经济效益有积极的作用。

1. 施工成本核算的原则

为了发挥施工成本管理职能，提高施工项目管理水平，施工成本核算就必须讲求质量，这样才能提供对决策有用的成本信息。要提高成本核算质量，除了建立合理、可行的施工项目成本管理系统外，很重要的一条，就是遵循成本核算的原则。

（1）确认原则

确认原则是指对各项经济业务中发生的成本，都必须按照一定的标准和范围加以认定和记录。只要是为了经营目的所发生的或预期要发生的,并要求得以补偿的一切支出,都应作为成本来加以确认。正确的成本确认往往与一定的成本核算对象、范围和时期相联系,并必须按一定的确认标准来进行。这种确认标准具有相对的稳定性,主要侧重定量,但也会随着经济条件和管理要求的发展而变化。在成本核算中,往往要进行再确认,甚至是多次确认。如确认是否属于成本,是否属于特定核算对象的成本(如临时设施先算搭建成本,使用后算摊销费)以及是否属于核算当期成本等。

(2)分期核算原则

成本核算的分期应与会计核算的分期相一致,这样便于财务成果的确定。《企业会计准则》第51条指出"成本计算一般应当按月进行",这就明确了成本分期核算的基本原则。但要指出,成本的分期核算,与项目成本计算期不能混为一谈。不论生产情况如何,成本核算工作,包括费用的归集和分配等都必须按月进行。至于已完工项目成本的结算,可以是定期的,按月结转,也可以是不定期的,等到工程竣工后一次结转。

(3)相关性原则

相关性原则也称决策有用原则。《企业会计准则》第11条指出:"会计信息应当符合国家宏观经济管理的要求,满足有关各方了解企业财务状况和经营成果的需要,满足企业加强内部经营管理的需要。"因此,成本核算要为施工企业成本管理目的服务,成本核算不只是简单的计算问题,要与管理融为一体,核算的结果是管理的依据。所以,在具体成本核算方法、程序和标准的选择上,在成本核算对象和范围的确定上,应与施工生产经营特点和成本管理要求特性相结合,并与施工企业一定时期的成本管理水平相适应。正确地核算出符合项目管理目标的成本数据和指标,真正使项目成本核算成为领导的参谋和助手。无管理目标,成本核算是盲目和无益的,无决策作用的成本信息是没有价值的。

(4)一贯性原则

一贯性原则是指企业(项目)成本核算所采用的方法应前后一致。《企业会计准则》第51条指出:"企业可以根据生产经营特点、生产经营组织类型和成本管理的要求自行确定成本计算方法。但一经确定,不得随意变动。"只有这样,才能使企业各期成本核算资料口径统一、前后连贯、相互可比。成本核算办法的一贯性原则体现在各个方面,如耗用材料的计价方法、折旧的计提方法、施工间接费的分配方法、未完施工的计价方法等。坚持一贯性原则,并不是一成不变的,如确有必要变更,要有充分的理由对原成本核算方法进行改变的必要性做出解释,并说明这种改变对成本信息的影响。如随意变动成本核算方法,并不加以说明,则有对成本、利润指标、盈亏状况弄虚作假的嫌疑。

可比性原则要求施工企业尽可能使用统一的成本核算、会计处理方法和程序,以便于横向比较;一贯性原则要求同一成本核算单位在不同时期尽可能采用相同的成本核算、会计处理方法和程序,以便于不同时期的纵向比较。

(5)实际成本核算原则

实际成本核算原则是指施工企业核算要采用实际成本计价。《企业会计准则》第52条指出:"企业应当按实际发生额核算费用和成本。采用定额成本或者计划成本方法的,应当合理计算成本差异,月终编制会计报表时,调整为实际成本。"即必须根据计算期内实际产量(已完工程量)以及实际消耗和实际价格计算实际成本。

(6)及时性原则

及时性原则是指企业(项目)成本的核算,结转和成本信息的提供应当在要求时期内完成。需要指出的是,成本核算及时性原则,并非越快越好,而是要求成本核算和成本信息的提供,以确保真实为前提,在规定时期内的核算完成,在成本信息尚未失去时效的情况下适时提供,确保不影响企业(项目)其他环节会计核算工作顺利进行。

(7)配比原则

配比原则是指营业收入与其相对应的成本、费用应当相互配合。取得本期收入而发生的成本和费用,应与本期实现的收入在同一时期内确认入账,不得脱节,也不得提前或延后,以便正确计算和考核经营成果。

(8)权责发生制

权责发生制是指凡是当期已经实现的收入和已经发生或者应当负担的费用,不论款项是否收付,都应作为当期的收入或费用处理;凡是不属于当期的收入和费用,即使款项已经在当期收付,都不应作为当期的收入和费用。权责发生制原则主要从时间选择上确定成本会计确认的基础,其核心是根据权责发生制关系的实际发生和影响期间来确认企业的支出和收益。根据权责发生制进行收入与成本费用的核算,能够更加准确地反映特定会计期间真实的财务成本状况和经营成果。

(9)谨慎原则

谨慎原则是指在市场经济条件下,在成本、会计核算中应当对企业(项目)可能发生的损失和费用做出合理预计,以增强抵御风险的能力。为此,《企业会计准则》规定企业可以采用后进先出法、提取坏账准备、加速折旧法等,就体现了谨慎原则的要求。

(10)划分收益性支出与资本性支出原则

划分收益性支出与资本性支出是指成本会计核算应当严格区分收益性支出与资本性支出界限,以正确地计算当期损益。所谓收益性支出,是指该项支出发生是为了取得本期收益,即仅仅与本期收益的取得有关,如支付工资、水电支出等。所谓资本性支出,是指不仅为取得本期收益而发生的支出,同时,该项支出的发生有助于以后会计期间的支出,如购建固定资产支出。

(11)重要性原则

重要性原则是指对于成本有重大影响的业务内容,应作为核算的重点,力求精确,而对于那些不太重要的琐碎的经济业务内容,可以相对从简处理,不要事无巨细,均作详细核算。坚持重要性原则能够使成本核算在全面的基础上保证重点,有助于加强对经济活动和经营决策有重大影响和有重要意义的关键性问题的核算,达到事半功倍,简化核算,节约人力、物力、财力,提高工作效率的目的。

(12)明晰性原则

明晰性原则是指项目成本记录必须直观、清晰、简明、可控,便于理解和利用。使项目经理和项目管理人员了解成本信息的内涵,弄懂成本信息的内容,便于信息利用,有效地控制本项目的成本费用。

2.成本核算的依据

成本核算的依据包括:

①各种财产物资的收发、领退、转移、报废、清查、盘点资料。做好各项财产物资的收发、领退、清查和盘点工作,是正确计算成本的前提条件。

②与成本核算有关的各项原始记录和工程量统计资料。

③工时、材料、费用等各项内部消耗定额以及材料、结构件、作业、劳务的内部结算指导价。

3. 成本核算的范围

根据《企业会计准则第 15 号——建造合同》，工程成本包括从建造合同签订开始至合同完成时所发生的、与执行合同有关的直接费用和间接费用。

直接费用是指为完成合同所发生的、可以直接计入合同成本核算对象的各项费用支出。直接费用包括①耗用的材料费用；②耗用的人工费用；③耗用的机械使用费；④其他直接费用，指其他可以直接计入合同成本的费用。

间接费用是企业下属的施工单位或生产单位为组织和管理施工生产活动所发生的费用。财政部《关于印发〈企业产品成本核算制度（试行）〉的通知》（财会〔2013〕17 号）则将成本项目分为以下类别：

①直接人工费：是指按照国家规定支付给施工过程中直接从事建筑安装工程施工的工人以及在施工现场直接为工程制作构件和运料、配料等工人的职工薪酬。

②直接材料费：是指在施工过程中所耗用的、构成工程实体的材料、结构件、机械配件和有助于工程形成的其他材料以及周转材料的租赁费和摊销等。

③机械使用费：是指施工过程中使用自有施工机械所发生的机械使用费，使用外单位施工机械的租赁费，以及按照规定支付的施工机械进出场费等。

④其他直接费用：是指施工过程中发生的材料搬运费、材料装卸保管费、燃料动力费、临时设施摊销、生产工具用具使用费、检验试验费、工程定位复测费、工程点交费、场地清理费，以及能够单独区分和可靠计量的为订立建造承包合同而发生的差旅费、投标费等费用。

⑤间接费用：是指企业各施工单位为组织和管理工程施工所发生的费用。分包成本，是指按照国家规定开展分包，支付给分包单位的工程价款。

施工企业在核算产品成本时，就是按照成本项目来归集企业在施工生产经营过程中所发生的应计入成本核算对象的各项费用。其中，人工费、材料费、机械使用费和其他直接费等直接成本费用，直接计入有关工程成本。间接费用可先通过费用明细科目进行归集，期末再按确定的方法分配计入有关工程成本核算对象的成本。

4. 成本核算的程序

成本核算是企业会计核算的重要组成部分，应当根据工程成本核算的要求和作用，按照企业会计核算程序总体要求，确立工程成本核算程序。

根据会计核算程序，结合工程成本发生的特点和核算的要求，工程成本核算的程序为：

①对所发生的费用进行审核，以确定应计入工程成本的费用和计入各项期间费用的数额。

②将应计入工程成本的各项费用区分为哪些应当计入本月的工程成本，哪些应由其他月份的工程成本负担。

③将每个月应计入工程成本的生产费用，在各个成本对象之间进行分配和归集计算各工程成本。

④对未完工程进行盘点，以确定本期已完工程实际成本。

⑤将已完工程成本转入工程结算成本，核算竣工工程实际成本。

5.成本核算的方法

施工项目成本核算的方法主要有表格核算法和会计核算法。

(1)表格核算法

表格核算法是通过对施工项目内部各环节进行成本核算,以此为基础,核算单位和各部门定期采集信息,按照有关规定填制一系列的表格,完成数据比较、考核和简单的核算,形成工程项目成本的核算体系,作为支撑工程项目成本核算的平台。这种核算的优点是简便易懂,方便操作,实用性较好;缺点是难以实现较为科学严密的审核制度,精度不高,覆盖面较小。

(2)会计核算法

会计核算法是建立在会计对工程项目进行全面核算的基础上,再利用收支全面核实和借贷记账法的综合特点,按照施工项目成本的收支范围和内容,进行施工项目成本核算。不仅核算工程项目施工的直接成本,还要核算工程项目在施工过程中出现的债权债务、为施工生产而自购的工具、器具摊销、向发包单位的报量和收款、分包完成和分包付款等。这种核算方法的优点是科学严密,人为控制的因素较小而且核算的覆盖面较大;缺点是对核算工作人员的专业水平和工作经验都要求较高。项目财务部门一般采用此种方法。

(3)两种核算方法的综合使用

因为表格核算法具有操作简单和表格格式自由等特点,因而对工程项目内各岗位成本的责任核算比较实用。施工单位除对整个企业的生产经营进行会计核算外,还应在工程项目上设成本会计,进行工程项目成本核算,以减少数据的传递,提高数据的及时性,便于与表格核算的数据接口。总的来说,用表格核算法进行工程项目施工各岗位成本的责任核算和控制,用会计核算法进行工程项目成本核算,两者互补,相得益彰,确保工程项目成本核算工作的开展。

6.施工项目成本核算的要求

为了圆满地达到施工成本管理和核算目的,正确及时地核算施工成本,提供对决策有用的成本信息,提高施工成本管理水平,在施工成本核算中要遵守以下基本要求:

(1)划清成本、费用支出和非成本、费用支出界限

这是划清不同性质的支出,即划清资本性支出、收益性支出和其他支出,营业支出与营业外支出的界限。这个界限,也就是成本开支范围的界限。企业为取得本期收益而在本期内发生的各项支出,根据配比原则,应全部作为本期的成本或费用。只有这样才能保证在一定时期内不会虚增或少计成本或费用。至于企业的营业外支出,是与企业施工生产经营无关的支出,所以不能构成工程成本。营业外收支净额是指与企业生产经营没有直接关系的各种营业外收入减去营业外支出后的余额。所以如误将营业外收支作为营业收支处理,就会虚增或少计工程成本或费用。

(2)正确划分各种成本、费用的界限

这是指对允许列入成本、费用开支范围的费用支出,在核算上应划清的几个界限:

一是划清施工成本和期间费用的界限。施工成本相当于工业产品的制造成本或营业成本。财务制度规定,为工程施工发生的各项直接支出,包括人工费、材料费、施工机械使用费、其他直接费,直接计入工程成本。为工程施工而发生的各项施工间接费(间接成本)分配计入工程成本。同时又规定,企业行政管理部门为组织和管理施工生产经营活动而发生的

管理费用和财务费用应当作为期间费用,直接计入当期损益。可见,期间费用与施工生产经营没有直接联系,费用的发生基本不受业务量增减所影响。在"制造成本法"下,期间费用不是施工成本的一部分。所以正确划清两者的界限,是确保项目成本核算的正确的重要条件。

二是划清本期工程成本与下期工程成本的界限。根据分期成本核算的原则,成本核算要划清本期工程成本和下期工程成本。前者是指由本期工程负担的生产耗费,不论其收付发生是否在本期,应全部计入本期的工程成本之中;后者是指不应由本期工程负担的生产耗费,不论其是否在本期内收付(发生),均不能计入本期工程成本。划清两者的界限,对于正确计算本期工程成本是十分重要的。实际上就是权责发生制原则的具体化,因此要正确核算各期的待摊费用和预提费用。

三是划清不同成本核算对象之间的成本界限,是指要求各个成本核算对象的成本,不得"张冠李戴",互相混淆,否则就会失去成本核算和管理的意义,造成成本不实,歪曲成本信息,引起决策上的重大失误。

四是划清未完成工程成本与已完成工程成本的界限。施工成本的真实程度取决于未完成工程成本和已完成工程成本界限的正确划分,以及未完成工程成本和已完成工程成本计算方法的正确度,按月结算方式下的期末未完成工程,要求项目在期末应对未完成工程进行盘点,按照预算定额规定的工序,折合成已完分部分项工程,再按照未完成工程成本计算公式计算未完成分部分项工程成本。

上述几个成本费用界限的划分过程,实际上也是成本计算过程。只有划分清楚成本的界限,施工成本核算才能正确。这些费用划分得是否正确,是检查评价项目成本核算是否遵循基本核算原则的重要标志。但应该指出,不能将成本费用划分的做法过于绝对化,因为有些费用的分配方法具有一定的假定性。成本费用界限划分只能做到相对正确,片面地花费大量的人力物力来追求成本划分的绝对精确是不符合成本效益原则的。

(3)加强成本核算的基础工作

①建立各种财产物资的收发、领退、转移、报废、清查、盘点、索赔制度。

②建立健全与成本核算有关的各项原始记录和工程量统计制度。

③制定或修订工时、材料、费用等各项内部消耗定额以及材料、结构件、作业、劳务的内部结算指导价。

④完善各种计量检测设施,严格计量检验制度,使项目成本核算具有可靠的基础。

(4)成本核算必须有账有据

成本核算中要运用大量数据资料,这些数据资料的来源必须真实可靠、准确、完整、及时;一定要以审核无误、手续齐备的原始凭证为依据,同时,还要根据内部管理和编制报表的需要,按照成本核算对象、成本项目、费用项目进行分类、归集,因此要设置必要的生产费用账册、正式成本账,进行登记,并增设必要的成本辅助台账。

6.5.2 施工成本分析的方法 //

施工成本分析主要是利用施工项目的成本核算资料,与计划成本、预算成本等进行比较,了解成本的变动情况,系统地研究成本变动的因素,检查成本计划的合理性,并通过成本分析,揭示成本变动的规律,寻找降低施工成本的途径,以便达到成本控制的目的。施工成本分析的方法主要有:比较法、因素分析法、差额计算法、比率法和费用偏差分析法等。

1. 比较法

比较法,又称指标对比分析法,就是通过技术经济指标的对比,检查目标的完成情况,分析产生差异的原因,进而挖掘内部潜力的方法。这种方法具有通俗易懂、简单易行、便于掌握的特点,因而得到了广泛的应用,但在应用时必须注意各技术经济指南的可比性。比较法的应用,通常有下列形式:

(1)将实际指标与目标指标对比

以此检查目标完成情况分析影响目标完成的积极因素和消极因素,以便及时采取措施,保证成本目标的实现。在进行实际指标与目标指标对比时,还应注意目标本身有无问题。如果目标本身出现问题,则应调整目标,重新正确评价实际工作的成绩。

(2)本期实际指标与上期实际指标对比

通过本期实际指标与上期实际指标对比,可以看出各项技术经济指标的变动情况,反映施工管理水平的提高程度。

(3)与本行业平均水平、先进水平对比

通过这种对比,可以反映本项目的技术管理和经济管理与行业的平均水平和先进水平的差距,进而采取措施赶超先进水平。

2. 因素分析法

因素分析法也叫连环代替法。它是用来确定影响成本计划完成情况的各种因素及其影响程度的分析方法。其分析程序如下:

①确定分析对象。

②确定该项成本指标。

③计算计划数。

④将各因素的实际数逐个替换其计划(预算)数,替换后的实际数保留下来,并计算新的结果。

⑤每一次替代结果与前一次计算结果进行比较,并计算差额,其差额就是这一因素对计划完成情况的影响程度。

【例 6-3】 某模板安装工程,计划工程量为 30 000 m²,计划劳动效率为 0.8 工时／m²,工时单价 20 元/工时。影响模板安装人工费费用的三个因素为工程量、劳动效率和工时单价。实际工程量是 32 000 m²;劳动效率是 0.7 工时／m²;工时单价 25 元/工时。采用因素分析法,按工程量、劳动效率、工时单价顺序对其进行分析。

解 计划人工费用=20×30 000×0.8=480 000 元

实际人工费=32 000×25×0.7=560 000 元

成本差异=560 000−480 000=80 000 元

第一次替代:由于工程量变化引起的成本变化:

实际工程量×计划劳动效率×计划工时单价=32 000×0.8×20=512 000 元

差异数=512 000−480 000=32 000 元

第二次替代:由于工时单价引起的成本变化:

实际工程量×实际工时单价×计划劳动效率=32 000×25×0.8=640 000 元

差异数=640 000−512 000=128 000 元

第三次替代:由于劳动效率引起的成本变化:

实际工程量×实际工时单价×实际劳动效率＝32 000×25×0.7＝560 000 元

差异数＝560 000－640 000＝ －80 000 元

3. 差额计算法

差额计算法是因素分析法的简化形式,二者的原理相同,但计算方式不同,差额分析法是利用各个因素的实际数与计划数的差额,按照一定顺序计算其对成本的影响程度。

对于上例用差额计算分析法计算:

工程量变化的影响:(32 000－30 000)×20×0.8＝32 000 元

工时单价变动的影响:32 000×(25－20)×0.8＝128 000 元

劳动效率变化的影响:32 000×25×(0.7－0.8)＝ －8 000 元

4. 比率法

比率法是指用两个以上指标的比例进行分析的方法。它的基本特点是:先把对比分析的数值变成相对数,再观察其相互之间的关系。常用的比率法有以下几种:

(1)相关比率法

由于项目经济活动的各个方面是相互联系、相互依存、相互影响的,因而可以将两个性质不同而又相关的指标加以对比,求出比率,并以此来考察经营成果的好坏,例如,产值和工资是两个不同的概念,但它们的关系又是投入与产出的关系。在一般情况下都希望以最少的工资支出完成最大的产值。因此用产值工资率指标来考核人工费的支出水平,就很能说明问题。

(2)构成比率法

构成比率法又称比重分析法或结构对比分析法。通过构成比率,可以考察成本总量的构成情况及各成本项目占成本总量的比重,同时也可以看出量、本、利的比例关系,即成本预算、实际成本和降低成本的比例关系,从而为降低成本的途径指明方向。

(3)动态比率法

动态比率法,就是将同类指标不同时期的数值进行对比,求出比率,以分析该项指标的发展方向和发展速度。动态比率的计算,通常采用基期指数和环比指数两种方法。

5. 费用偏差分析法

费用偏差是指费用实际值与计划值之间存在差异,其计算公式为

费用偏差 ＝ 已完工程实际费用－已完工程计划费用

与费用偏差密切相关的是进度偏差,由于不考虑进度偏差就不能反映费用偏差的实际情况,所以,有必要引入进度偏差的概念,其计算公式为

进度偏差 ＝ 已完工程实际时间－已完工程计划时间

为了与费用偏差联系起来,进度偏差计算公式

进度偏差 ＝ 拟完工程计划费用－已完工程计划费用

所谓拟完工程计划费用,是指根据进度计划安排,在某一确定时间内所应完成的工程内容的计划费用。进度偏差结果为正值时,表示工期拖延;结果为负值时,表示工期提前。

(1)费用偏差分析法的种类

①横道图法。

②时标网络图法。

③表格法。

④曲线法。

（2）费用偏差的形成原因分析及处理办法

①费用增加且工期拖延。这种类型是纠正偏差的主要对象。

②费用增加但工期提前。这种情况要适当考虑工期提前带来的效益。

③工期拖延但费用节约。这种情况下是否采取纠偏措施要根据实际需要确定。

④工期提前且费用节约。这种情况是最理想的，不需要采取纠偏措施。

6.5.3 施工成本考核

施工成本考核是指在施工项目完成后，对施工成本形成中的各责任者，按施工成本制的有关规定，将成本的实际指标与计划、定额、预算进行对比和考核，评定施工项目计划完成的实际情况和各责任者的业绩，并以此进行相应的奖励和惩罚。通过成本考核，做到有奖有惩、赏罚分明，这样才能有效地调动每一位员工在各自施工岗位上努力完成目标成本的积极性，为降低施工成本和增加企业积累，创造良好的环境。

施工成本考核是衡量成本降低的实际成果，也是对成本指标完成情况的总结和评价。成本考核制度包括考核的目的、时间、范围、对象、方式、依据、指标、组织领导、评价与奖惩原则等内容。以施工成本降低额和施工成本降低率作为成本考核的主要指标，要加强组织管理层对项目管理部的指导，并充分依靠技术人员、管理人员和作业人员的经验和智慧，防止项目管理在企业内部异化为靠少数人承担风险的以包代管模式。成本考核也可分别考核组织管理层和项目经理部。

项目管理组织对项目经理部进行考核与奖惩时，既要防止虚盈实亏，也要避免实际成本归集差错等的影响，使施工成本考核真正做到公平、公正、公开，在此基础上兑现施工成本管理责任制的奖惩或激励措施。

总之，施工成本管理的每一个环节都是相互联系和相互作用的。成本预测是成本决策的前提，成本计划是成本决策所确定目标的具体化。成本计划控制则是对成本计划的实施进行控制和监督，保证决策的成本目标的实现，而成本核算又是对成本计划是否实现的最后检验，它所提供的成本信息又对下一个施工项目成本预测和决策提供基础资料。成本考核是实现成本目标责任制的保证和实现决策目标的重要手段。

相关资料

《建设工程项目管理规范》GB/T 50326—2017（部分）

11.3 成本控制

11.3.1 项目管理机构成本控制应依据下列内容：

1 合同文件；

2 成本计划；

3 进度报告；

4 工程变更与索赔资料；

5 各种资源的市场信息。

11.3.2 项目成本控制应遵循下列程序：

1 确定项目成本管理分层次目标；

2 采集成本数据,监测成本形成过程；

3 找出偏差,分析原因；

4 制定对策,纠正偏差；

5 调整改进成本管理方法。

11.4 成本核算

11.4.1 项目管理机构应根据项目成本管理制度明确项目成本核算的原则、范围、程序、方法、内容、责任及要求,健全项目核算台账。

11.4.2 项目管理机构应按规定的会计周期进行项目成本核算。

11.4.3 项目成本核算应坚持形象进度、产值统计、成本归集同步的原则。

11.4.4 项目管理机构应编制项目成本报告。

11.5 成本分析

11.5.1 项目成本分析依据应包括下列内容：

1 项目成本计划；

2 项目成本核算资料；

3 项目的会计核算、统计核算和业务核算的资料。

11.5.2 成本分析宜包括下列内容：

1 时间节点成本分析；

2 工作任务分解单元成本分析；

3 组织单元成本分析；

4 单项指标成本分析；

5 综合项目成本分析。

11.5.3 成本分析应遵循下列步骤：

1 选择成本分析方法；

2 收集成本信息；

3 进行成本数据处理；

4 分析成本形成原因；

5 确定成本结果。

11.6 成本考核

11.6.1 组织应根据项目成本管理制度,确定项目成本考核目的、时间、范围、对象、方式、依据、指标、组织领导、评价与奖惩原则。

11.6.2 组织应以项目成本降低额、项目成本降低率作为对项目管理机构成本考核主要指标。

11.6.3 组织应对项目管理机构的成本和效益进行全面评价、考核与奖惩。

11.6.4 项目管理机构应根据项目管理成本考核结果对相关人员进行奖惩。

本章小结

　　建筑工程项目施工成本管理是指项目在施工过程中,在保证满足工程质量、工期等合同要求的前提下,对项目实施过程中所发生的各项费用,通过计划、组织、控制和协调等活动事项预定的成本目标,对影响建筑工程成本的各种因素加强管理,并采取各种有效的措施控制成本,通过技术、经济和管理活动达到预定目标,将施工中实际发生的各种消耗和支出严格控制在成本计划范围内,随时揭示并反馈,严格审查各项费用是否符合标准、计算实际成本和计划成本之间的差异并分析,消除施工中的损失浪费,发现和总结经验。通过本章学习,使学生了解建筑工程项目的成本构成;理解成本计划的类型;掌握建筑工程施工成本控制的步骤与方法;掌握建筑工程项目施工成本分析的方法。

思考题

　　1.简述成本管理的主要措施。
　　2.简述成本控制的原则。
　　3.简述建筑工程施工成本控制的依据。
　　4.简述建筑工程施工成本控制的方法。
　　5.简述建筑工程施工成本控制实施的步骤。

第7章
建筑工程项目质量管理

学习目标

1. 了解项目质量管理的定义。
2. 了解建筑工程项目质量、质量控制的概念。
3. 熟悉并掌握质量控制的基本原则及建筑工程质量责任体系。
4. 掌握施工质量控制的要点。
5. 了解施工质量事故的原因及处理。
6. 了解施工质量验收阶段的质量控制。
7. 了解数理统计方法在项目质量管理中的应用。

让党旗在建设一线高高飘扬

北京冬奥会拥有 39 个场馆,其中 15 个是新建或临时建设的,包括竞赛场馆 12 个、训练场馆 3 个以及非竞赛场馆 24 个,其中竞赛场馆已全面完工。"绿色""安全""以民为本",这八个字足以概括北京冬奥会三大赛区所有场馆的"设计密码",彰显中国人的卓越智慧和人文情怀。

习近平总书记指出,坚持党的领导、加强党的建设,是我国国有企业的光荣传统,是国有企业的"根"和"魂",是我国国有企业的独特优势。中建集团党组把支部建在每一个工程项目上,把高品质完成冬奥工程建设作为基层党组织战斗堡垒作用和党员先锋模范作用的"试金石"和"磨刀石",极大激发基层党组织的凝聚力、战斗力、创造力,让党旗在建设一线高高飘扬。

极寒天气考验着建设者的信念和毅力,磨砺出战胜逆境的智慧和勇气。冬季施工现场最低温度达到 −35℃,项目党支部 6 名党员带领施工人员每天户外作业 10 多个小时,以"不破风雪终不归"的坚强意志,全力抢工期、保进度。冬奥场馆的运维保障关系赛事正常举行。项目党支部成立运维保障突击队,在赛前制订了 20 个不同突发情况应急预案,组织 92 名队员进行上百次方案推演和 15 次现场演练,做到只要出现突发情况,就能第一时间解决。在重大工程、技术攻关等急难险重任务中,党组织始终是坚强堡垒;在关键时刻、艰巨任务面前,党员始终冲锋在前。正是因为有党组织凝心聚力,有党员率先垂范,带领广大建设者迎难而上,不畏酷暑严寒,克服重重挑战,才高质量完成了各项建设任务。

事实证明,坚持党的领导、加强党的建设,是冬奥场馆建设高质量完成的关键所在,也是北京冬奥会、冬残奥会成功举办的关键所在。

资料来源:中共中国建筑集团有限公司党组,商品货场馆助力精彩冬奥.

7.1 建筑工程项目质量管理概述

建筑工程项目质量是工程项目管理中的一项重要内容,工程项目的投资巨大,建设过程要耗费相当大的人工、材料和能源,如果工程项目质量无法达到国家规定的标准和业主的使用要求,就不能发挥预想的作用,同时由于质量问题会影响工程项目的进度、成本和安全管理。

7.1.1 工程项目质量特性与工程项目质量管理 ///

1. 工程项目质量特性

(1)适用性

适用性即功能,任何工程项目首先要满足它的使用要求,满足使用目的的各种性能。包括:物理性能,如尺寸、规格、保温、隔热等;化学性能,如耐酸碱、耐腐蚀、防火、防尘等;结构性能,指地基牢固程度、结构的足够强度、刚度和稳定性;使用性能,如民用住宅工程要能使居住者安居;外观性能,指建筑物的造型、布置、室内装饰效果、色彩等美观大方、协调。

(2)耐久性

耐久性是指工程在规定的条件下,满足规定功能要求使用的年限,即设计文件中规定的工程项目合理使用年限,该年限会随着工程项目用途的不同而有所差异。如民用建筑主体结构耐用年限分为四级(分别为 15~30 年,30~50 年,50~100 年,100 年以上),公路工程设计年限一般按等级控制在 10~20 年。

(3)可靠性

可靠性是指工程项目在规定的时间和条件下完成规定功能的能力。工程项目不仅在竣工验收时要达到规定的指标,而且在一定的使用时期内、在合理的使用条件下要保持应有的正常功能。

(4)安全性

安全性是指工程项目建成后,在使用过程中保证结构安全、保证人身和环境免受危害的程度。如工程的抗震、防火、耐火、防辐射等能力,都是安全性的重要指标。

(5)美观性

任何建筑都要求根据它的特点和所处的环境,为人们提供与环境协调、丰富多彩的造型和景观,这就要求对建筑物的规划、体型、装饰、绿化等方面制定一系列的标准、规范加以明确。

(6)经济性

经济性是指工程项目从决策、施工准备、实施和运营整个寿命周期来看,所支出的成本和消耗的费用。

2. 工程项目质量管理

(1)质量管理是指组织在质量方面进行的指挥和控制活动,对此概念解释如下:

质量管理工作是组织的全部管理工作的中心,应由最高管理者领导。

(2)质量管理应规定:

①质量方针:组织应遵循的质量政策、质量观念和活动准则,以及质量追求和承诺;

②质量目标:产品质量、服务质量等应在一定时期内实现的量化要求。

③质量职责:与质量有关的各部门、各类人员应遵守的明确规定的质量职责和权限。

④质量程序:形成文件的程序是质量管理涉及全过程的控制依据。

(3)实施质量方针和实现质量目标是开展质量管理的根本目的。

(4)系统、有效的质量管理应建立和保持质量管理体系。质量管理体系包含以下内容:

①过程管理:过程的策划、建立、连续监控和持续改进,过程管理是质量管理的重要内容。

②质量策划:确定质量目标、必要过程和相关资源并输出质量计划。

③质量控制:采用监视、测量、检查及调控来达到质量要求。

④质量保证:产品质量和服务质量满足规定要求,得到证实,取得本组织领导、上级,特别是顾客的信任。

⑤质量改进:包括纠正措施、预防措施和改进措施。

(5)开展质量管理应考虑经济性,在确保质量和改进质量的同时,应使成本适当,实现质量和效益最佳化。

7.1.2 建筑工程项目质量控制的概念目标与任务

任何工程项目都是由分项工程、分部工程和单位工程组成的,而工程项目的建设,则是通过一道道工序来完成。所以,施工项目的质量控制是从工序质量到分项工程质量、分部工程质量、单位工程质量的系统控制过程。

(1)质量控制的概念与目标

质量控制是质量管理的一部分,致力于满足质量要求。其目的是使产品、体系或过程的固有特性达到规定的要求,即满足顾客、法律、法规等方面提出的质量要求(如适用性、安全性等),所以质量控制是通过采取一系列的作业技术和作业活动对各个过程实施控制的。

(2)项目质量控制的任务

项目质量控制的任务就是对项目的建设、勘察、设计、施工、监理单位的工程质量行为,以及涉及项目工程实体质量的设计质量、材料质量等进行控制。

由于项目的质量目标最终由项目工程实体的质量来体现,而项目工程实体的质量最终是通过施工作业过程直接形成的,设计质量、材料质量、设备质量往往也要在施工过程中进行检验,所以,施工质量控制是项目质量控制的重点。

7.1.3 建筑工程项目质量控制的责任和义务

1.建设单位质量控制的责任和义务

(1)建设单位应当将工程发包给具有相应资质等级的单位,并不得将建设工程肢解发包。

(2)建设单位应当依法对工程建设项目的勘察、设计、施工、监理以及与工程建设有关的重要设备、材料等的采购进行招标。

(3)建设单位必须向有关的勘察、设计、施工、监理等单位提供与建设工程有关的原始资料。原始资料必须真实、准确、齐全。

(4)建设工程发包单位不得迫使承包方以低于成本的价格竞标,不得任意压缩合理工期;不得明示或者暗示设计单位或者施工单位违反工程建设强制性标准,降低建设工程质量。

(5)建设单位应当将施工图设计文件报县级以上人民政府建设行政主管部门或者其他有关部门审查。施工图设计文件未经审查批准的,不得使用。

(6)实行监理的建设工程,建设单位应当委托具有相应资质等级的工程监理单位进行监理。

(7)建设单位在领取施工许可证或者开工报告前,应当按照国家有关规定办理工程质量监督手续。

(8)按照合同约定,由建设单位采购建筑材料、建筑构配件和设备的,建设单位应当保证建筑材料、建筑构配件和设备符合设计文件和合同要求。建设单位不得明示或者暗示施工单位使用不合格的建筑材料、建筑构配件和设备。

(9)涉及建筑主体和承重结构变动的装修工程,建设单位应当在施工前委托原设计单位或者具有相应资质等级的设计单位提出设计方案;没有设计方案的,不得施工。房屋建筑使用者在装修过程中,不得擅自变动房屋建筑主体和承重结构。

(10)建设单位收到建设工程竣工报告后,应当组织设计、施工、工程监理等有关单位进行竣工验收。建设工程经验收合格的,方可交付使用。

(11)建设单位应当严格按照国家有关档案管理的规定,及时收集、整理建设项目各环节的文件资料,建立、健全建设项目档案,并在建设工程竣工验收后,及时向建设行政主管部门或者其他有关部门移交建设项目档案。

2.勘察、设计单位质量控制的责任和义务

(1)从事建设工程勘察、设计的单位应当依法取得相应等级的资质证书,在其资质等级许可的范围内承揽工程,并不得转包或者违法分包所承揽的工程。

(2)勘察、设计单位必须按照工程建设强制性标准进行勘察、设计,并对其勘察、设计的质量负责。注册建筑师、注册结构工程师等注册执业人员应当在设计文件上签字,对设计文件负责。

(3)勘察单位提供的地质、测量、水文等勘察成果必须真实、准确。

(4)设计单位应当根据勘察成果文件进行建设工程设计。设计文件应当符合国家规定的设计深度要求,注明工程合理使用年限。

(5)设计单位在设计文件中选用的建筑材料、建筑构配件和设备,应当注明规格、型号、性能等技术指标,其质量要求必须符合国家规定的标准。除有特殊要求的建筑材料、专用设备、工艺生产线等外,设计单位不得指定生产厂、供应商。

(6)设计单位应当就审查合格的施工图设计文件向施工单位做出详细说明。

(7)设计单位应当参与建设工程质量事故分析,并对因设计造成的质量事故,提出相应的技术处理方案。

3.施工单位质量控制的责任和义务

(1)施工单位应当依法取得相应等级的资质证书,在其资质等级许可的范围内承揽工程,并不得转包或者违法分包工程。

(2)施工单位对建设工程的施工质量负责。施工单位应当建立质量责任制,确定工程项目的项目经理、技术负责人和施工管理负责人。建设工程实行总承包的,总承包单位应当对全部建设工程质量负责;建设工程勘察、设计、施工、设备采购的一项或者多项实行总承包的,总承包单位应当对其承包的建设工程或者采购设备的质量负责。

(3)总承包单位依法将建设工程分包给其他单位的,分包单位应当按照分包合同的约定对其分包工程的质量向总承包单位负责,总承包单位与分包单位对分包工程的质量承担连带责任。

(4)施工单位必须按照工程设计图纸和施工技术标准施工,不得擅自修改工程设计,不得偷工减料。施工单位在施工过程中发现设计文件和图纸有差错的,应当及时提出意见和建议。

(5)施工单位必须按照工程设计要求、施工技术标准和合同约定,对建筑材料、建筑构配件、设备和商品混凝土进行检验,检验应当有书面记录和专人签字;未经检验或者检验不合格的,不得使用。

(6)施工单位必须建立、健全施工质量的检验制度,严格工序管理,做好隐蔽工程的质量检查和记录。隐蔽工程在隐蔽前,施工单位应当通知建设单位和建设工程质量监督机构。

(7)施工人员对涉及结构安全的试块、试件以及有关材料,应当在建设单位或者工程监理单位监督下现场取样,并送具有相应资质等级的质量检测单位进行检测。

(8)施工单位对施工中出现质量问题的建设工程或者竣工验收不合格的建设工程,应当负责返修。

(9)施工单位应当建立、健全教育培训制度,加强对职工的教育培训;未经教育培训或者考核不合格的人员,不得上岗作业。

4. 工程监理单位质量控制的责任和义务

(1)工程监理单位应当依法取得相应等级的资质证书,在其资质等级许可的范围内承担工程监理业务,并不得转让工程监理业务。

(2)工程监理单位与被监理工程的施工承包单位以及建筑材料、建筑构配件和设备供应单位有隶属关系或者其他利害关系的,不得承担该项建设工程的监理业务。

(3)工程监理单位应当依照法律、法规以及有关技术标准、设计文件和建设工程承包合同,代表建设单位对施工质量实施监理,并对施工质量承担监理责任。

(4)工程监理单位应当选派具备相应资格的总监理工程师和监理工程师进驻施工现场。未经监理工程师签字,建筑材料、建筑构配件和设备不得在工程上使用或者安装,施工单位不得进行下一道工序的施工。未经总监理工程师签字,建设单位不拨付工程款,不进行竣工验收。

(5)监理工程师应当按照工程监理规范的要求,采取旁站、巡视和平行检验等形式,对建设工程实施监理。

7.2 项目质量的形成过程和影响因素

7.2.1 建筑工程项目质量的基本特性

建筑工程项目从本质上说是一项拟建或在建的建筑产品,它和一般产品具有同样的质量内涵,即一组固有特性满足需要的程度。由于建筑产品一般是采用单件性筹划、设计和施工的生产组织方式,因此其具体的质量特性指标是在各建筑工程项目的策划、决策和设计过程中进行定义的。在工程管理实践和理论研究中,把建筑工程项目质量的基本特性概括如下:

1. 反映使用功能的质量特性

工程项目的功能性质量,主要表现为反映项目使用功能需求的一项特性指标,如工业建筑工程的生产能力和工艺流程;道路交通工程的路面等级、通行能力等,功能性质必须以顾客关注为焦点,满足顾客的需求或期望。

2. 反映安全可靠的质量特性

建筑产品不仅要满足使用功能和用途的需求,还需要在正常使用条件下达到安全可靠的标准。

3. 反映文化艺术的质量特性

建筑产品具有深刻的社会文化背景,历来都被人们视同为艺术品,其建筑造型、立面外观、文化内涵、时代表征等,都是人们关注的焦点。

4. 反映建筑环境的质量特性

作为项目管理单元的工程项目,可能是独立的单项工程或是单位工程甚至是主要分部工程,也可能是一个由群体建筑或线性工程组成的建设项目,如新建、改建、扩建的工业厂区,大学城或校区,高速公路等。建筑环境质量包括项目用地范围内的规划布局、交通组织、绿化景观、节能环保,还要追求其与周边环境的协调性或适宜性。

7.2.2 建筑工程项目质量的形成过程

建筑工程项目质量形成的全过程,就是建设程序的全过程,不同的建设阶段,对建筑工程项目的质量有不同的影响,正如不同建设阶段对投资和进度有不同的影响一样。需要指出的是,质量与投资、进度三项目标是相互制约的,不能脱离投资和进度的制约而孤立地对待工程质量。

1. 质量需求的识别过程

在建筑项目决策阶段,主要工作包括项目发展策划、可行性研究、方案论证和投资决策。这一过程的质量管理职能在于识别建设意图和需求,对项目的性质、规模、使用功能、系统构成和建设标准要求等进行策划、分析、论证,为整个项目的质量总目标以及项目内各个子项目的质量目标提出明确要求。这里必须指出,由于建筑产品采取定制式的承发包生产,因此,其质量目标的决策是建设单位(业主)或项目法人的质量管理职能。

2. 质量目标的定义过程

建筑工程项目质量目标的具体过程,主要是在工程设计阶段。工程项目的设计任务,因其产品对象的单件性,总体上符合目标设计与标准设计相结合的特征,总体规划设计与单体方案设计阶段,相当于目标产品的开发设计;总体规划和方案设计经过可行性研究和技术经济论证后,进入工程的标准设计,在整个过程中实现对工程项目质量目标的明确定义。由此可见,工程项目设计的任务就是按业主的建设意图、决策要点、相关法规和标准、规范的强制性条文等要求,将工程项目的质量目标具体化。

3. 质量目标的实现过程

建筑工程项目质量目标实现的最关键的过程是在施工阶段,包括施工准备过程和施工作业技术活动过程。其任务是按照质量策划的要求,制定企业或工程项目内控标准,实施目标管理、过程监控、阶段考核、持续改进的方法,严格按设计图纸和施工技术标准施工,把特定的劳动对象转化成符合质量标准的建设工程产品。

综上所述,建筑工程项目质量的形成过程,贯穿于项目的决策过程和实施过程,这些过程的各个重要环节构成了工程建设的基本程序,它是工程建设客观规律的体现。

7.2.3 项目质量的影响因素

建筑工程项目质量的影响因素主要是指在建筑工程项目质量目标策划、决策和实现过程的各种客观因素和主观因素,包括人的因素、技术因素、管理因素、环境因素和社会因素等。

1. 人的因素

人的因素对建筑工程项目质量形成的影响,包括两个方面的含义:一是指直接承担建筑工程项目质量职能的决策者、管理者和作业者个人的质量意识及质量活动能力;二是指承担建筑工程项目策划、决策或实施的建设单位、勘察单位设计单位、咨询服务机构、工程承包企业等实体组织。

2. 技术因素

影响建筑工程项目质量的技术因素涉及的内容十分广泛,包括直接的工程技术和辅助的生产技术,前者如工程勘察技术、设计技术、施工技术、材料技术等,后者如工程检测检验技术、试验技术等。科技的发展、技术的进步,对工程质量有着深远的影响。如大模板的应用,在一定程度上减少了钢模拼接对混凝土质量的影响。

3. 管理因素

影响建筑工程项目质量的管理因素,主要是决策因素和组织因素。管理因素中的组织因素,包括建筑工程项目实施的管理组织和任务组织。

4. 环境因素

对于建筑工程项目质量控制而言,作为直接影响建筑工程项目质量的环境因素,一般是指建筑工程项目所在地点的水文、地质和气象等自然环境;施工现场的通风、照明、安全卫生防护设施等劳动作业环境;以及由多单位、多专业交叉协同施工的管理关系、组织协调方式、质量控制系统等构成的管理环境。

5. 社会因素

不难理解,人、技术、管理和环境因素,对于建筑工程项目而言是可控因素;社会因素存在于建筑工程项目系统之外,一般情形下对于建筑工程项目管理者而言,属于不可控因素。

建筑工程项目是一项极其复杂的,需要多方面通力合作的运作过程。建筑工程通常都具有较长的施工周期和较为复杂的材料、人力和物质资源的供应和储备过程。作为参与建筑工程项目的各个单位,控制建筑工程项目过程中的质量是建筑单位的主要任务。虽然影响建筑工程项目质量的因素是多方面的,但只要各个参与单位在项目进行过程中能够合理安排项目的进行,从人的因素、技术因素、管理因素、环境因素和社会因素等方面进行协调和安排就能保证一个建筑工程项目健康、顺利地进行。

7.3 项目质量控制体系

7.3.1 全面质量管理思想和方法的应用 //

1. 全面质量管理的思想

全面质量管理即（Total Quality Control，TQC），是20世纪中期开始在欧美和日本广泛应用的质量管理理念和方法。我国从20世纪80年代开始引进和推广全面质量管理，其基本原理是强调在企业或组织最高管理者的质量方针指导下，实行全面、全过程和全员参与的质量管理。

TQC的主要特点是：以顾客满意为宗旨，领导参与质量方针和目标的制定；提倡预防为主，科学管理，用数据说话等。建筑工程项目的质量管理，同样应贯彻"三全"管理的思想和方法。

（1）全面质量管理

全面质量管理，是指项目参与各方所进行的工程项目质量管理的总称，其中包括工程质量和工作质量的全面管理。工作质量是产品质量的保证，直接影响产品质量的形成。建设单位、监理单位、勘察单位、设计单位、施工总承包单位、施工分包单位、材料设备供应商等，任何一方、任何环节的怠慢疏忽或质量责任不落实都会造成对工程质量的不利影响。

（2）全过程质量管理

全过程质量管理，是指根据工程质量的形成规律，从源头抓起，全过程推进。要控制的主要过程有：项目策划与决策过程；勘察设计过程；设备材料采购过程；施工组织与实施过程；检测设施控制与计量过程；施工生产的检验试验过程；工程质量的评定过程；工程竣工验收与交付过程；工程回访维修服务过程等。

（3）全员参与质量管理

按照全面质量管理的思想，组织内部的每个部门和工作岗位都承担着相应的质量职能，组织的最高管理者确定了质量方针和目标，就应组织和动员全体员工与参与到实施质量方针的系统活动中去，发挥自己的角色作用。开展全员参与质量管理的重要手段就是运用目标管理方法，将组织的质量目标逐级进行分解，使之形成自上而下的质量目标分解体系和自下而上的质量目标保证体系，发挥组织系统内部每个工作岗位、部门或团队在实现质量目标过程中的作用。

2. 质量管理的 PDCA 循环

在长期的生产实践和理论研究中形成的 PDCA 循环，是建立质量管理体系和进行质量管理的基本方法。从某种意义上说，管理就是确定任务目标，并通过 PDCA 循环来实现预期目标。每一循环都围绕着实现预期的目标，进行计划、实施、检查和处置活动。

（1）计划阶段（Plan）

计划主要是确定达到预期的各项质量目标，通过施工组织设计文件的编制，提出作业技术活动方案，即施工方案，包括施工工艺、方法、机械设备等施工手段配置的技术方案，以及施工区段划分、施工方向、工艺顺序和劳动组织等组织方案。

（2）执行阶段（Do）

进行质量计划目标和施工方案的交底，落实相关条件并对质量计划的目标及确定的程序和方法展开作业技术活动。

（3）检查阶段（Check）

首先是检查有没有严格按照预定的施工方案认真执行，其次是检查实际的施工结果是否达到预定的质量要求。

（4）处理阶段（Action）

对检查中发现偏离目标值的纠偏及改正，出现质量不合格的处置及不合格的预防。包括应急措施、预防措施和持续改进的途径。

7.3.2　项目质量控制体系的建立和运行 ///

建筑工程项目的实施，涉及业主方、设计方、施工方、监理方、供应方等多方质量责任主体的活动，各方主体各自承担不同的质量责任和义务。为了有效地进行系统、全面质量控制，必须由项目实施的总负责单位，负责建筑工程项目质量控制体系的建立和运行，实施质量目标的控制。

1.工程项目质量控制体系的性质、特点和结构

（1）工程项目质量控制体系的性质

工程项目质量控制体系既不是业主方也不是施工方的质量管理体系或质量保证体系，而是工程项目目标控制的一个工作系统，具有下列性质：

①工程项目质量控制体系是以工程项目为对象，由工程项目实施的总组织者负责建立的面向项目对象开展质量控制的工作体系。

②工程项目质量控制体系是工程项目管理组织的一个目标控制体系，它与项目投资控制、进度控制、职业健康安全与环境管理等目标控制体系，共同依托于同一项目管理的组织机构。

③工程项目质量控制体系根据工程项目管理的实际需要而建立，随着工程项目的完成和项目管理组织的解体而消失，因此，是一个一次性的质量控制工作体系，不同于企业的质量管理体系。

（2）工程项目质量控制体系的特点

与建筑企业或其他组织机构按照 GB/T 19000—2008 族标准建立的质量管理体系相比较，有如下特点：

①建立的目的不同。

②服务的范围不同。

③控制的目标不同。

④作用的时效不同。

⑤评价的方式不同。

（3）工程项目质量控制体系的结构

工程项目质量控制体系，一般形成多层次、多单元的结构形态，这是由其实施任务的委托方式和合同结构所决定的。

①多层次结构

多层次结构是对应于工程项目系统纵向垂直分解的单项、单位工程项目的质量控制体系。在大中型工程项目尤其是群体工程项目中,第一层次的质量控制体系应由建设单位的工程项目管理机构负责建立;在委托代建、委托项目管理或实行交钥匙式工程总承包的情况下,应由相应的代建方项目管理机构、受托项目管理机构或工程总承包企业项目管理机构负责建立。第二层次的质量控制体系,通常是指分别由工程项目的设计总负责单位、施工总承包单位等建立的相应管理范围内的质量控制体系。第三层次及其以下,是承担工程设计、施工安装、材料设备供应等各承包单位的现场质量自控体系,或称各自的施工质量保证体系。系统纵向层次机构的合理性是工程项目质量目标、控制责任和措施分解落实的重要保证。

②多单元结构

多单元结构是指在工程项目质量控制总体系下,第二层次的质量控制体系及其以下的质量自控或保证体系可能有多个。这是项目质量目标、责任和措施分解的必然结果。

2. 工程项目质量控制体系的建立

工程项目质量控制体系的建立过程,实际上就是工程项目质量总目标的确定和分解过程,也是工程项目各参与方之间质量管理关系和控制责任的确立过程。

(1)建立质量控制体系的原则

工程项目质量控制体系的建立,遵循以下原则:

①分层次规划原则

分层次规划,是指工程项目管理的总组织者(建设单位或代建制项目管理企业)和承担项目实施任务的各参与单位,分别进行不同层次和范围的工程项目质量控制体系规划。

②目标分解原则

将工程项目的建设标准和质量总体目标分解到各个责任主体,明示于合同条件。

③质量责任制原则

应按照《建筑法》和《建设工程质量管理条例》,界定各方的质量责任范围和控制要求。

④系统有效性原则

应从实际出发,建立项目各参与方共同遵循的质量管理制度和控制措施,并形成有效的运行机制。

(2)建立质量控制体系的程序

工程项目质量控制体系的建立过程,一般可按以下环节依次展开工作:

①确立系统质量控制网络

首先明确系统各层面的工程项目质量控制负责人。一般应包括承担项目实施任务的项目经理(或工程负责人)、总工程师,项目监理机构的总监理工程师、专业监理工程师等,以形成明确的项目质量控制责任者的关系网络架构。

②制定质量控制制度

包括质量控制例会制度、协调制度、报告审批制度、质量验收制度和质量信息管理制度等。形成工程项目质量控制体系的管理文件或手册,作为承担工程项目实施任务各方主体共同遵循的管理依据。

③分析质量控制界面

建设工程项目质量控制体系的质量责任界面,包括静态界面和动态界面。一般来说,静态界面根据法律法规、合同条件、组织内部职能分工来确定;动态界面主要是指项目实施过程中设计单位之间、施工单位之间、设计与施工单位之间的衔接配合关系及其责任划分,必须通过分析研究,确定管理原则与协调方式。

④编制质量控制计划

建设工程项目管理总组织者,负责主持编制工程项目总质量计划。

(3)建立质量控制体系的责任主体

一般情况下,工程项目质量控制体系应由建设单位或工程项目总承包企业的工程项目管理机构负责建立;在分阶段依次对勘察、设计、施工、安装等任务进行分别招标发包的情况下,该体系通常应由建设单位或其委托的工程项目管理企业负责建立,并由各承包企业根据项目质量控制体系的要求,建立隶属于总的项目质量控制体系的设计项目、施工项目、采购供应项目等分质量保证体系(可称相应的质量控制子系统),以具体实施其质量责任范围内的质量管理和目标控制。

3. 工程项目质量控制体系的运行

(1)运行环境

工程项目质量控制体系的运行环境,主要是指为系统运行提供支持的管理关系、组织制度和资源配置的条件。

①建筑工程的合同结构。

②质量管理的资源配置。

③质量管理的组织制度。

(2)运行机制

工程项目质量控制体系的运行机制,是由一系列质量管理制度安排所形成的内在能力。运行机制是质量控制体系的生命,要为系统的运行注入动力机制、约束机制、反馈机制和持续改进机制。

①动力机制

动力机制是工程项目质量控制体系运行的核心机制,它来源于公正、公开、公平的竞争机制和利益机制的制度设计或安排。这是因为工程项目的实施过程是由多主体参与的价值增值链,只有保持合理的供方及分供方等各方关系,才能形成合力,是工程项目成功的重要保证。

②约束机制

约束机制取决于各主体内部的自我约束能力和外部的监控效力,构成了质量控制过程的制衡关系。

③反馈机制

运行状态和结果的信息反馈,是对质量控制系统的能力和运行效果进行评价,并为及时做出处置提供决策依据。

④持续改进机制

在建设工程项目实施的各个阶段,不同的层面、不同的范围和不同的主体之间,应用PDCA循环原理展开质量控制,同时注重抓好控制点的设置,加强重点控制和例外控制。

7.3.3 施工企业质量管理体系的建立与认证 ///////////////////////////

1. 企业质量管理体系的建立

(1)企业质量管理体系的建立,是在确定市场及顾客需求的前提下,按照质量管理原则制定企业的质量方针、质量目标、质量手册、程序文件及质量记录等体系文件,并将质量目标分解落实到相关层次、相关岗位的职能和职责中,形成企业质量管理体系的执行系统。

(2)企业质量管理体系的建立还包含组织企业不同层次的员工进行培训,使体系的工作内容和执行要求为员工所了解,为形成全员参与的企业质量管理体系的运行创造条件。

(3)企业质量管理体系的建立需要识别并提供实现质量目标和持续改进所需的资源,包括人员、基础设施、环境、信息等。

2. 质量管理八项原则

(1)以顾客为关注焦点。组织应当理解顾客当前的和未来的需求,满足顾客要求并争取超越顾客的期望。组织的生存与发展都依赖于顾客,没有顾客,组织如无水之鱼、无源之水。

(2)领导作用。领导作为一个企业的发展策划者和引领者,领导的带头作用使得员工能够有激情、有动力参与到质量管理活动中来。

(3)全员参与。只有全体员工的努力,智慧和汗水的结晶,才能推进质量管理的全面有序发展。

(4)过程方法。将质量管理的各项工作识别为过程,用过程方法来进行管理。

(5)管理的系统方法。在质量管理中的各个过程中有着各种联系,只有将各个过程站在系统的角度来分析和解决问题,才能做好质量管理工作。

(6)持续改进。

(7)基于事实的决策方法。决策源于事实和对事实正确的分析。

(8)与供方互利的关系。合作共赢,是当今社会分工越来越细化的必然选择。

3. 企业质量管理体系文件构成

(1)质量方针和质量目标

质量方针是一个企业发展的纲领。质量目标是企业质量方面发展的目标。

(2)质量手册

质量手册作为企业质量管理系统的纲领性文件,应具备指令性、系统性、协调性、先进性、可行性和可检查性。

(3)程序文件

质量体系程序文件是质量手册的支持性文件,是企业各职能部门为落实质量手册要求而规定的细则,企业为落实质量管理工作而建立的各项管理标准、规章制度都属程序文件范畴。各类企业都应在程序文件中制定:

①文件控制程序。

②质量记录管理程序。

③内部审核程序。

④不合格品控制程序。

⑤纠正措施控制程序。

⑥预防措施控制程序。

(4)质量记录的要求

质量记录是获得产品质量水平及有效实施质量体系各要素的客观证据。

质量记录应完整地反映质量活动实施、验证和评审的情况,并记载关键活动的过程参数,具有可追溯性的特点。质量记录以特定的形式和程序进行,并由实施、验证、审核等签署意见。

在建筑工程管理中,质量记录要求与工程进度同步。

4.企业质量管理体系的认证与监督

《建筑法》规定,国家对从事建筑活动的单位推行质量体系认证制度。

(1)企业质量管理体系认证的意义

①提高供方企业的质量信誉。

②促进企业完善质量体系。

③增强国际市场竞争能力。

④减少社会重复检验和检查费用。

⑤有利于保护消费者利益。

⑥有利于法规的实施。

(2)企业质量管理体系认证的程序

申请认证→合同受理→阶段审核→问题整改→二阶段审核→不合格整改→证书发放→获证后保持和监督。

企业质量管理体系获准认证的有效期是三年,获准认证后,企业应通过经常性的内部审核来维持质量管理体系的有效性,并接受认证机构对企业质量管理体系实施监督管理。具体内容如下:

①企业通报。认证合格的企业质量管理体系在运行中出现较大变化时,需向认证机构通报。认证机构接到通报后,视情况采取必要的监督检查措施。

②监督检查。认证机构对认证合格单位质量管理体系维持情况进行监督性现场检查,包括定期和不定期的监督检查。定期检查通常每年一次,不定期检查视需要临时安排。

③认证注销。认证注销是企业的自愿行为,在企业质量管理体系发生变化或证书有效期届满未提出重新申请等情况下,认证持证者提出注销的,认证机构予以注销,收回该体系认证证书。

④认证暂停。认证暂停是认证机构对获证企业质量管理体系发生不符合认证要求情况时采取的警告措施。认证暂停期间,企业不得使用质量管理体系认证证书做宣传。企业在规定期间采取纠正措施满足规定条件后,认证机构撤销认证暂停,否则将撤销认证注册,收回合格证书。

⑤认证撤销。当获证企业发生质量管理体系存在严重不符合规定,或在认证暂停规定的期限内未整改,或发生其他构成撤销体系认证资格情况时,认证机构做出撤销认证的决定;企业不服可以提出申诉,撤销认证的企业一年后才可重新提出认证申请。

⑥复评。认证合格有效期满前,如企业愿意继续延长,可以向认证机构提出复评申请。

⑦重新换证。三年再认证通过后,重新换发证书。

7.4 项目质量的政府监督

7.4.1 政府对工程项目质量的监督职能 ////////////////////////////////

政府对工程项目质量监督的职能主要有以下几个方面:

1.监督检查施工现场工程建设参与各方主体的质量行为

检查施工现场工程建设参与各方主体及有关人员的资质及资格;检查勘察、设计、施工、监理单位的质量管理体系和质量责任落实情况;检查有关质量文件、技术资料是否齐全并符合规定。

2.监督检查工程实体的施工质量

监督检查工程实体的施工质量,特别是基础、主体结构、主要设备安装等涉及结构安全和使用功能的施工质量。

3.监督工程质量验收

监督建设单位组织的工程竣工验收的组织形式、验收程序以及在验收过程中提供的有关资料和形成的质量评定文件是否符合有关规定,实体质量是否存在严重缺陷,工程质量验收是否符合国家标准。

7.4.2 政府对工程项目质量监督的内容 //

1.受理建设单位对工程质量监督的申报

在项目开工前,监督机构接受建设单位有关工程质量监督的申报手续,并对建设单位提供的有关文件进行审查,审查合格后签发有关质量监督文件。建设单位凭工程质量监督文件,向建设行政主管部门申领施工许可证。

2.开工前的质量监督

在项目开工前,监督机构首先在施工现场召开参与工程建设各方代表参加的监督会议,公布监督方案,提出监督要求,并进行第一次监督检查工作。检查的重点是参与工程建设各方主体的质量行为。监督检查的主要内容为工程项目质量控制系统及各施工方的质量保证体系是否已经建立,以及完善的程度。具体内容为:

(1)检查参与工程项目建设各方的质量保证体系建立情况,包括组织机构、质量控制方案、措施及质量责任制等制度。

(2)审查参与建设各方的工程经营资质证书和相关人员的资质证书。

(3)审查按建设程序规定的开工前必须办理的各项建设行政手续是否齐全完备,包括各参与方的营业执照、资质证书及有关人员的资格证书。

(4)审查施工组织设计、监理规划等文件以及审批手续。

(5)检查的结果记录保存。

3.施工过程的质量监督

(1)在工程项目施工期间,质量监督机构按照监督方案对工程项目全过程施工的情况进行不定期的检查。检查的内容主要有:参与工程建设的各方的质量行为及质量责任制的履行情况,工程实体质量和质量控制资料的完成情况,其中对基础和主体结构阶段的施工应每月安排监督检查。

(2)对工程项目建设中的结构主要部位(如桩基、基础、主体结构等)除进行常规检查外,应在分部工程验收时进行监督,监督检查验收合格后,方可进行后续工程的施工。建设单位应将施工、设计、监理和建设单位各方分别签字的质量验收证明在验收后的三天内报送工程质量监督机构备案。

(3)对在施工中发生的质量问题、质量事故进行查处。根据质量监督检查的情况,对查实的问题可签发"质量问题整改通知单"或"局部暂停施工指令单",对问题严重的单位也可根据问题的性质签发"临时收缴资质证书通知书"等处理意见。

4. 竣工阶段的质量监督

（1）做好竣工验收前的质量复查。竣工验收前，对质量监督检查中提出的质量问题的整改情况进行复查，了解其整改的情况。

（2）参与竣工验收会议。竣工验收时，参加竣工验收的会议，对验收的程序及验收的过程进行监督。

（3）编制单位工程质量监督报告。在竣工验收之日起五天内提交到竣工验收备案部门。对不符合验收要求的责令改正，对存在的问题进行处理，并向备案部门提出书面报告。

5. 建立建筑工程质量监督档案

建筑工程质量监督档案按单位工程建立，要求归档及时，资料记录等各类文件齐全，经监督机构负责人签字后归档，按规定年限保存。

7.5 项目施工质量控制

7.5.1 项目质量风险识别和控制 //

建筑工程项目质量的影响因素中，有可控因素，有不可控因素；这些因素对项目质量的影响存在不确定性，这就形成了建筑工程项目的质量风险。

建筑工程项目质量风险通常是指某种因素对实现项目质量目标造成不利影响的不确定性，这些因素导致发生质量损害的概率和造成质量损害的程度都是不确定的。在项目实施的整个过程中，对质量风险进行识别、评估、响应及控制，减少风险源的存在，降低风险事故发生的概率，减少风险事故对项目质量造成的损害，把风险损失控制在可以接受的程度，是项目质量控制的重要内容。

1. 质量风险识别

项目质量风险的识别就是识别项目实施过程中存在哪些风险因素以致可能产生哪些质量损害。

（1）项目实施过程中常见的质量风险

从风险产生的原因分析，常见的质量风险有如下几类：

①自然风险。自然风险包括客观自然条件对项目质量的不利影响和突发自然灾害对项目质量造成损害。

②技术风险。技术风险包括现有技术水平的局限和项目实施人员对工程技术的掌握、应用不当对项目质量造成的不利影响。

③管理风险。工程项目的建设、设计、施工、监理等工程质量责任单位的质量管理体系存在缺陷，组织结构不合理，工作流程组织不科学，任务分工和职能划分不恰当，管理制度不健全，或者各级管理者的管理能力和责任心不强，这些都可能对项目质量造成损害。

④环境风险。环境风险包括项目实施的社会环境和项目实施现场的工作环境可能对项目质量造成的不利影响。

从风险损失责任承担的角度,项目质量风险可以分为:

①业主方的风险。项目决策的失误,设计、施工、监理单位选择错误,向设计、施工单位提供的基础资料不准确,项目实施过程中对项目参与各方的关系协调不当,对项目的竣工验收有疏忽等,由此对项目质量造成的不利影响都是业主方的风险。

②勘察、设计方的风险。水文地质勘察的疏漏、设计的错误,造成项目的结构安全和主要使用功能方面不满足要求,是勘察、设计方的风险。

③施工方的风险。在项目实施过程中,由于施工方管理松懈、混乱,施工技术错误,或者材料、机械使用不当,导致发生安全、质量事故是施工方的风险。

④监理方的风险。在项目实施过程中,由于监理方没有依法履行在工程质量和安全方面的监理责任,因而留下质量隐患,或发生安全、质量事故是监理方的风险。

2.质量风险控制

项目质量风险控制需要项目的建设单位、设计单位、施工单位和监理单位共同参与。这些单位质量风险控制的主要工作内容如下:

(1)建设单位质量风险控制

①确定工程项目质量风险控制方针、目标和策略;根据相关法律法规和工程合同的约定,明确项目参与各方的质量风险控制职责。

②对项目实施过程中业主方的质量风险进行识别、评估,确定相应的应对策略,制订风险控制计划和工作实施办法,明确项目机构各部门质量风险控制职责,落实风险控制的具体责任。

③在工程项目实施期间,对工程项目质量风险控制实施动态管理,通过合同约束,对参建单位质量风险管理工作进行督导、检查和考核。

(2)设计单位质量风险控制

①设计阶段,做好方案比选工作,选择最优设计方案,有效降低工程项目实施期间和运营期间的质量风险。

②将施工图审查工作纳入风险管理体系,保证其公正独立性,摆脱业主方、设计方和施工方的干扰,提高设计产品的质量。

③项目开工前,由建设单位组织设计、施工、监理单位进行设计交底,对明确存在重大质量风险源的关键部位或工序,提出风险控制要求或工作建议,并对参建方的疑问进行解答、说明。

④工程实施中,及时处理新发现的不良地质条件等潜在风险因素或风险事件,必要时进行重新验算或变更设计。

(3)施工单位质量风险控制

①制订施工阶段质量风险控制计划和工作实施细则,并严格贯彻执行。

②开展与工程质量相关的施工环境、社会环境风险调查,按承包合同约定办理施工质量保险。

③严格进行施工图审查和现场地质核对,结合设计交底及质量风险控制要求,编制高风险分部分项工程专项施工方案,并按规定进行论证审批后实施。

④按照现场施工特点和实际需要,对施工人员进行针对性的岗前质量风险教育培训,关键项目的质量管理人员、技术人员及特殊作业人员,必须持证上岗。

⑤加强对建筑构件、材料的质量控制,优选构件、材料的合格分供方,构件、材料进场要进行质量复验,确保不将不合格的构件、材料用到项目上。

⑥在项目施工过程中,对质量风险进行实时跟踪监控,预测风险变化趋势,对新发现的风险事件和潜在的风险因素提出预警,并及时进行风险识别评估,制定相应对策。

(4)监理单位质量风险控制

①编制质量风险管理监理实施细则,并贯彻执行。

②组织并参与质量风险源调查与识别、风险分析与评估等工作。

③对施工单位上报的专项方案进行审核,重点审查风险控制对策中的保障措施。

④对施工现场各种资源配置情况、各风险要素发展变化情况进行跟踪检查,尤其是对专项方案中的质量风险防范措施落实情况进行检查确认,发现问题及时处理。

⑤对关键部位、关键工序的施工质量派专人进行旁站监理;对重要的建筑构件、材料进行平行检验。

7.5.2 施工质量控制的基本要求、依据和基本环节

建筑工程项目质量控制有两方面的含义:一是建筑工程项目施工单位的施工质量控制,包括总承包、分包单位、综合的和专业的施工质量控制;二是指广义的施工阶段项目质量控制,即除了施工单位的施工质量控制外,还包括业主、设计单位、监理单位以及政府质量监督机构。因此,从建筑工程项目管理的角度,应全面理解施工质量控制的内涵,掌握建筑工程项目施工阶段质量控制目标、依据、基本环节以及施工质量计划的编制,施工生产要素,施工准备工作和施工作业过程的质量控制方法。

1.施工质量控制的基本要求

工程项目施工是实现项目设计意图形成工程实体的阶段,是最终形成项目质量和实现项目使用价值的阶段。项目施工质量控制是整个工程项目质量控制的关键和重点。

施工质量要达到的基本要求是:通过施工形成的项目工程实体质量经检查验收合格。

2.施工质量控制的依据

(1)共同性依据

适用于施工质量管理有关的、通用的、具有普遍指导意义和必须遵守的基本法规。主要包括:国家和政府有关部门颁布的与工程质量管理有关的法律法规性文件,如《建筑法》《招标投标法》和《建设工程质量管理条例》等。

(2)专业技术性依据

专业技术性指针对不同的行业、不同质量控制对象制定的专业技术规范文件。包括规范、规程、标准和规定等,如工程建设项目质量检验评定标准,有关建筑材料、半成品和构配件质量方面的专门技术法规性文件,有关材料验收、包装和标志等方面的技术标准和规定,施工工艺质量等方面的技术性法规性文件,有关新工艺、新技术、新材料、新设备的质量规定和鉴定意见等。

(3)项目专用性依据

项目专用性依据指本项目的工程建设合同、勘察设计文件、设计交底及图纸会审记录、设计修改和技术变更通知,以及相关会议记录和工程联系单等。

3.施工质量控制的基本环节

施工质量控制应贯彻全面、全员、全过程质量管理的思想,运用动态控制原理,进行质量的事前预控、事中控制和事后控制。

（1）事前控制

事前控制即在正式施工前进行的事前主动质量控制,包括以下内容:

①审查承包商及分包商的技术资质。

②协助承包商完善现场质量管理制度,包括现场会议制度、现场质量检验制度、质量统计报表制度和质量事故报告及处理制度等。

③督促承包商完善现场质量管理制度,包括现场会议制度、现场质量检验制度、质量统计报表制度和质量事故报告及处理制度等。

④与当地质量监察站联系,争取其配合与支持。

⑤组织设计交底和图纸会审,对有的工程部位应下达质量要求标准。

⑥审查承包商提交的施工组织设计,保证工程质量具有可靠的技术措施。

⑦对工程需要的原材料、构配件的质量进行检查与控制。

⑧对永久性生产设备或装置,应按审批同意的设计图纸组织采购或订货,到场后进行检查验收。

⑨对施工场地进行检查验收。

⑩把好开工关。对现场各项准备工作检查合格后,方可发开工令,停工的工程,未发复工令不得复工。

（2）事中控制

事中控制即在施工质量形成过程中,对影响施工质量的各种因素进行全面的动态控制,也称为作业活动过程质量控制。包括以下内容:

①督促承包商完善工序控制。工程质量是在工序中生产的,工序控制对工程质量起着决定性的作用。

②严格工序交接检查。主要工作包括隐蔽作业需按有关验收规定经检查验收后,方可进行下一道工序的施工。

③重要的工程部位或专业工程(混凝土工程)要做实验或技术复核。

④审查质量事故处理方案,并对处理效果进行检查。

⑤对完成的分部分项工程,按相应的质量评定标准和办法进行检查验收。

⑥审核设计变更和图纸修改。

⑦按合同行使质量监督权和质量否定权。

⑧组织定期或不定期的质量现场会议,及时分析、通报工程质量状况。

（3）事后控制

事后控制也称为事后质量把关,以使不合格的工序或最终产品(包括单位工程或整个工程项目)不流入下道工序、不进入市场。

①审核承包商提供的质量检验报告及有关技术性文件。

②审核承包商提供的竣工图。

③按规定的质量评定标准和办法进行检查验收。

④组织项目竣工总验收。

⑤整理有关工程项目质量的技术文件,并编目、建档。

以上三个环节共同构成有机的系统过程,实际上也是质量管理PDCA循环的具体化,在每一次滚动循环中不断提高,达到质量管理和质量控制的持续改进。

7.5.3 施工质量计划 ///

按照《质量管理体系 基础和术语》(GB/T 19000—2016/ISO 9000:2015),质量计划是质量管理体系文件的组成内容。在合同环境下,质量计划是企业向顾客表明质量管理方针、目标及其具体实现的方法、手段和措施的文件,体现企业对质量责任的承诺和实施的具体步骤。

1. 施工质量计划的形式和基本内容

(1)施工质量计划的形式

目前,我国除了已经建立质量管理体系的施工企业直接采用施工质量计划的形式外,通常还采用在工程项目施工组织设计或施工项目管理实施规划中包含质量计划内容的形式,因此,现行的施工质量计划有三种形式:

①工程项目施工质量计划。

②工程项目施工组织计划(含施工质量计划)。

③施工项目管理实施规划(含施工质量计划)。

施工组织设计或施工项目管理实施规划之所以能发挥施工质量计划的作用,是因为根据建筑生产的技术经济特点,每个工程项目都需要进行施工生产过程的组织和计划,包含施工质量、进度、成本、安全等目标的设定,实现目标的计划和控制措施的安排等。因此,施工质量计划所要求的内容,理所当然地被包含于施工组织设计或项目管理实施规划中,而且能够充分体现施工项目管理目标(质量、工期、成本、安全)的关联性、制约性和整体性,这也和全面质量管理的思想方法相一致。

(2)施工质量计划的基本内容

在已经建立的质量管理体系的情况下,质量计划的内容必须全面体现和落实企业质量管理体系文件的要求,编制程序、内容和编制依据符合有关规定,同时结合本工程的特点,在质量计划中编写专项管理要求。施工计划的基本内容一般应包括:

①工程特点及施工条件(合同条件、法规条件和现场条件等)分析。

②质量总体目标及分解目标。

③质量管理组织机构和职责,人员及资源配置计划。

④确定施工工艺与操作方法的技术方案和施工组织方案。

⑤施工材料、设备等物资的质量管理及控制措施。

⑥施工质量检验、检测、试验工作的计划安排及其实施方法与检测标准。

⑦施工质量控制点及其跟踪控制的方式与要求。

⑧质量记录的要求等。

2. 施工质量计划的编制和审批

建筑工程项目施工任务的组织,无论业主方采用平行发包还是总分包方式,都将设计多方参与主体的质量责任。也就是说建筑产品的直接生产过程,是在协同方式下进行的,因此,在工程项目质量控制系统中,要按照谁实施、谁负责的原则,明确施工质量控制的主体构成及各自的控制范围。

(1)施工质量计划的编制主体

①施工质量计划应由自控主体向施工承包企业进行编制。

②施工总承包方有责任对各分包方施工质量计划的编制进行指导和审核,并承担相应施工质量的连带责任。

(2)施工质量计划涵盖的范围

按整个工程项目质量控制的要求,应与建筑安装工程施工任务的实施范围相一致;对具体施工任务承包单位而言,应能满足其履行工程承包合同质量责任的要求。

(3)施工质量计划的审批

施工单位的项目施工质量计划或施工组织设计文件编成后,应按照工程施工管理程序进行审批,包括施工企业内部的审批和项目监理机构的审查。

①企业内部的审批

施工单位的项目施工质量计划或施工组织设计的编制与内部审批,应根据企业质量管理程序性文件规定的权限和流程进行。通常是由项目经理部主持编制,报企业组织管理层批准,是施工企业自主技术决策和管理决策的过程,也是发挥企业职能部门与施工项目管理团队的智慧和经验的过程。

②项目监理机构的审查

实施工程监理的施工项目,按照《建设工程监理规范》(GB/T 50319—2013)的规定,施工承包单位必须在工程开工前填写施工组织设计/(专项)施工方案报审表并附施工组织设计(含施工质量计划),报送项目监理机构审查。项目监理机构应审查施工单位报审的施工组织设计,符合要求时,应由总监理工程师签字后报建设单位。施工组织设计需要调整时,按程序重新审查。

③审批关系的处理原则

• 充分发挥质量自控主体和监控主体的共同作用;施工企业内部的审批首先应从履行工程承包合同的角度,审查实现合同质量目标的合理性和可行性。

• 施工质量计划在审批过程中,对监理工程师审查所提出的建议、希望、要求等意见是否采纳以及采纳的程度,应由负责质量计划编制的施工单位自主决策。

• 在实施过程中如因条件变化需要对某些重要决定进行修改时,其修改内容仍应按照相应程序经过审批后执行。

7.5.4 施工生产要素的质量控制 //

施工生产要素是施工质量形成的物质基础,包括五大因素:人、材料、机械、方法、环境,简称4M1E质量因素,具体构成如下:

1. 施工人员的质量控制

参与工程施工各类人员的施工技能、文化素养、生理体能、心理行为等方面的个体素质,以及经过合理组织和激励发挥个体潜能综合形成的群体素质;人的管理内容包括:组织机构的整体素质和每一个个体的知识、能力、生理条件、心理状态、质量意识、行为表现、组织纪律、职业道德等,做到合理用人,发挥团队精神,调动人的积极性。

2. 材料设备的质量控制

材料设备的质量控制是指对原材料、成品、半成品及构配件进行质量控制,主要是严格检查验收,正确合理地使用,建立管理台账。

3.工艺方案的质量控制

(1)深入正确地分析工程特征、技术关键及环境条件等资料,明确质量目标、验收标准、控制的重难点。

(2)制订合理有效的有针对性的施工技术方案和组织方案,前者包括施工工艺、施工方法,后者包括施工区段划分、施工流向及劳动组织等。

(3)合理选用施工机械设备和设置施工临时设施,合理布置施工总平面图和各阶段施工平面图。

(4)选用和设计保证质量和安全的模具、脚手架等施工设备。

(5)编制工程所采用的新材料、新技术、新工艺的专项技术方案和质量管理方案。

(6)针对工程具体情况,分析气象、地质等环境因素对施工的影响,制定应对措施。

4.施工机械的质量控制

(1)对施工所用的机械设备,从设备选型、主要性能参数及使用操作要求等方面加以控制。

(2)模板、脚手架等施工设施,除按适用的标准定性选用外,一般需按设计及施工要求进行专项设计,对其设计方案及制作质量的控制及验收应作为重点进行控制。

(3)对工程所用的施工机械、模板、脚手架,特别是危险性较大的现场安装的起重机械设备,不仅要对其设计安装方案进行审批,而且安装完毕交付使用前必须经过专业管理部门的验收,合格后方可使用。

5.施工环境因素的控制

主要采取预测预防的控制方法:

(1)对施工现场自然环境因素的控制;主要是掌握施工现场水文、地质和气象资料信息,以便在制订施工方案、施工计划和措施时,能够从自然环境的特点和规律出发,建立地基和基础施工对策,防止地下水、地面水对施工的影响,保证周围建筑物及地下管线的安全;从实际条件出发做好冬雨季施工项目的安排和防范措施;加强环境保护和建设公害的治理。

(2)对施工质量管理环境因素的控制。

(3)对施工作业环境因素的控制。

7.5.5 施工准备的质量控制

1.施工技术准备工作的质量控制

施工技术准备是指在正式开展施工作业活动前进行的技术准备工作。这类工作内容繁多,主要在室内进行,如果施工准备工作出错,必然影响施工进度和作业质量,甚至直接导致质量事故的发生。

技术准备工作的质量控制,包括对上述技术准备工作成果的复核审查,检查这些成果是否符合设计图纸和施工技术标准的要求;依据经过审批的质量计划审查、完善施工质量控制措施;针对质量控制点,明确质量控制的重点对象和控制方法;尽可能地提高上述工作成果对施工质量的保证程度等。

2.现场施工准备工作的质量控制

(1)计量控制

计量控制是施工质量控制的一项重要基础工作。施工过程中的计量,包括施工生产时的投料计量、施工测量、监测计量以及对项目、产品或过程的测试、检验、分析计量等。开工前要建立和完善施工现场计量管理的规章制度;明确计量控制责任者和配置必要的计量人员;严格按规定对计量器具进行维修和校验;统一计量单位,组织量值传递,保证量值统一,从而保证施工过程中计量的准确。

(2)测量控制

工程测量放线是建筑工程产品由设计转化为实物的第一步。施工测量质量的好坏,直接决定工程的定位和标高是否正确,并且制约施工过程有关工序的质量。因此,施工单位在开工前应编制测量控制方案,经项目技术负责人批准后实施。要对建设单位提供的原始坐标点、基准线和水准点等测量控制点进行复核,并将复核结果上报监理工程师审核,批准后施工单位才能建立施工测量控制网,进行工程定位和标高基准的控制。

(3)施工平面图控制

建设单位应按照合同约定并充分考虑施工的实际需要,事先划定并提供施工用地和现场临时设施用地的范围,协调平衡和审查批准各施工单位的施工平面设计。

3. 工程质量检查验收的项目划分

一个建筑工程项目从施工准备开始到竣工交付使用,要经过若干个工序、工种的配合施工。施工质量的好坏,取决于各个施工工序、工种的管理水平和操作质量。因此,为了便于控制、检查、评定和监督每个工序和工种的工作质量,就要把整个项目逐级划分为若干个子项目,并分级进行编号,在施工过程中据此来进行质量控制和检查验收。

根据《建筑工程施工质量验收统一标准》(GB 50300—2013)的规定,建筑工程质量验收应逐级划分为单位(子单位)工程、分部(子分部)工程、分项工程和检验批。

(1)单位工程的划分应按下列原则确定:

①具备独立施工条件并能形成独立使用功能的建筑物及构筑物为一个单位工程。

②建筑规模较大的单位工程,可将其能形成独立使用功能的部分划分为一个子单位工程。

(2)分部工程的划分应按下列原则确定:

①分部工程的划分应按专业性质、建筑部位确定,例如,一般的建筑工程可划分为地基与基础、主体结构、建筑装饰装修、建筑屋面、建筑给水排水采暖、建筑电气、智能建筑、通风与空调、电梯等分部工程。

②当分部工程较大或较复杂时,可按材料种类、施工程序、专业系统及类别等划分为若干子分部工程。

(3)分项工程应按主要工种、材料、施工工艺、设备类别等进行划分。

(4)分项工程可由一个或若干个检验批组成,检验批可根据施工及质量控制和专业验收需要按楼层、施工段、变形缝等进行划分。

(5)室外工程可根据专业类别和工程规模划分单位(子单位)工程。一般室外单位工程可划分为室外建筑环境工程和室外安装工程。

7.5.6 施工过程的质量控制

现场施工过程的质量控制,是保证工程项目质量的关键。即使拥有一流的技术人员,先进的管理模式以及详尽的质量策划,但如果忽视了对现场施工过程的质量控制,那么工程项目的质量肯定得不到保证。

1. 技术交底

单位工程开工前,应按照工程重要程度,由企业或项目技术负责人组织全面的技术交底。工程复杂,工期长的工程可按基础、结构、装修几个阶段分别组织技术交底。各分项工程施工前,应由项目技术负责人向参加该项目施工的所有班组和配合工种进行交底。

交底内容包括图纸交底、施工组织设计交底、分项工程技术交底和安全交底等。通过交底明确对轴线、尺寸、标高、预留孔、预埋件、材料规格及配合比等要求,明确工序搭接、工种配合、施工方法、进度等工作安排,明确质量、安全、节约措施。交底的形式除书面交底、口头交底外,必要时可采用样板、示范操作等。

2. 测量控制

(1)复核给定的原始基准点、基准线和参考标高等的测量控制点,经审核批准后,才能据此进行准确的测量放线。

(2)施工测量控制网的复测。准确测定与保护好地平面控制网和主轴线的桩位,是整个场地内建筑物、构筑物定位的依据,是保证整个施工测量精度和顺利进行施工的基础。

(3)施工测量复核

①建筑定位测量复核。建筑定位就是把房屋外廓的轴线交点标定到地面上,然后根据这些交点测设房屋的细部。

②基础施工测量复核。基础施工测量的复核包括基础开挖前,对所放灰线的复核,以及当基槽挖到一定深度后,在槽壁上所设的水平桩的复核。

③砌体砌筑测量复核。当基础与墙体用砌块砌筑时,为控制基础及墙体标高,要设置皮数杆。

④楼层轴线检测。在多层建筑墙身砌筑过程中,为保证建筑物轴线位置准确,在每层楼板中心线均测设长线 1～2 条,短线 2～3 条。轴线经校核合格后方可开始该层的施工。

⑤楼层间高层传递检测。多层建筑施工中,要由下层楼板向上层楼板传递标高,以便使楼板、门窗、室内装修等工程的标高符合设计要求。标高经校核合格后,方可施工。

⑥高层建筑测量复核。高层建筑的场地控制测量基础以上的平面与高程控制与一般民用建筑测量相同,应特别重视建筑物垂直度及施工过程中沉降变形的检测。对高层建筑垂直度的偏差必须严格控制,不得超过规定的要求。高层建筑施工中,需要定期进行沉降变形观测,以便及时发现问题,采取相应措施,确保建筑物安全使用。

3. 材料质量控制

(1)建立材料管理制度,减少材料损失、变质。对材料的采购、加工、运输、贮存建立管理制度,可加快材料的周转,减少材料占用量,避免材料损失、变质,按质、按量、按期满足工程的需要。

(2)对原材料、半成品、构配件进行标识。进入施工现场的原材料、半成品、构配件要按型号、品种,分区堆放,并予以标识;对有防潮要求的材料,要有防雨防潮措施,并标识;对容易损坏的材料、设备要做好防护;对有保质期要求的材料,要定期检查,以防过期,并标识。标识要具有可追溯性,要标明其规格、产地、日期、批号、加工过程、安装交付后的分布和场所。

(3)加强材料检查验收。用于工程的主要材料,进场时应有出厂合格证和材质化验单,凡标志不清或认为质量有问题的材料,需要进行追踪检验,以确保质量;凡未经检验和已经验证的不合格的原材料、半成品、构配件和工程设备不得投入使用。

(4)发包人提供的这些原材料、半成品、构配件和设备用于工程时,项目组织应对其进行专门的标识,接受时进行验证,贮存或使用时给予保护和维护,并正确使用。上述材料不合格不得用于工程。

(5)材料质量抽样和检验方法。材料质量抽样应按规定的部位、数量及采用的操作进行。材料质量的检验项目分为一般项目和其他项目。一般项目即通常进行的项目,其他项目是根据需要进行的试验项目。材料质量检验方法有书面检验、外观检验、理化检验和无损检验等。

4. 施工机械设备选用的质量控制

(1)施工机械设备的选用对保证工程质量有重要作用。如土方压实:对黏性土,小面积采用夯实机械,大面积则需要采用碾压机械;对砂性土,则应选用振动压实机械或夯实机械;如预应力混凝土施工中预应力张拉设备,应根据锚具的形式选用不同形式的张拉设备,其千斤顶的张拉力必须大于张拉程序中所需的最大张拉值,且千斤顶和油表一定要定期配套校正,才能保证张拉质量。

(2)机械设备的主要性能参数是选择机械设备的依据。如选择打桩设备时,要根据土质、桩的种类、施工条件等确定锤的类型,同时为保证打桩质量应采用的"重锤低击"锤的质量要大于桩的质量,或当桩的质量大于 2 t 时,锤的质量不能小于桩的质量的 75%。

(3)合理使用机械设备,正确地进行操作,是保证施工项目质量的重要环节。操作人员必须认真执行各项规章制度,严格遵守操作规程,防止出现质量安全事故。

5. 工序的质量控制

工序质量是指工序的成果符合设计、工艺(技术标准)要求的程序。人、材料、机械、方法、环境五种因素对工程质量有不同程度的直接影响。

工序质量控制是为把工序质量的波动限制在要求的界限内进行的质量控制活动,工序质量控制的最终目的是要保证稳定地生产合格产品。具体地说工序质量控制是使工序质量的波动处于允许的范围之内,一旦超出允许范围,立即对影响工序质量波动的因素进行分析,针对问题采取必要的组织措施和技术措施,对工序进行有效控制,使波动控制在允许范围内。工序质量控制的实质是对工序因素的控制,特别是对主导因素的控制。所以,工序质量控制的核心是管理因素,而不是管理结果。

进行工序质量控制,应着重于四个方面的工作:严格遵守工艺规程、主动控制工序活动条件的质量、及时检验工序活动效果的质量、设置工序质量控制点。具体步骤如下:

(1)采用相应的检测工具和手段,对抽出的工序进行实测,并取得质量数据。

(2)分析检验所得数据,找出其规律。

(3)根据分析结果,对整道工序质量做出推测性判断,确定该道工序质量水平。

工序质量控制的工作方法是:

①主动控制工序作业条件,变事后检查为事前控制。对影响工序质量的诸多因素,如材料、施工工艺、环境、操作者和施工机械等预先进行分析,找出主要影响因素,严加控制,从而防止工序质量问题出现。

②动态控制工序质量,变事后检查为事中控制。及时检验工序质量,利用数理统计方法

分析工序所处状态,并使工序处于稳定状态中;如果工序处于异常状态,则应停工。经分析原因,并采取措施消除异常状态后,方可继续施工。

6. 质量控制点的设置与管理

质量控制点一般指对工程的性能、安全、寿命、可靠性等有严重影响的关键部位或对下道工序有严重影响的关键工序。在施工项目中,存在一些特殊过程,这些施工过程或工序施工质量不易或不能通过其后的检验和试验而得到充分的验证,或者万一发生质量事故则难以挽救。

设置质量控制点就是要根据工程项目的特点,抓住影响工序施工质量的主要因素。这些点的质量得到了有效控制,工程质量就有了保证。质量控制点分为 A、B、C 三级,A 级为最重点的质量控制点,由施工项目部、施工单位、业主或监理工程师三方检查确定,B 级为重点质量控制点,由施工项目部、监理工程师两方检查确认,C 级为一般质量控制点,由施工项目部检查确认,有质量检查记录要求的应加 R,如 AR/BR/CR 级。

(1)质量控制点的设置原则

①对工程质量形成过程的各个工序进行全面分析,凡对工程的适用性、安全性、可靠性、经济性有直接影响的关键部位设立控制点,如高层建筑垂直度、预应力张拉、楼面标高控制等。

②对下道工序有较大影响的上道工序设立控制点,如砖墙黏结率、墙体混凝土浇捣等。

③对质量不稳定,经常容易出现不良品的工序设立控制点,如阳台地坪、门窗装饰等。

④对用户反馈和过去有过返工的不良工序设立控制点,如屋面、油毡铺设等。

(2)质量控制点的管理

为了保证质量控制点的目标实现,要建立三级检查制度,即操作人员每日自检一次,组员之间或班长、班组质量负责人与组员之间进行互检;质量员进行专检;上级部门进行抽查。

在操作人员上岗前,施工员、技术员做好交底及记录,在明确工艺要求、质量要求、操作要求的基础上才能上岗。施工中发现问题,及时向技术人员反映,由有关人员指导后,操作人员方可继续施工。

在施工中,如果发现质量控制点有异常情况,应立即停止施工,召开分析会,找出产生异常的主要原因,并用对策表写出对策。如果是因为技术要求不当而出现异常,必须重新修订标准,在明确操作要求和掌握新标准的基础上,再继续进行施工,同时应加强自检、互检的频率。

7. 施工项目质量的预控

施工项目质量预控,是事先对要进行施工的项目,分析在施工中可能或容易出现的质量问题,从而提出相应的对策,采取预控的措施,从而达到控制的目的。如钢筋焊接质量预控可能出现的质量问题有:焊接接头偏心弯折;焊条规格长度不符合要求;焊缝长、宽、厚度不符合要求。对钢筋焊接采用的质量预控措施有:检查焊工有无合格证,禁止无证上岗,焊工正式施焊前,必须按规定进行焊接工艺试验;每批钢筋焊接完成后,应进行自检,并按规定取样进行机械性能试验,专职检查人员还需在自检的基础上对焊接质量进行抽查,对质量有怀疑时,应抽样复查其机械性能;采用气压焊时,缺乏经验的焊工应先进行培训;检查焊缝质量时,应同时检查焊条型号。

8.施工项目现场质量检查

(1)现场质量检查的内容

①工程施工预检。它是指分部分项工程施工前应进行的预先检查和复核,未经预检或预检不合格,不得进行施工。预检的内容包括:建筑工程位置主要检查标准轴线和水平桩,并进行定轴线复测等;基础工程主要检查轴线、标高、预留孔洞和预埋件的位置,以及桩基础的桩位等;钢筋混凝土工程主要检查模板尺寸、标高、支撑和预留孔,钢筋型号、规格、数量、锚固长度和保护层,以及混凝土配合比、外加剂和养护条件等;砌筑工程主要检查墙身轴线、楼层标高、砂浆配合比和预留孔洞位置尺寸等;主要管线主要检查标高、位置和坡度等;预制构件安装主要检查吊装准线、构件型号、编号、支承长度和标高等;电气工程主要检查变电和配电位置,高低压进出口方向,电缆沟位置、标高和送电方向等内容。

②施工操作质量的巡视检查。若施工操作不符合操作规程,最终将导致产品质量问题。在施工过程中,各级质量负责人必须经常进行巡视检查,对违章操作,不符合规程要求的施工操作,应及时予以纠正。

③工序质量交接检查。工序质量交接检查是保证施工质量的重要环节,每一工序完成之后,都必须经过自检和互检合格,办理工序质量交接交叉手续后,方可进行下道工序施工。如果上道工序不合格,则必须返工。待检测合格后,方能继续下道工序施工。

④隐蔽工程检查验收。施工中坚持隐蔽工程不经检查验收就不准掩盖的原则,认真进行隐蔽工程检查验收。对检查时发现的问题,及时认真处理,并经复核确认达到质量要求后,办理验收手续,方可继续进行施工。

⑤分部分项工程质量检查。每一分部分项工程施工完毕,都必须进行分部分项工程质量检查,并填写质量检查评定表,确信其达到相应质量要求,方可继续施工。

⑥停工后复工前的检查。因处理质量问题或某种原因停工后需复工时,亦应经检查认可后方能复工。

⑦成品保护检查。检查成品有无保护措施,或保护措施是否可靠。

(2)现场质量检查的方法

现场质量检查的方法有目测法、实测法和试验法三种。

①目测法。其手段可归纳为看、摸、敲、照四个字。看,就是根据质量标准进行外观目测,如饰面表面光洁平整、观感、线条的顺直等以及施工顺序是否合理、施工操作是否正确等可通过目测检查、评价;摸,就是手感检查,主要用于装饰工程的某些检查项目,如饰面的牢固程度、光滑度可通过手感加以鉴别;敲,就是运用工具进行音感检查,如各种面砖、大理石贴面等,均应通过敲击检查,通过声音的虚实确定有无空鼓;照,就是对于难以看到或光线比较暗的部位,可以采用镜子反射或灯光照射的方法进行检查。

②实测法。就是通过实测数据与施工规范及质量标准所规定的允许偏差对照来判断施工质量是否合格。其手段也可归纳为靠、吊、量、套四个字。靠,就是用直尺、塞尺检查墙面、地面、屋面的平整度;吊,就是用托线板配合吊垂线检查构件的垂直度;量,就是用测量工具和计量仪器检查构件位置、湿度、温度等的偏差;套,就是以方尺套方,辅以塞尺检查,如对阴阳角的方正、踢脚线的垂直度等项目的检查。

③试验法。试验法必须通过现场试验或试验室试验等手段得到数据,才能对质量进行判断的检查方法,包括理化试验和无损测试或检验两种。

工程中常用的理化试验包括各种物理、力学性能方面的检验和化学成分及含量的测定。力学性能的检验有抗拉强度、抗压强度、抗弯强度、抗折强度、冲击韧性、硬度、承载力等。各种物理性能方面的测定包括密度、含水量、黏结时间、安定性、抗渗、耐磨、耐热等;各种化学方面的试验有钢筋中的磷、硫含量,混凝土骨料中活性氧化硅的成分测定,以及耐酸、耐碱、抗腐蚀等。此外,还可以在现场通过诸如对桩或地基的现场静载试验确定其承载力,对混凝土现场取样,通过抗压强度试验确定混凝土达到的强度等级,通过管道压水试验判断其耐压及渗漏等情况。

无损测试或检验是借助专门的仪器、仪表等,在不损伤被测物的情况下探测结构物或材料、设备内部的组织结构或损失状态。常用的检测仪器有超声波探伤仪、磁粉探伤仪、射线探伤仪、渗透液探伤仪等。

9. 成品保护

在工程项目施工中,特别是装饰工程阶段,某些部位已完成,而其他部位还正在施工,如果对已完成部位或成品不采取妥善的措施加以保护,就会造成损伤,影响工程质量,造成人、财、物的浪费和拖延工期,更为严重的是有些损伤难以恢复原状,而成为永久性的缺陷。

加强成品保护,要从两个方面着手,首先应加强教育,提高全体员工的成品保护意识;其次要合理安排施工顺序,采取有效的保护措施。成品保护的措施包括:

①护。护就是提前保护,防止对成品的污染及损伤。如外檐水刷石大角或柱子要立板固定保护,为了防止清水墙面污染,在相应部位提前钉上塑料布或纸板。

②包。包就是进行包裹,防止对成品的污染及损伤。如喷浆前对电气开关、插座、灯具等设备进行包裹;铝合金门窗应用塑料布包扎。

③盖。盖就是表面覆盖,防止堵塞、损伤。如高级水磨石地面或大理石地面完成后,应用苦布覆盖;落水口、排水管安好后加以覆盖,以防堵塞。

④封。封就是局部封闭,如室内塑料墙纸、木地板油漆完成后,应立即锁门封闭,屋面防水完成后,应封闭通向屋面的楼梯口或出入口。

7.6 项目施工质量验收

项目施工质量验收包括施工过程的质量验收和竣工质量验收两个部分。

7.6.1 施工过程的质量验收

检验批和分项工程是质量验收的基本单元;分部工程是在所含全部分项工程验收的基础上进行验收的,在施工过程中随完工随验收,并留下完整的质量验收记录和资料;单位工程作为具有独立使用功能的完整的建筑产品,进行竣工质量验收。

施工过程的质量验收有以下验收环节,通过验收后留下完整的质量验收记录和资料,为工程项目竣工质量验收提供依据:

1. 检验批质量验收

检验批是指按同一的生产条件或按规定的方式汇总起来供检验用的,由一定数量样本组成的检验体。检验批是工程验收的最小单位,是分项工程乃至整个建筑工程质量验收的基础。

(1)检验批应由监理工程师(建设单位项目技术负责人)组织施工单位项目专业质量(技术)负责人等进行验收。

(2)检验批合格质量应符合下列规定：

①可控项目和一般项目的质量经抽样检验合格。

②具有完整的施工操作依据、质量检查记录。

2. 分项工程质量验收

分项工程质量验收是在检验批验收的基础上进行的,一般情况下,两者具有相同或相近的性质,只是批量的大小不同而已。分项工程可由一个或若干检验批组成。

分项工程质量验收合格应符合下列规定：

①分项工程所含的检验批均应符合合格质量的规定。

②分项工程所含的检验批的质量验收记录应完整。

3. 分部工程质量验收

分部工程质量验收是在其所含的分项工程验收的基础上进行的,应符合下列规定：

①所含分项工程的质量均应验收合格。

②质量控制资料应完整。

③地基与基础、主体结构和设备安装等分部工程有关安全及功能的检验和抽样检测结构应符合有关规定。

④观感质量验收应符合要求。

必须注意的是,由于分部工程所含的各分项工程性质不同,因此它并不是在所含分项验收基础上的简单相加,即所含分项验收合格且质量控制资料完整,只是分部工程质量验收的基本条件,还必须在此基础上对涉及安全、节能、环保和主要使用功能的地基与基础、主体结构和设备安装等分部工程进行见证取样试验或抽样检测;而且还需要对其观感质量进行验收,并综合给出质量评价,对于评价为"差"的检查点应通过返修处理等进行补救。

7.6.2 竣工质量验收 //

竣工质量验收是指建筑工程项目竣工后开发建设单位会同设计、施工、设备供应单位及工程质量监督部门,对该项目是否符合规划设计要求以及建筑施工和设备安装质量进行全面检验,取得竣工合格资料、数据和凭证。竣工质量验收是全面考核建设工作,检查是否符合设计要求和工程质量的重要环节,对促进项目及时投产,发挥投资效果,总结建设经验有重要作用。

1. 竣工质量验收的依据

工程项目竣工质量验收的依据有：

①国家相关法律法规和建设主管部门颁布的管理条例和办法。

②工程施工质量验收统一标准。

③专业工程施工质量验收规范。

④批准的设计文件、施工图纸及说明书。

⑤工程施工承包合同。

⑥其他相关文件。

2.竣工质量验收的要求

工程项目竣工质量应按下列要求进行验收：

①建筑工程施工质量应符合相关标准和相关专业验收规范的规定。

②建筑工程施工应符合工程勘察、设计文件的要求。

③参加工程施工质量验收的各方人员应具备相应的资格。

④工程质量的验收均应在施工单位自行检查评定的基础上进行。

⑤隐蔽工程在隐蔽前应由施工单位通知监理单位进行验收，并形成验收文件，验收合格方可继续施工。

⑥对涉及结构安全、节能、环保和使用功能的重要分部工程应在验收前进行抽样检测。

⑦检验批的质量应按主控项目和一般项目验收。

⑧承担见证取样检测及有关结构安全检测的单位应具有相应资质。

⑨工程的观感质量应由验收人员通过现场检查，并应共同确认。

3.竣工质量验收的标准

单位工程是工程项目竣工质量验收的基本对象。单位（子单位）工程质量验收合格应符合下列规定：

①单位（子单位）工程所含分部（子分部）工程的质量均应验收合格。

②质量控制资料应完整。

③单位（子单位）工程所含分部（子分部）工程有关安全和功能的检验资料应完善。

④主要功能项目的抽查结果应符合相关专业质量验收规范的规定。

⑤观感质量验收应符合要求。

4.竣工质量验收的程序

工程项目竣工质量验收，可分为竣工验收准备、竣工预验收和正式竣工验收三个环节进行。整个验收过程涉及建设单位、设计单位、监理单位及施工总分包各方的工作，必须按照工程项目质量控制系统的职能分工，以监理工程师为核心进行竣工验收的组织协调。

（1）竣工验收准备

施工单位按照合同规定的施工范围和质量标准完成施工任务后，应自行组织有关人员进行质量检查评定。自检合格后，向现场监理机构提交工程竣工预验收申请报告，要求组织工程竣工预验收。施工单位的竣工验收准备，包括工程实体的验收准备和相关工程档案资料的验收准备，使之达到竣工验收的要求，其中设备及管道安装工程等，应经过试车、试压和系统联动试运行，并有检查记录。

（2）竣工预验收

监理机构收到施工单位的工程竣工预验收申请报告后，应就验收的准备情况和验收条件进行检查，然后对工程质量进行预验收。对工程实体质量及档案资料存在的缺陷及时提出整改意见，并与施工单位协商整改方案，确定整改要求和完成时间。具备下列条件时，由施工单位向建设单位提交工程竣工验收报告，申请工程竣工验收：

①完成建设工程设计和合同约定的各项内容。

②有完整的技术档案和施工管理资料。

③有工程使用的主要建筑材料、构配件和设备的进场试验报告。

④有工程勘察、设计、施工、工程监理等单位分别签署的质量合格文件。

⑤有施工单位签署的工程保修书。

（3）正式竣工验收

建设单位收到工程竣工验收报告后，应由建设单位负责人组织施工（含分包单位）、设计、勘察、监理等单位负责人进行单位工程验收。

建设单位应组织勘察、设计、施工、监理等单位和其他方面的专家组成竣工验收小组，负责检查验收的具体工作，并制订验收方案。

建设单位应在工程竣工验收前7个工作日前将验收时间、地点、验收组名单书面通知该工程的工程质量监督机构，建设单位组织竣工验收会议。正式验收过程有以下主要内容：

①建设、勘察、设计、施工、监理单位分别汇报工程合同履约情况及工程施工各环节施工满足设计要求，质量符合法律、法规和强制性标准的情况。

②检查审核设计、勘察、施工、监理单位的工程档案资料及质量验收资料。

③实地检查工程外观质量，对工程的使用功能进行抽查。

④对工程施工质量管理各环节工作、对工作实体质量及质保资料情况进行全面评价，形成经验收组人员共同确认签署的工程竣工验收意见。

⑤竣工验收合格，建设单位应及时提出工程竣工验收报告，验收报告应附有工程施工许可证、设计文件审查意见、质量检测功能性试验资料、工程质量保修书等法规所规定的其他文件。

⑥工程质量监督机构应对工程竣工验收工作进行监督。

5.竣工验收备案

我国实行建设工程竣工验收备案制度。新建、改建和扩建的各类房屋建筑工程和市政基础设施工程的竣工验收，均应按《建设工程质量管理条例》规定进行备案。

（1）建设单位应当自建设工程竣工验收合格之日起15日内，将建设工程竣工验收报告和规划、公安消防、环保等部门出具的认可文件或准许使用文件，报建设行政主管部门或其他相关部门备案。

（2）备案部门在收到备案文件资料后的15日内，对文件资料进行审查，符合要求的工程，在验收备案表上加盖"竣工验收备案专用章"，并将一份退回建设单位存档。如果审查中发现建设单位在竣工验收过程中，有违反国家有关建设工程质量管理规定行为的，责令停止使用，重新组织竣工验收。

（3）建设单位有以下行为之一的，责令改正，处以工程合同价款百分之二以上百分之四以下的罚款，造成损失的依法承担赔偿责任：

①未组织竣工验收，擅自交付使用的。

②验收不合格，擅自交付使用的。

③对不合格的建设工程按照合格工程验收的。

6.验收不合格的处理方法

一般情况下，不合格现象在检验批的验收时就应发现并及时处理，所有质量隐患必须尽快消灭在萌芽状态，否则将影响后续检验批和相关的分项工程、分部工程的验收。非正常情况的处理分以下五种情况：

（1）经返工重做或更换仪器、设备的检验批，应重新进行验收。

（2）经有资质的检测单位检测鉴定能够达到设计要求的检验批，应予以验收。

(3)经有资质的检测单位检测鉴定达不到设计要求,但经原设计单位核算能够满足结构安全使用功能的检验批,可予以验收。

(4)经返修或加固处理的分项、分部工程,虽然改变了外形及尺寸,但仍然能满足安全使用要求,可按技术处理方案和协商文件进行验收。

(5)通过返修或加固处理仍不能满足安全使用要求的分部工程、单位(子单位)工程,严禁验收。

7.7 施工质量不合格的处理

7.7.1 工程质量问题和质量事故的分类 ///

1.工程质量问题

(1)质量不合格和质量缺陷

根据我国标准《质量管理体系 基础和术语》(GB/T 19000—2015/ISO 9000:2015)的规定,凡工程产品没有满足某个规定的要求,就称之为质量不合格,而未满足某个与预期或规定用途有关的要求,称为质量缺陷。

(2)质量问题和质量事故

凡是工程质量不合格,影响使用功能或工程结构安全,造成永久质量缺陷或存在重大质量隐患,甚至直接导致工程倒塌或人身伤亡,必须进行返修、加固或报废处理,按照由此造成直接经济损失的大小分为质量问题和质量事故。

2.工程质量事故的分类

由于影响建筑工程质量的因素众多且复杂多变,建筑工程在施工和使用过程中往往会出现各种各样的不同程度的质量问题,甚至质量事故。

(1)按造成事故损失的程度分类

根据工程质量事故造成的人员伤亡或者直接经济损失,将工程质量事故分为四个等级:

①特别重大事故,指造成 30 人以上死亡,或者 100 人以上重伤,或者 1 亿元以上直接经济损失的事故。

②重大事故,指造成 10 人以上 30 人以下死亡,或者 50 人以上 100 人以下重伤,或者 500 万元以上 1 亿元以下直接经济损失的事故。

③较大事故,指造成 3 人以上 10 人以下死亡,或者 10 人以上 50 人以下重伤,或者 1 000 万元以上 5 000 万元以下直接经济损失的事故。

④一般事故,指造成 3 人以下死亡,或者 10 人以下重伤,或者 100 万元以上 1 000 万元以下直接经济损失的事故。

(2)按事故责任分类

①指导责任事故,指由于工程实施指导或领导失误造成的质量事故。例如,由于工程负责人片面追求施工进度,放松或不按质量标准进行控制和检验,降低施工质量标准等。

②操作责任事故,指在施工过程中,由于实施操作者不按规程和标准实施操作,而造成的质量事故。例如,浇筑混凝土时随意加水,或振捣疏漏造成混凝土质量事故等。

③自然灾害事故,指由于突发的严重自然灾害等不可抗力造成的质量事故。例如,地震、台风、暴雨、雷电等对工程造成破坏甚至倒塌。这类事故虽然不是人为责任直接造成的,但灾害事故造成的损失程度也往往与人们是否在事前采取了有效的预防措施有关,相关责任人员也有可能负有一定的责任。

7.7.2　施工质量事故的预防

建立健全施工质量管理体系,加强施工质量控制,就是为了预防施工质量问题和质量事故,在保证工程质量合格的基础上,不断提高工程质量。所以,施工质量控制的所有措施和方法,都是预防施工质量事故的措施。具体来说,施工质量事故的预防,应运用风险管理的理论和方法,从寻找和分析可能导致施工质量事故发生的原因入手,抓住影响施工质量的各种因素和施工质量形成过程的各个环节,采取针对性的预防控制措施。

1. 施工质量事故发生的原因

(1)施工质量事故发生的原因大致有如下四类:

①技术原因,指引发质量事故是由于在项目勘察、设计、施工中技术上的失误。如地质勘察过于疏略,对水文地质情况判断错误,致使地基基础设计采用不正确的方案;或结构设计方案不正确,计算失误,构造设计不符合规范要求;施工管理及实际操作人员的素质差,采用了不合适的施工方法或施工工艺等。这些技术上的失误是造成质量事故的常见原因。

②管理原因,指引发的质量事故是由于管理上的不完善或失误。如施工单位或监理单位的质量管理体系不完善,质量管理措施落实不力,施工管理混乱,不遵守相关规范,违章作业,检验制度不严密,质量控制不严格,检测仪器设备管理不善而失准,以及材料质量检验不严等原因引起质量事故。

③社会、经济原因,指引发的质量事故是由于社会上存在的不正之风及经济上的原因,滋长了建设中的违法违规行为,而导致出现质量事故。例如,违反基本建设程序,无立项、无报建、无开工许可、无招投标、无资质、无监理、无验收的"七无"工程,边勘察、边设计、边施工的"三边"工程,屡见不鲜,一些重大施工质量事故可以从这个方面找到原因;某些施工企业盲目追求利润而不顾工程质量,在投标报价中随意压低标价,中标后则依靠违法的手段或修改方案追加工程款,甚至偷工减料等,这些因素都会导致发生重大工程质量事故。

④人为事故和自然灾害原因,指造成质量事故是由于人为的设备事故、安全事故,导致连带发生质量事故,以及严重的自然灾害等不可抗力造成质量事故。

2. 施工质量事故预防的具体措施

(1)严格按照基本建设程序办事

首先要做好项目可行性论证,不可未经深入的调查分析和严格论证就盲目地定案,要彻底搞清工程地质水文条件方可开工;杜绝无证设计、无图施工;禁止任意修改设计和不按图纸施工;工程竣工不进行试车运转、不经验收不得交付使用。

(2)认真做好工程地质勘察

地质勘察时要适当布置钻孔位置和设定钻孔深度。钻孔间距过大,不能全面反映地基实际情况;钻孔深度不够,难以查清地下软土层、滑坡、墓穴、孔洞等有害地质构造。地质勘察报告必须详细、准确,防止因根据不符合实际情况的地质资料而采用错误的基础方案,导致地基不均匀沉降、失稳,使上部结构及墙体开裂、破坏及倒塌。

（3）科学加固处理好地基

对软弱土、冲填土、杂填土、湿陷性黄土、膨胀土等不均匀地基要进行科学的加固处理。要根据不同地基的工程特性，按照地基处理与上部结构相结合使其共同工作的原则，从地基处理与设计措施、结构措施、防水措施、施工措施等方面综合考虑治理。

（4）进行必要的设计审查复核

要请具有合格专业资质的审图机构对施工图进行审查复核，防止因设计考虑不周、结构构造不合理、设计计算错误、沉降缝及伸缩缝不当、悬挑结构未通过抗倾覆验算等原因，导致质量事故的发生。

（5）严格把好建筑材料及制品的质量关

要从采购订货、进场验收、质量复核、存储和使用等几个环节，严格控制建筑材料及制品的质量，防止不合格或是变质、损坏的材料和制品用到工程上。

（6）对施工人员进行必要的技术培训

要通过技术培训使施工人员掌握基本的建筑结构和建筑材料知识，懂得遵守施工验收规范对保证工程质量的重要性，从而在施工中自觉遵守操作规程，不蛮干、不违章操作、不偷工减料等。

（7）依法进行施工组织管理

施工管理人员要认真学习、严格遵守国家相关政策法规和施工技术标准，依法进行施工组织管理；施工人员首先要熟悉图纸，对工程的难点和关键工序，关键部位应编制专项施工方案并严格执行；施工作业必须按照图纸和施工验收规范、操作规程进行，施工技术措施要正确，施工顺序不可搞错，脚手架和楼面不可超载堆放构件和材料等。

（8）做好应对不利施工条件和各种灾害的预案

要根据当地气象资料的分析和预测，事先针对可能出现的风、雨、高温、严寒、雷电等不利施工条件，制定相应的施工技术措施，还要对不可预见的人为事故和严重自然灾害做好应急预案，并有相应的人力、物力储备。

（9）加强施工安全与环境管理

许多施工安全和环境事故都会连带发生质量事故，加强施工安全与环境管理，也是预防施工质量事故的重要措施。

7.7.3 施工质量问题和质量事故的处理 //

1.施工质量事故的处理依据

进行施工质量事故处理的主要依据有四个方面：质量事故的实况资料；具有法律效力的，得到有关当事各方认可的工程承包合同、设计委托合同、设备与器材购销合同、监理合同及分包合同等合同文件；有关的技术文件和档案；相关的建设法规。其中，前三种是与特定的工程项目密切相关的具有特定性质的依据；第四种属法规性依据，是具有很高权威性、约束性、通用性和普遍性的依据，因而它在工程质量事故的处理事务中，也具有极其重要的、不容置疑的作用。现将这四个方面依据详细叙述如下：

（1）质量事故的实况资料

质量事故的实况资料包括质量事故发生的时间、地点；质量事故状况的描述；质量事故发展变化的情况；有关质量事故的观测记录、事故现场状态的照片或录像；事故调查组调查研究所获得的第一手资料。

（2）有关合同及合同文件

有关合同及合同文件包括工程承包合同、设计委托合同、设备与器材购销合同、监理合同及分包合同等。

（3）有关的技术文件和档案

主要是有关的设计文件（如施工物质和技术说明）、与施工有关的技术文件、档案和资料（如施工方案、施工计划、施工记录、施工日志、有关建筑材料的质量证明资料、现场制备材料的质量证明资料、质量事故发生后对事故状况的观测记录、试验记录或试验报告等）。

（4）相关的建设法规

主要有有《建筑法》《建设工程质量管理条例》和《关于做好房屋建筑和市政基础设施工程质量事故报告和调查处理工作的通知》（建质〔2010〕111号）等与工程质量及质量事故处理有关的法规，以及勘察、设计、施工、监理等单位资质管理和从业者资格管理方面的法规，建筑市场管理方面的法规，以及相关技术标准、规范、规程和管理办法等。

2. 施工质量事故处理的基本要求

①质量事故的处理应达到安全可靠、不留隐患、满足生产和使用要求、施工方便、经济合理的目的。

②消除造成事故的原因，注意综合治理，防止事故再次发生。

③正确确定技术处理的范围和正确选择处理的时间和方法。

④切实做好事故处理的检查验收工作，认真落实防范措施。

⑤确保事故处理期间的安全。

3. 施工质量缺陷处理的基本方法

（1）返修处理

当项目的某些部分的质量虽未达到规范、标准或设计规定的要求，存在一定的缺陷，但经过采取整修等措施后可以达到要求的质量标准，又不影响使用功能或外观的要求时，可采取返修处理的方法。例如，某些混凝土结构表面出现蜂窝、麻面，或者混凝土结构局部出现损伤，如结构受撞击、局部未振实、冻害、火灾、酸类腐蚀等，当这些缺陷或损伤仅仅在结构的表面或局部，不影响其使用和外观，可以进行返修处理。

（2）加固处理

加固处理主要是针对危机结构承载力的质量缺陷的处理。通过加固处理，使建筑结构恢复或提高承载力，重新满足结构安全性与可靠性的要求，使结构能继续使用或改作其他用途。对混凝土结构常用的加固方法主要有：增大截面加固法、外包角钢加固法、粘钢加固法、增设支点加固法、增设剪力墙加固法、预应力加固法等。

（3）返工处理

当工程质量缺陷经过返修、加固处理后仍不能满足规定的质量标准要求，或不具备补救可能性,则必须采取重新制作、重新施工的返工处理措施。例如,某防洪堤坝填筑压实后,其压实土的干密度未达到规定值,经核算将影响土体的稳定且不满足抗渗能力的要求,须挖除不合格土,重新填筑,重新施工;某公路桥梁工程预应力按规定张拉系数为 1.3,而实际仅为 0.8,属严重的质量缺陷,也无法修补,只能重新制作。

(4)限制使用

当工程质量缺陷按修补方法处理后无法保证达到规定的使用要求和安全要求,而又无法返工处理的情况下,不得已时可做出诸如结构卸载或减荷以及限制使用的决定。

(5)不做处理

某些工程质量问题虽然达不到规定的要求或标准,但情况不严重,对结构安全或使用功能影响很小,经过分析、论证、法定检测单位鉴定和设计单位等认可后可不作专门处理。

①不影响结构安全和使用功能的。例如,有的工业建筑物出现放线定位的偏差,且严重超过规范标准规定的,若要纠正会造成重大经济损失,但经过分析、论证其偏差不影响生产工艺和正常使用,在外观上也无明显影响,可不作处理。

②后道工序可以弥补的质量缺陷。例如,混凝土结构表面的轻微麻面,可通过后续的抹灰、刮涂、喷涂等弥补,也可不作处理。

③法定检测单位鉴定合格的。例如,某检验批混凝土试块强度值不满足规范要求,强度不足,但经法定检测单位对混凝土实体强度进行实际检测后,其实际强度达到规范允许和设计要求值时,可不作处理。

④出现的质量缺陷,经检测鉴定达不到设计要求,但经原设计单位核算,仍能满足结构安全和使用功能的。例如,某一结构构件界面尺寸不足,或材料强度不足,影响结构承载力,但按实际情况进行复核验算后仍能满足设计要求的承载力时,可不进行专门处理。这种做法实际上是挖掘设计潜力或降低设计的安全系数,应谨慎处理。

(6)报废处理

出现质量事故的项目,通过分析或实践,采取上述处理方法后仍不能满足规定的质量要求或标准,则必须予以报废处理。

7.8 数理统计方法在建筑工程项目质量管理中的应用

7.8.1 分层法

分层法又称分类法或分组法,这种方法是把收集的质量数据,按统计分析的需要,按不同目的分类整理,以便找出产生质量问题的原因,并及时采取措施加以预防。分层的结果使数据各层间的差异突出显示出来,减少了层内数据的差异。然后在此基础上进行层间、层内的比较分析,可以更深入地发现和认识出现质量问题的原因。

举例说明分层法的应用:

【例 7-1】 钢筋焊接质量的调查分析,共检查了 50 个焊接点,其中 19 个不合格,不合格率为 38%,存在严重的质量问题,试用分层法分析质量问题的原因。

解 现已查明这批钢筋的焊接是由 A、B、C 三个师傅操作的,而焊条是由甲、乙两个厂家提供的,因此,分别按操作者和供应焊条生产厂家进行分层分析,即考虑一种因素单独的影响。按操作者分层分析焊接质量见表 7-1,按供应焊条厂家分层分析焊接质量见表 7-2。

表 7-1 按操作者分层分析焊接质量

操作者	不合格	合格	不合格率(%)
A	6	13	32
B	3	9	25
C	10	9	53
合计	19	31	38

表 7-2 按供应焊条厂家分层分析焊接质量

工厂	不合格	合格	不合格率(%)
甲	9	14	39
乙	10	17	37
合计	19	31	38

从上述两个表可见,操作者 B 的质量较好,不合格率为 25%;而不论是采用甲厂还是乙厂的焊条,不合格率都很高且相差不大。为了找出问题之所在,采用综合分层法进行分析,即考虑两种因素共同影响的结果。综合分层法分析焊接质量见表 7-3。

表 7-3 综合分层法分析焊接质量

操作者	焊接质量	甲厂		乙厂		合计	
		焊接点	不合格率(%)	焊接点	不合格率(%)	焊接点	不合格率(%)
A	不合格	6	75	0	0	6	32
	合格	2		11		13	
B	不合格	0	0	3	43	3	25
	合格	5		4		9	
C	不合格	3	30	7	78	10	53
	合格	7		2		9	
合计	不合格	9	39	10	37	19	38
	合格	14		17		31	

从表 7-5 分析可知,在使用甲厂的焊条时,应采用 B 师傅的操作方法较好;使用乙厂的焊条时,采用 A 师傅的操作方法较好,这样会使合格率大大提高。

7.8.2 因果分析图法

因果分析图法又称特性要因图、鱼刺图或树枝图。任何质量问题的产生,往往是多种原因造成的,并且这些原因有大有小;如将其分别用主干、大枝、中枝和小枝图形表示出来,就可以找出关键原因,以便制定质量对策和解决问题,从而达到控制质量的目的。图 7-1 所示为某水泥地面工程质量波动因素分析图。

表 7-4 为混凝土质量问题对策计划表:

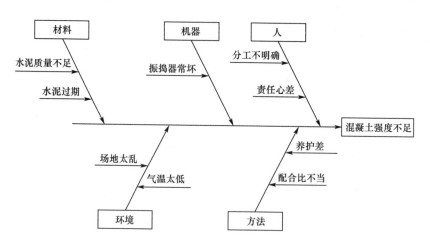

图 7-1　某水泥地面工程质量波动因素分析图

表 7-4　　　　　　　　　　　混凝土质量问题对策计划表

项目	序号	问题存在原因	采取对策	负责人	限期
人	1	基本知识差	(1)对新人进行教育培训;(2)做好技术交底工作;(3)学习操作规程及质量标准		
	2	责任心不强	(1)加强组织工作,明确分工;(2)建立工作岗位责任制,采用挂牌制		
工艺	3	配比不准	实验室重新适配		
	4	水灰比控制不严	修理水箱、计量器		
材料	5	水泥量不足	对水泥计量进行检查		
	6	砂石含泥量大	组织人清洗过筛		
机械	7	振捣器、搅拌机常坏	增加设备,及时修理		
环境	8	场地乱	清理现场		
	9	气温低	准备草袋覆盖、保温		

7.8.3　排列图法 //

排列图法又称主次因素分析图法、巴氏图或巴雷特图法,它是寻找影响质量主要因素的方法。一般由两个纵坐标、一个横坐标、几个直方块和一条曲线所组成。

排列图的作图基本步骤如下:

①收集整理数据,确定分类项目。

②统计各项目数据,如频数、计算频率和累计频率。

③根据影响因素的频率大小顺序,从左至右排列在横坐标上。

④画上矩形图。

在排列图中,矩形柱高度是表示影响因素程度的大小,高柱是影响质量的主要因素。在排列图上,通常把曲线的累计百分数分为三级,与此相对应的因素分为三类:A 类因素对应于频率 0%～80%,是影响产品质量的主要因素;B 类因素对应于频率 80%～90%,为次要因素;C类因素对应于90%以上的频率,属于一般影响因素。运用排列图便于找出主次矛盾,使错综复杂的问题一目了然,有利于采取相应对策加以改善。

排列图应用实例:

某工地现浇混凝土结构尺寸质量检查结果是:在全部检查的8个项目中不合格点(超偏差值)有165个,为改进并保证质量,应该对这些不合格点进行分析,以便找出混凝土结构尺寸质量的薄弱环节。

(1)收集整理数据。首先收集混凝土结构尺寸各项目不合格点的数据资料,见表7-5。各项目不合格点出现的次数即频数。然后对数据资料进行整理,将不合格点较少的标高、预埋设施中心位置、预留孔洞中心位置三项合并为"其他"项。按不合格点的频数由大到小顺序排列各检查项目,"其他"项排在最后,以不合格点数为总数,计算各项的频率和累计频率,结果见表7-6。

表7-5 不合格点统计表

序号	检查项目	不合格点数
1	轴线位置	6
2	垂直度	10
3	标高	1
4	截面尺寸	48
5	电梯井	18
6	表面平整度	80
7	预埋设施中心位置	1
8	预留孔洞中心位置	1

表7-6 不合格点项目频数频率统计表

序号	项目	频数	频率%	累计频率%
1	表面平整度	80	48.5	48.5
2	截面尺寸	48	29.1	77.6
3	电梯井	18	10.9	88.5
4	垂直度	10	6.1	94.6
5	轴线位置	6	3.6	98.2
6	其他	3	1.8	100.0
合计		165	100	

(2)绘制排列图:

①画横坐标。将横坐标按项目数等分,并按项目频数由大到小的顺序从左至右排列在该图中,将横坐标分为6等分。

②画纵坐标。左侧的纵坐标表示项目不合格点数即频数,右侧纵坐标表示累计频率,要求总频数对应累计频率100%,该例中165应与100%在一条水平线上。

③画频数直方形。以频数为高画出各项目的直方形。

④画累计频率曲线。从横坐标左端开始,依次连接各项目直方形右边线及所对应的累计频率值的交点,所得的曲线为累计频率曲线。

⑤记录必要的事项。如标题、收集数据的方法和时间等。图 7-2 所示为本例混凝土结构尺寸不合格点排列图。

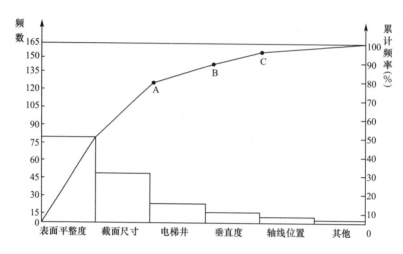

图 7-2 本例混凝土结构尺寸不合格点排列图

7.8.4 直方图法 //

直方图法又称质量分布图,矩形图或频率分布直方图。它以横坐标表示质量特征值,以纵坐标表示频数或频率。每个条形块底边长度代表产品质量特性的取值范围,高度代表落在该区段范围的产品。直方图法是根据直方图分布形状和与公差界限的距离,来观察和探索质量分布规律,分析和判断整个生产过程是否正常的数理统计方法。

利用直方图可以制定质量标准、确定公差范围,可以判断质量分布情况是否符合标准的要求。但是缺点是不能反映动态变化,而且要求收集的数据较多(通常 50~100 个),否则难以实现其规律。具体步骤如下:

(1)收集质量数据。数据的数量以 N 表示,通常 N 为 50~100。

(2)找出数据中的最大值 X_{max} 和最小值 X_{min},计算极差值 $R=X_{max}-X_{min}$。

(3)确定组数 K 和组距 h。通常数据在 50 个以内时,$K=5$~7 组;数据在 50~100 时,$K=6$~10 组;数据在 100~250 时,$K=7$~12 组;数据在 250 个以上时,$K=10$~20 组;组距 $h=R/K$。

(4)确定分组界限。第一组下界限值 $=X_{min}-h/2$,第一组的上界限值 $=X_{min}+h/2$,第一组的上界限值就是第二组下界限值,第二组下界限值加上组距 h 就是第二组的上界限值,以此类推。

（5）整理数据，做出频数表，用 f_i 表示每组的频数。

（6）绘制直方图。

（7）观察直方图形状，判断有无异常情况。

直方图应用实例

已知某工厂10组试块的50个抗压强度数据，数据整理表见表7-7，从这些数据很难直接判断其质量状况是否正常，以及其稳定程度和受控情况，如将其数据整理后绘制成直方图，就可以根据正态分布的特点进行分析判断，结果如图7-3所示。

表 7-7	数据整理表					N/mm²	
序号	抗压强度					最大值	最小值
1	39.8	37.7	33.8	31.5	36.1	39.8	31.5
2	37.2	38.0	33.1	39.0	36.0	39.0	33.1
3	35.8	35.2	31.8	37.1	34.0	37.1	31.8
4	39.9	34.3	33.2	40.4	41.2	41.2	33.2
5	39.2	35.4	34.4	38.1	40.3	40.3	34.4
6	42.3	37.5	35.5	39.3	37.3	42.3	35.5
7	35.9	42.4	41.8	36.3	36.2	42.4	35.9
8	46.2	37.6	38.3	39.7	38.0	46.2	37.6
9	36.4	38.3	43.4	38.2	38.0	43.4	36.4
10	44.4	42.0	37.9	38.4	39.5	44.4	37.9

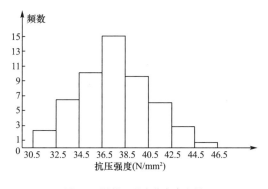

图 7-3 混凝土强度分布直方图

直方图图形分析：

直方图形象直观地反映了数据分布情况，通过对直方图的观察和分析可以看出生产是否稳定及其质量的情况。常见直方图的典型形状有以下几种，如图7-4所示。

(1)对称形(图7-4(a))：中间为峰，两侧对称分散者为对称形，这是工序稳定正常时的分布状况。

(2)孤岛形(图7-4(b))：在远离主分布中心的地方出现小的直方，形如孤岛。孤岛的存在表明生产过程中出现了异常因素，例如，原材料一时发生变化，有人代替操作，短期内工作操作不当等。

(3)双峰形(图7-4(c))：直方图呈现两个峰顶，这种情况往往是两种不同的分布混在一起的结果。例如，由两台不同的机床加工零件所造成的差异。

(4)偏向形(图7-4(d))：直方图的顶峰偏向一侧，故又称为偏坡形，它往往是因计数值或计量值只控制一侧界限或剔除了不合格数据造成的。

(5)平顶形(图7-4(e))：在直方图顶部呈平顶状态，一般是由于多个母体数据混在一起造成的，或者在生产过程中有缓慢变化的因素在起作用造成的。例如，操作者疲劳造成的直方图的平顶状。

(6)绝壁形(图7-4(f))：由于数据收集不正常，或可能有意识地去掉了下限以下的数据，或是在检测过程中存在某种人为因素造成的。

(7)锯齿形(图7-4(g))：直方图出现参差不齐的形状，即频数不是在相邻区间减少，而是隔区间减少形成锯齿状。这主要是绘制直方图时分组过多或测量仪器精度不够造成的。

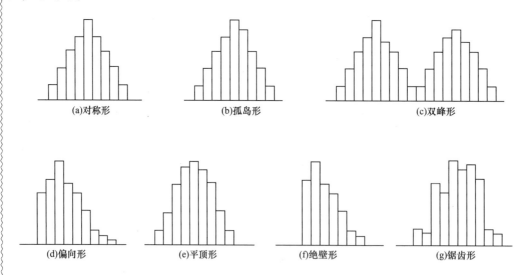

(a)对称形　　(b)孤岛形　　(c)双峰形

(d)偏向形　　(e)平顶形　　(f)绝壁形　　(g)锯齿形

图7-4　常见直方图图形

相关资料

国务院办公厅关于促进建筑业持续健康发展的意见(部分)国办发〔2017〕19号

四、加强工程质量安全管理

(五)严格落实工程质量责任。全面落实各方主体的工程质量责任,特别要强化建设单位的首要责任和勘察、设计、施工单位的主体责任。严格执行工程质量终身责任制,在建筑物明显部位设置永久性标牌,公示质量责任主体和主要责任人。对违反有关规定、造成工程质量事故的,依法给予责任单位停业整顿、降低资质等级、吊销资质证书等行政处罚并通过国家企业信用信息公示系统予以公示,给予注册执业人员暂停执业、吊销资格证书、一定时间直至终身不得进入行业等处罚。对发生工程质量事故造成损失的,要依法追究经济赔偿责任,情节严重的要追究有关单位和人员的法律责任。参与房地产开发的建筑业企业应依法合规经营,提高住宅品质。

(六)加强安全生产管理。全面落实安全生产责任,加强施工现场安全防护,特别要强化对深基坑、高支模、起重机械等危险性较大的分部分项工程的管理,以及对不良地质地区重大工程项目的风险评估或论证。推进信息技术与安全生产深度融合,加快建设建筑施工安全监管信息系统,通过信息化手段加强安全生产管理。建立健全全覆盖、多层次、经常性的安全生产培训制度,提升从业人员安全素质以及各方主体的本质安全水平。

(七)全面提高监管水平。完善工程质量安全法律法规和管理制度,健全企业负责、政府监管、社会监督的工程质量安全保障体系。强化政府对工程质量的监管,明确监管范围,落实监管责任,加大抽查抽测力度,重点加强对涉及公共安全的工程地基基础、主体结构等部位和竣工验收等环节的监督检查。加强工程质量监督队伍建设,监督机构履行职能所需经费由同级财政预算全额保障。政府可采取购买服务的方式,委托具备条件的社会力量进行工程质量监督检查。推进工程质量安全标准化管理,督促各方主体健全质量安全管控机制。强化对工程监理的监管,选择部分地区开展监理单位向政府报告质量监理情况的试点。加强工程质量检测机构管理,严厉打击出具虚假报告等行为。推动发展工程质量保险。

本章小结

工程项目质量关系到项目使用者的人身安全与财产安全,因此,工程项目质量管理是工程项目管理工作中的重点内容。通过本章的学习,了解工程项目质量的一些基本概念,建立工程项目质量全过程管理的理念,掌握项目质量管理的方法,与此同时,重视施工过程中的安全管理,在保证施工生产人员生命安全的前提下,顺利完成施工任务。

思考题

1. 简述质量及工程项目质量的概念，以及工程项目质量的特点。

2. 简述施工项目质量管理的原则。

3. 简述 PDCA 循环原理、三阶段控制原理、全面质量管理。

4. 简述施工项目质量计划的概念。

5. 简述施工现场质量检查的内容和方法。

6. 简述施工项目质量管理的方法。

第8章
建筑工程项目职业健康安全与环境管理

学 习 目 标

1. 了解职业健康安全管理体系与环境管理体系标准。
2. 掌握危险源的识别与风险控制的方法。
3. 掌握建筑工程施工安全措施计划的编制。
4. 掌握建筑工程项目文明施工和环境保护的措施。

贯彻总体国家安全观

党的二十大报告提出大自然是人类赖以生存发展的基本条件。尊重自然、顺应自然、保护自然,是全面建设社会主义现代化国家的内在要求。必须牢固树立和践行绿水青山就是金山银山的理念,站在人与自然和谐共生的高度谋划发展。

我们要推进美丽中国建设,坚持山水林田湖草沙一体化保护和系统治理,统筹产业结构调整、污染治理、生态保护、应对气候变化,协同推进降碳、减污、扩绿、增长,推进生态优先、节约集约、绿色低碳发展。

深入推进环境污染防治。坚持精准治污、科学治污、依法治污,持续深入打好蓝天、碧水、净土保卫战。加强污染物协同控制,基本消除重污染天气。统筹水资源、水环境、水生态治理,推动重要江河湖库生态保护治理,基本消除城市黑臭水体。加强土壤污染源头防控,开展新污染物治理。提升环境基础设施建设水平,推进城乡人居环境整治。全面实行排污许可制,健全现代环境治理体系。严密防控环境风险。

资料来源:以新安全格局保障新发展格局[N].人民日报,2023-04-15(004)

8.1 职业健康安全管理体系与环境管理体系

8.1.1 职业健康安全与环境管理的目的 //////////////////////////////////////

1.职业健康安全管理的目的

职业健康安全管理的目的是在生产活动中,通过职业健康安全生产的管理活动,对影响生产的具体因素进行状态控制,使生产因素中的不安全行为和状态减少或消除,且不引发事故,以保证生产活动中人员的健康和安全。对于建筑工程项目而言,职业健康安全管理的目的是防止和减少生产安全事故、保护产品生产者的健康与安全、保障人民群众的生命和财产免受损失;控制影响工作场所内的员工、临时工作人员、合同方人员、访问者或其他有关部门人员健康和安全的条件和因素;避免因管理不当对员工健康和安全造成危害。

2.环境管理的目的

环境保护是我国的一项基本国策。环境管理的目的是保护生态环境,使社会的经济发展与人类的生存环境相协调。对于建筑工程项目而言,环境保护主要是指保护和改善施工现场的环境。施工企业应当遵照国家和地方的相关法律法规以及行业和企业自身的要求,采取措施控制施工现场的各种粉尘、废水、废气、固体废弃物以及噪声、振动对环境的污染和危害,并且要注意对资源的节约和避免资源的浪费。

8.1.2 职业健康安全与环境管理的特点 //////////////////////////////////////

依据建筑工程产品的特性,建筑工程项目职业健康安全与环境管理有以下特点:

(1)建筑产品的固定性和生产的流动性及受外部环境影响因素多,决定了职业健康安全与环境管理的复杂性。

建筑产品生产过程中生产人员、工具与设备会在同一工地不同建筑之间、同一建筑不同建筑部位之间流动,建筑产品露天作业多,会受到气候条件变化、工程地质和水文条件、地理条件和地域资源的影响,使健康安全与环境管理很复杂,稍有考虑不周就会出现问题。

(2)建筑产品的多样性和生产的单件性决定了职业健康安全与环境管理的多变性。

建筑产品的多样性决定了生产的单件性。每一个建筑产品都要根据其特定要求进行施工,不能按同一图纸、同一施工工艺、同一生产设备进行批量重复生产;根据建筑产品生产的阶段及任务的变化,施工生产组织及机构变动频繁;生产过程中试验性研究课题多,新技术、新工艺、新设备、新材料经常应用于建筑产品中;这些因素给职业健康安全与环境管理带来不少难题。因此,对于每个建筑工程项目都要根据其实际情况,制订职业健康安全与环境管理计划,不可相互套用。

(3)建筑产品生产过程的连续性和分工性决定了职业健康安全与环境管理的协调性。

建筑产品不能像其他许多工业产品一样可以分解为若干部分同时生产,而必须在同一固定场地按严格程序连续生产,上一道程序不完成,下一道程序不能进行,上一道工序生产的结果往往会被下一道程序所掩盖。而且每一道程序由不同的人员和单位来完成,这就要求在职业健康安全与环境管理中要求各单位和各专业人员横向配合和协调,共同注意产品生产过程中的职业健康安全和环境管理的协调性。

(4)建筑产品的委托性决定了职业健康安全与环境管理的不符合性。

建筑产品在建造前就确定了买主,按建设单位特定的要求进行生产建造。而建筑工程市场在供大于求的情况下,业主经常会压低标价,造成建筑产品的施工单位对健康安全与环境管理的费用投入的减少,不符合职业健康安全与环境管理有关规定的现象时有发生。这就要求建设单位和施工单位都要重视对健康安全和环保费用的投入,不可不符合职业健康安全与环境管理的要求。

(5)建筑产品生产的阶段性决定职业健康安全与环境管理的持续性。

一个建筑工程项目从立项到投产使用要经历设计前的准备阶段(包括项目的可行性研究和立项)、设计阶段、施工阶段、使用前的准备阶段(包括竣工验收和试运行)、保修阶段。这五个阶段都要十分重视项目的安全和环境问题,持续不断地对项目各个阶段出现的安全和环境问题实施管理。否则,一旦在某个阶段出现安全和环境问题就会造成投资的巨大浪费,甚至造成工程项目建设的夭折。

8.1.3 职业健康安全管理体系标准与环境管理体系标准的概念 //////////////////

1. 职业健康安全管理体系标准

职业健康安全管理体系(Occupation Health Safety Management System,OHSMS)是20世纪80年代后期在国际上兴起的现代安全生产管理模式,它与ISO 9000和ISO 14000等标准体系一并被称为"后工业划时代的管理方法"。职业健康安全管理体系产生的主要原因是企业自身发展的要求。随着企业规模扩大和生产集约化程度的提高,对企业的质量管理和经营模式提出了更高的要求。企业必须采用现代化的管理模式,使包括安全生产管理在内的所有生产经营活动科学化、规范化和法治化。

1996年,英国颁布了BS 8800《职业健康安全管理体系指南》。

1996年,美国工业卫生协会制定了《职业健康安全管理体系》指导性文件。

1997年,澳大利亚和新西兰提出了《职业健康安全管理体系原则、体系和支持技术通用指南》草案、日本工业安全卫生协会提出了《职业健康安全管理体系导则》、挪威船级社制定了《职业健康安全管理体系认证标准》。

1999年,英国标准协会、挪威船级社等13个组织提出了职业健康安全评价系列(OHSAS)标准,即OHSAS 18001《职业健康安全管理体系 规范》、OHSAS 18002《职业健康安全管理体系 实施指南》。

1999年10月,原国家经贸委颁布了《职业健康安全管理体系试行标准》。

2001年11月12日,原国家质量监督检验检疫总局正式颁布了《职业健康安全管理体系 规范》,自2002年1月1日起实施,代码为GB/T 28001—2001,属推荐性国家标准。2011年12月30日,发布了《职业健康安全管理体系 要求》(GB/T 28001—2011),《职业健康安全管理体系 实施指南》(GB/T 28002—2011),于2012年2月1日起实施。

2020年3月6日,国家市场监管总局、国家标准化管理委员会(SAC)批准《职业健康安全管理体系要求及使用指南》GB/T 45001—2020,代替了GB/T 28001—2011、GB/T 28002—2011。

2. 环境管理体系标准

针对全球性的环境污染和生态破坏越来越严重,国际标准化组织顺应国际环境保护的需求、依据国际经济贸易发展的需要、制定了环境管理体系标准,以期通过实施环境管理体系,采用系统的方法进行环境管理,以保护环境,响应变化的环境状况,与社会经济需求保持平衡,实现可持续发展目标。

1972 年,联合国在瑞典斯德戈尔摩召开了人类环境大会。大会成立了一个独立的委员会,即"世界环境与发展委员会"。该委员会承担重新评估环境与发展关系的调查研究任务,历时若干年,在考证大量素材后,于 1987 年出版了"我们共同未来"的报告,该报告首次引入了"持续发展"的观念,敦促工业界建立有效的环境管理体系。

1992 年在巴西里约热内卢召开"环境与发展"大会,183 个国家和 70 多个国际组织出席会议,通过了"21 世纪议程"等文件。这次大会的召开,标志全球谋求可持续发展的时代开始了。为此,国际标准化组织(ISO)于 1993 年 6 月成立了环境管理技术委员会(ISO/TC 207),正式开展环境管理体系标准的制定工作,以期规范企业和社会团体等所有组织的活动、产品和服务的环境行为,支持全球的环境保护工作。ISO 14000 就是该环境管理技术委员会制定的一系列环境管理国际标准。

1996 年 12 月 1 日,我国开始实施《环境管理体系 规范及使用指南》(GB/T 24001—1996),2005 年 5 月 15 日,实施《环境管理体系 要求及使用指南》(GB/T 24001—2004),2017 年 5 月 1 日实施的《环境管理体系 要求及使用指南》(GB/T 24001—2016)采用了基于风险的思维,提出了战略环境管理,明确要求运用生命周期观点,更加强调提升环境绩效。

8.1.4 职业健康安全管理体系与环境管理体系的结构和运行模式 //////////////

1. 职业健康安全管理体系的结构和运行模式

(1)职业健康安全管理体系的结构

《职业健康安全管理体系 要求及使用指南》(GB/T 45001—2020)有关职业健康安全管理体系的结构见表 8-1。从中可以看出,该标准由"范围""规范性引用文件""术语和定义""组织所处的环境""领导作用和工作人员参与""策划""支持""运行""绩效评价"和"改进"十部分组成。

"范围"中规定了管理体系标准中的一般要求,即规定了职业健康安全管理体系的要求,并给出了其使用指南,以使组织能够通过防止与工作相关的伤害和健康损害以及主动改进其职业健康安全绩效来提供安全和健康的工作场所。

表 8-1　　　　　　　　　　　　职业健康安全管理体系结构

《职业健康安全管理体系 要求及使用指南》GB/T 45001—2020		
1. 范围		
2. 规范性引用文件		
3. 术语和定义		
4. 组织所处的环境	4.1　理解组织及其所处的环境	
	4.2　理解工作人员和其他相关方的需求和期望	
	4.3　确定职业健康安全管理体系的范围	
	4.4　职业健康安全管理体系	

（续表）

《职业健康安全管理体系 要求及使用指南》GB/T 45001—2020			
5.领导作用和工作人员参与	5.1 领导作用与承诺		
	5.2 职业健康安全方针		
	5.3 组织的角色、职责和权限		
	5.4 工作人员的协商和参与		
6.策划	6.1 应对风险和机遇的措施	6.1.1 总则	
		6.1.2 危险源辨识及风险和机遇评价	
		6.1.3 法律法规要求和其他要求的确定	
		6.1.4 措施的策划	
	6.2 职业健康安全目标及其实现的策划		
7.支持	7.1 资源		
	7.2 能力		
	7.3 意识		
	7.4 沟通		
8.运行	8.1 运行策划和控制	8.1.1 总则	
		8.1.2 消除危险源和降低职业安全风险	
		8.3 变更管理	
		8.1.4 采购	
	8.2 应急准备和响应		
9.绩效评价	9.1 监视、测量、分析和绩效评	9.1.1 总则	
		9.1.2 合规性评价	
	9.2 内部审核		
	9.3 管理评审		
10.改进	10.1 总则		
	10.2 事件、不符合和纠正措施		
	10.3 持续改进		

（2）职业健康安全管理体系的运行模式

本标准中所采用的职业健康安全管理体系的方法是基于"策划—实施—检查—改进（PDCA）"的概念。PDCA 概念是一个迭代过程，可被组织用于实现持续改进。它可应用于管理体系及其每个单独的要素，具体如下：

策划（Plan）：确定和评价职业健康安全风险。职业健康安全机遇以及其他风险和其他机遇，制定职业健康安全目标并建立所需的过程，以实现与组织职业健康安全方针相一致的结果。

实施（Do）：实施所策划的过程。

检查（Check）：依据职业健康安全方针和目标，对活动和过程进行监视和测量，并报告结果。

改进（Act）：采取措施持续改进职业健康安全绩效，以实现预期结果。

职业健康安全管理体系运行模式如图 8-1 所示。

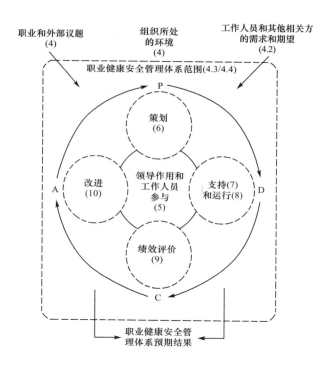

图 8-1　职业健康安全管理体系运行模式

2.环境管理体系的结构和运行模式

（1）环境管理体系的结构

《环境管理体系　要求及使用指南》(GB/T 24001—2016)有关环境管理体系的结构见表 8-2。该标准由"范围""规范性引用文件""术语和定义""组织所处的环境""领导作用""策划""支持""运行""绩效评价""改进"十部分组成。

"范围"中指出,本标准旨在其所有的要求都能纳入任何一个环境管理体系。其应用程度取决于诸如组织的环境方针、活动、产品和服务的性质、运行场所的条件等因素。

表 8-2　　　　　　　　　　　　　　　　环境管理体系结构

《环境管理体系　要求及使用指南》(GB/T 24001—2016)		
1.范围		
2.规范性引用文件		
3.术语和定义		
4.组织所处的环境	4.1　理解组织及其所处的环境	
	4.2　理解相关方的需求和期望	
	4.3　确定环境管理体系的范围	
	4.4　环境管理体系	
5.领导作用	5.1　领导作用与承诺	
	5.2　环境方针	
	5.3　组织的岗位、职责和权限	

（续表）

6.策划	6.1 应对风险和机遇的措施	6.1.1 总则
		6.1.2 环境因素
		6.1.3 合规义务
		6.1.4 措施的策划
	6.2 环境目标及其实现的策划	6.2.1 环境目标
		6.2.2 实现环境目标措施的策划
7.支持	7.1 资源	
	7.2 能力	
	7.3 意识	
	7.4 信息交流	7.4.1 总则
		7.4.2 内部信息交流
		7.4.3 外部信息交流
	7.5 文件化信息	7.5.1 总则
		7.5.2 创建和更新
		7.5.3 文件化信息的控制
8.运行	8.1 运行策划和控制	
	8.2 应急准备和响应	
9.绩效评价	9.1 监视、测量、分析和评价	9.1.1 总则
		9.1.2 合规性评价
	9.2 内部审核	9.2.1 总则
		9.2.2 内部审核方案
	9.3 管理评审	
10.改进	10.1 总则	
	10.2 不符合和纠正措施	
	10.3 持续改进	

（2）环境管理体系的运行模式

《环境管理体系 要求及使用指南》（GB/T 24001—2016）是环境管理体系系列标准的主要标准，也是在环境管理体系标准中唯一可供认证的管理标准。构成环境管理体系的方法是基于策划—实施—检查—改进（PDCA）的概念。PDCA 模式为组织提供了一个循环渐进的过程，用以实现持续改进。该模式可应用于环境管理体系及其每个单独的要素。该模式可简述如下：

策划（Plan）：建立所需的环境目标和过程，以实现与组织的环境方针相一致的结果。

实施（Do）：实施所策划的过程。

检查（Check）：依据环境方针（包括其承诺）、环境目标和运行准则，对过程进行监视和测量，并报告结果。

改进（Act）：采取措施以持续改进。

环境管理体系运行模式如图 8-2 所示。

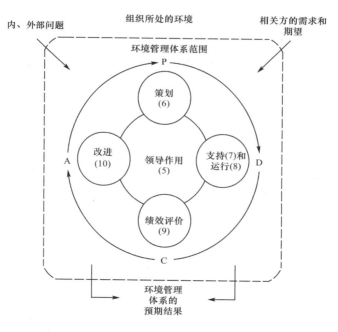

图 8-2　环境管理体系运行模式

8.2　安全生产管理制度

《中华人民共和国建筑法》《中华人民共和国安全生产法》《安全生产许可证条例》《建设工程安全生产管理条例》《建筑施工企业安全生产许可证管理规定》等建设工程相关法律法规和部门规章对政府部门、有关企业及相关人员的建设工程安全生产和管理行为进行了全面的规范,确立了一系列建设工程安全生产管理制度。现阶段正在执行的主要安全生产管理制度包括安全生产责任制度、安全生产许可证制度、政府安全生产监督检查制度、安全生产教育培训制度、安全措施计划制度、特种作业人员持证上岗制度、专项施工方案专家论证制度、安全检查制度、生产安全事故报告和调查处理制度。

8.2.1　安全生产责任制度 //

安全生产责任制度是最基本的安全管理制度,是所有安全生产管理制度的核心。安全生产责任制度是按照安全生产管理方针和"管生产的同时必须管安全"的原则,将各级负责人员、各职能部门及其工作人员和各岗位生产工人在安全生产方面应做的事情及应负的责任加以明确规定的一种制度。具体来说,就是将安全生产责任分解到相关单位的主要负责人、项目负责人、班组长以及每个岗位的作业人员身上。

根据《建设工程安全生产管理条例》和《建筑施工安全检查标准》的相关规定,施工单位的安全责任如下:

施工单位主要负责人依法对本单位的安全生产工作全面负责。施工单位应当建立健全的安全生产责任制度和安全生产教育培训制度,制定安全生产规章制度和操作规程,保证本单位安全生产条件所需资金的投入,对所承担的建设工程进行定期和专项安全检查,并做好安全检查记录。

施工单位的项目负责人应当由取得相应执业资格的人员担任,对建设工程项目的安全施工负责,落实安全生产责任制度、安全生产规章制度和操作规程,确保安全生产费用的有效使用,并根据工程的特点组织制定安全施工措施,消除安全事故隐患,及时、如实报告生产安全事故。

施工单位应当设立安全生产管理机构,配备专职安全生产管理人员。专职安全生产管理人员负责对安全生产进行现场监督检查,若发现安全事故隐患,应及时向项目负责人和安全生产管理机构报告;对违章指挥、违章操作的,应立即制止。

建设工程实行施工总承包的,由总承包单位对施工现场的安全生产负总责。总承包单位应当自行完成建设工程主体结构的施工。总承包单位依法将建设工程分包给其他单位的,分包合同中应当明确各自安全生产方面的权利与义务。总承包单位和分包单位对分包工程的安全生产承担连带责任。分包单位应当服从总承包单位的安全生产管理,分包单位不服从管理导致生产安全事故的,由分包单位承担主要责任。

安全生产责任制度主要包括企业主要负责人的安全责任,项目负责人(项目经理)的安全责任,生产、技术、材料等各职能管理负责人及其工作人员的安全责任,如技术负责人(工程师)的安全责任、专职安全生产管理人员的安全责任、施工员的安全责任、班组长的安全责任和岗位人员的安全责任等。

8.2.2　安全生产许可制度

《安全生产许可证条例》规定国家对建筑施工企业实施安全生产许可证制度,其目的为严格规范安全生产条件,进一步加强安全生产监督管理,防止和减少生产安全事故。

省、自治区、直辖市人民政府建设主管部门负责建筑施工企业安全生产许可证的颁发和管理,并接受国务院建设主管部门的指导和监督。

企业取得安全生产许可证,应当具备以下安全生产条件:

①建立、健全安全生产责任制,制定完备的安全生产规章制度和操作规程。

②安全投入符合安全生产要求。

③设置安全生产管理机构,配备专职安全生产管理人员。

④主要负责人和安全生产管理人员经考核合格。

⑤特种作业人员经有关业务主管部门考核合格,取得特种作业操作资格证书。

⑥从业人员经安全生产教育和培训合格。

⑦依法参加工伤保险,为从业人员缴纳保险费。

⑧厂房、作业场所和安全设施、设备、工艺符合有关安全生产法律、法规、标准和规程的要求。

⑨有职业危害防治措施,并为从业人员配备符合国家标准或者行业标准的劳动防护用品。

⑩依法进行安全评价。

⑪有重大危险源检测、评估、监控措施和应急预案。

⑫有生产安全事故应急救援预案、应急救援组织或者应急救援人员,配备必要的应急救

援器材、设备。

⑬法律、法规规定的其他条件。

企业进行生产前,应当依照该条例的规定向安全生产许可证颁发管理机关申请领取安全生产许可证,并提供该条例第六条规定的相关文件、资料。安全生产许可证颁发管理机关应当自收到申请之日起 45 日内审查完毕,经审查符合该条例规定的安全生产条件的,颁发安全生产许可证;不符合该条例规定的安全生产条件的,不予颁发安全生产许可证,书面通知企业并说明理由。安全生产许可证的有效期为 3 年,安全生产许可证有效期满需要延期的,企业应当于期满前 3 个月向原安全生产许可证颁发管理机关办理延期手续。

企业在安全生产许可证有效期内,严格遵守有关安全生产的法律、法规,未发生死亡事故的,安全生产许可证有效期届满时,经原安全生产许可证颁发管理机关同意,不再审查,安全生产许可证有效期延期 3 年。

企业不得转让、冒用安全生产许可证或者使用伪造的安全生产许可证。

企业取得安全生产许可证后,不得降低安全生产条件,并应当加强日常安全生产管理,接受安全生产许可证颁发管理机关的监督检查。

8.2.3　安全生产教育培训制度

企业的安全生产教育培训制度,是提高全员的安全意识和安全技术水平,增强对生产事故的防范意识和处理能力,是实现生产安全、预防伤亡事故和职业病危害的一项重要制度。

安全生产教育培训一般包括对管理人员、特种作业人员和企业员工的安全教育。

1. 管理人员的安全教育

(1)项目经理、技术负责人和技术干部的安全教育

项目经理、技术负责人和技术干部安全教育的主要内容包括:

①安全生产方针、政策和法律、法规。

②项目经理部安全生产责任。

③典型事故案例剖析。

④本系统安全及其相应的安全技术知识。

(2)班组长和安全员的安全教育

班组长和安全员的安全教育内容包括:

①安全生产法律、法规,安全技术及技能,职业病和安全文化的知识。

②本企业、本班组和工作岗位的危险因素、安全注意事项。

③本岗位安全生产职责。

④典型事故案例。

⑤事故抢救与应急处理措施。

2. 特种作业人员的安全教育

(1)特种作业的定义

根据《特种作业人员安全技术培训考核管理规定》,特种作业是指容易发生事故,对操作者本人、他人的安全健康及设备、设施的安全可能造成重大危害的作业。特种作业人员是指直接从事特种作业的从业人员。

（2）特种作业的范围

根据《特种作业人员安全技术培训考核管理规定》，特种作业的范围主要有：

①电工作业，包括高压电工作业、低压电工作业、防爆电气作业。

②焊接与热切割作业，包括熔化焊接与热切割作业、压力焊作业、钎焊作业。

③高处作业，包括登高架设作业，高处安装、维护、拆除作业。

④制冷与空调作业，包括制冷与空调设备运行操作作业、制冷与空调设备安装修理作业。

⑤煤矿安全作业。

⑥金属非金属矿山安全作业。

⑦石油天然气安全作业。

⑧冶金（有色）生产安全作业。

⑨危险化学品安全作业。

⑩烟花爆竹安全作业。

⑪安全监管总局认定的其他作业。

（3）特种作业人员安全教育要求

特种作业人员必须经专门的安全技术培训并考核合格，取得《中华人民共和国特种作业操作证》后，方可上岗作业。特种作业人员应当接受与其所从事的特种作业相应的安全技术理论培训和实际操作培训。已经取得职业高中、技工学校及中专以上学历的毕业生从事与其所学专业相应的特种作业，持学历证明经考核发证机关同意，可以免于相关专业的培训。

跨省、自治区、直辖市从业的特种作业人员，可以在户籍所在地或者从业所在地参加培训。

3. 企业员工的安全教育

企业员工的安全教育主要有新员工上岗前的三级安全教育、改变工艺和变换岗位时的安全教育、经常性安全教育三种形式。

（1）新员工上岗前的三级安全教育

三级安全教育通常是指进厂、进车间、进班组三级，对建筑工程来说，具体指企业（公司）、项目（或工区、工程处，施工队）、班组三级。

企业新员工上岗前必须进行三级安全教育，并按规定通过三级安全教育和实际操作训练，经考核合格后方可上岗。

①企业（公司）级安全教育由企业主管领导负责，企业职业健康安全管理部门会同有关部门组织实施，内容应包括安全生产法律、法规，通用安全技术、职业卫生和安全文化的基本知识，本企业安全生产规章制度及状况、劳动纪律和有关事故案例等内容。

②项目（或工区、工程处、施工队）级安全教育由项目级负责人组织实施，专职或兼职安全员协助，内容包括工程项目的概况，安全生产状况和规章制度，主要危险因素及安全事项，预防工伤事故和职业病的主要措施，典型事故案例及事故应急处理措施等。

③班组级安全教育由班组长组织实施，内容包括遵章守纪，岗位安全操作规程，岗位间工作衔接配合的安全生产事项，典型事故及发生事故后应采取的紧急措施，劳动防护用品（用具）的性能及正确使用方法等内容。

（2）改变工艺和变换岗位时的安全教育

企业（或工程项目）在实施新工艺、新技术或使用新设备、新材料时，必须对有关人员进行相应级别的安全教育,要按新的安全操作规程教育和培训参加操作的岗位员工和有关人员,使其了解新工艺、新设备、新产品的安全性能及安全技术,以适应新的岗位作业的安全要求。

当组织内部员工发生从一个岗位调到另外一个岗位,或从某工种改变为另一工种,或因放长假离岗一年以上重新上岗的情况,企业必须进行相应的安全技术培训和教育,以使其掌握现岗位安全生产特点和要求。

(3)经常性安全教育

安全教育,必须坚持不懈、经常不断地进行,这就是经常性安全教育。在经常性安全教育中,安全思想、安全态度教育最重要。进行安全思想、安全态度教育,要通过采取多种多样形式的安全教育活动,激发员工搞好安全生产的热情,促使员工重视和真正实现安全生产。经常性安全教育的形式有:每天的班前班后会上说明安全注意事项;安全活动日;安全生产会议;事故现场会;张贴安全生产招贴画、宣传标语及标志等。

8.2.4 安全措施计划制度 //

安全措施计划制度是指施工单位进行建筑工程施工时,必须编制安全措施计划,它是改善劳动条件和安全卫生设施,防止工伤事故和职业病的重要措施之一。安全措施计划的范围应包括改善劳动条件、防止事故发生、预防职业病和职业中毒等内容,具体包括:

1.安全技术措施

安全技术措施是预防企业员工在工作过程中发生工伤事故的各项措施,包括防护装置、保险装置、信号装置和防爆装置等。

2.职业卫生措施

职业卫生措施是预防职业病和改善职业卫生环境的必要措施,包括防尘、防毒、防噪声、通风、照明、取暖、降温等措施。

3.辅助用房间及设施

辅助用房间及设施是为了保证生产过程安全卫生所必需的房间及一切设施,包括更衣室、休息室、淋浴室、消毒室、妇女卫生室、厕所和冬期作业取暖室等。

4.安全宣传教育措施

安全宣传教育措施是为了宣传普及有关安全生产法律、法规、基本知识所需要的措施,其主要内容包括安全生产教材、图书、资料,安全生产展览,安全生产规章制度,安全操作方法训练设施,劳动保护和安全技术的研究与实验等。

8.2.5 特种作业人员持证上岗制度 //

《建设工程安全生产管理条例》《特种作业人员安全技术培训考核管理规定》规定:特种作业人员必须经专门的安全技术培训并考核合格,取得"中华人民共和国特种作业操作证"(以下简称特种作业操作证)后,方可上岗作业。

应急管理部(以下简称安全监管总局)指导、监督全国特种作业人员的安全技术培训、考核、发证、复审工作;省、自治区、直辖市人民政府安全生产监督管理部门指导、监督本行政区域特种作业人员的安全技术培训工作,负责本行政区域特种作业人员的考核、发证、复审工作;县级以上地方人民政府安全生产监督管理部门负责监督检查本行政区域特种作业人员的安全技术培训和持证上岗工作。

特种作业操作证有效期为 6 年,在全国范围内有效。特种作业操作证由安全监管总局统一样式、标准及编号。特种作业操作证每 3 年复审 1 次。特种作业人员在特种作业操作证有效期内,连续从事本工种 10 年以上,严格遵守有关安全生产法律、法规的,经原考核发证机关或者从业所在地考核发证机关同意,特种作业操作证的复审时间可以延长至每 6 年 1 次。特种作业操作证申请复审或者延期复审前,特种安全培训时间不少于 8 个学时,主要培训法律作业人员应当参加必要的安全培训并考试合格。

8.2.6 专项施工方案专家论证制度

依据《建设工程安全生产管理条例》第二十六条规定:施工单位应当在施工组织设计中编制安全技术措施和施工现场临时用电方案,对下列达到一定规模的危险性较大的分部分项工程编制专项施工方案,并附具安全验算结果,经施工单位技术负责人、总监理工程师签字后实施,由专职安全生产管理人员进行现场监督:

(1)基坑支护与降水工程。
(2)土方开挖工程。
(3)模板工程。
(4)起重吊装工程。
(5)脚手架工程。
(6)拆除、爆破工程。
(7)国务院建设行政主管部门或者其他有关部门规定的其他危险性较大的工程。

对前款所列工程中涉及深基坑、地下暗挖工程、高大模板工程的专项施工方案,施工单位还应当组织专家进行论证、审查。

8.2.7 安全检查制度

为保证建筑施工现场安全生产,预防生产安全事故的发生,保障施工人员的安全和健康,提高施工管理水平,建设部发布《建筑施工安全检查标准》。

1. 安全检查的目的

安全检查制度是清除隐患、防止事故、改善劳动条件的重要手段,是企业安全生产管理工作的一项重要内容。通过安全检查可以发现企业及生产过程中的危险因素,以便有计划地采取措施,保证安全生产。

2. 安全检查的方式

检查方式有企业组织的定期安全检查,各级管理人员的日常巡回检查,专业性检查,季节性检查,节假日前后的安全检查,班组自检、交接检查,不定期检查等。

3. 安全检查的内容

安全检查的主要内容包括查思想、查管理、查隐患、查整改、查伤亡事故处理等。安全检查的重点是检查"三违"和安全责任制的落实。检查后应编写安全检查报告,报告应包括以下内容:已达标项目、未达标项目、存在问题、原因分析、纠正和预防措施。

4.施工安全检查的评定结论

施工安全检查的评定结论分为优良、合格、不合格三个等级,依据是汇总表的总得分和保证项目的达标情况。

5.安全隐患的处理程序

对查出的安全隐患,不能立即整改的要制订整改计划,定人、定措施、定经费、定完成日期,在未消除安全隐患前,必须采取可靠的防范措施,如有危及人身安全的紧急险情,应立即停工。应按照"登记→整改→复查→销案"的程序处理安全隐患。

8.2.8 生产安全事故报告和调查处理制度 //

关于生产安全事故报告和调查处理制度,《中华人民共和国安全生产法》《中华人民共和国建筑法》《建设工程安全生产管理条例》《生产安全事故报告和调查处理条例》等法律法规都对此做了相应的规定。

《中华人民共和国安全生产法》第八十三条规定:"生产经营单位发生生产安全事故后,事故现场有关人员应当立即报告本单位负责人";"单位负责人接到事故报告后,应当迅速采取有效措施,组织抢救,防止事故扩大,减少人员伤亡和财产损失,并按照国家有关规定立即如实报告当地负有安全生产监督管理职责的部门,不得隐瞒不报、谎报或者迟报,不得故意破坏事故现场、毁灭有关证据。"

《中华人民共和国建筑法》第五十一条规定:"施工中发生事故时,建筑施工企业应当采取紧急措施减少人员伤亡和事故损失,并按照国家有关规定及时向有关部门报告。"

《建设工程安全生产管理条例》第五十条对建设工程生产安全事故报告制度的规定为:"施工单位发生生产安全事故,应当按照国家有关伤亡事故报告和调查处理的规定,及时、如实地向负责安全生产监督管理的部门、建设行政主管部门或者其他有关部门报告;特种设备发生事故的,还应当同时向特种设备安全监督管理部门报告。接到报告的部门应当按照国家有关规定,如实上报。实行施工总承包的建设工程,由总承包单位负责上报事故。"

2007年6月1日起实施的《生产安全事故报告和调查处理条例》对生产安全事故报告和调查处理制度做了更加明确的规定。

8.2.9 施工作业人员安全生产方面的权利和义务 ////////////////////////////////////

按照《中华人民共和国建筑法》《中华人民共和国安全生产法》《建设工程安全生产管理条例》等法律、行政法规的规定,施工作业人员安全生产方面的权利和义务分别为:

1.施工作业人员安全生产方面的权利

(1)施工安全生产的知情权和建议权

生产经营单位的从业人员有权了解其作业场所和工作岗位存在的危险因素、防范措施及事故应急措施,有权对本单位的安全生产工作提出建议。

(2)施工安全防护用品的获得权

(3)批评、检举、控告权及拒绝违章指挥权

从业人员有权对本单位安全生产工作中存在的问题提出批评、检举、控告;有权拒绝违章指挥和强令冒险作业。

生产经营单位不得因从业人员对本单位安全生产工作提出批评、检举、控告或者拒绝违章指挥、强令冒险作业而降低其工资、福利等待遇或者解除与其订立的劳动合同。

（4）紧急避险权

从业人员发现直接危及人身安全的紧急情况时，有权停止作业或者在采取可能的应急措施后撤离作业场所。

生产经营单位不得因从业人员在前款紧急情况下停止作业或者采取紧急撤离措施而降低其工资、福利等待遇或者解除与其订立的劳动合同。

（5）获得意外伤害保险赔偿的权利

（6）请求民事赔偿权

因生产安全事故受到损害的从业人员，除依法享有工伤保险外，依照有关民事法律尚有获得赔偿的权利的，有权向本单位提出赔偿要求。

2. 施工作业人员安全生产方面的权利和义务

（1）守法遵章和正确使用安全防护用具等的义务

从业人员在作业过程中，应当严格遵守本单位的安全生产规章制度和操作规程，服从管理，正确佩戴和使用劳动防护用品。

（2）接受安全生产教育培训的义务

从业人员应当接受安全生产教育和培训，掌握本职工作所需的安全生产知识，提高安全生产技能，增强事故预防和应急处理能力。

（3）安全事故隐患报告的义务

从业人员发现事故隐患或者其他不安全因素，应当立即向现场安全生产管理人员或者本单位负责人报告；接到报告的人员应当及时予以处理。

8.3 工程安全生产管理

8.3.1 施工安全管理 //

施工单位应遵照《建设工程安全生产管理条例》和职业健康安全管理体系标准，坚持安全第一、预防为主和防治结合的方针，建立并持续改进职业健康安全管理体系。项目经理应根据风险预防要求和项目的特点，制订职业健康安全生产技术措施计划；确定职业健康安全生产事故应急救援预案；完善应急准备措施；建立相关组织；发生事故，按照国家有关规定，向有关部门报告，全面负责项目职业健康安全的管理工作。

1. 施工安全管理的目标

建筑工程项目健康安全管理目标是根据企业的整体职业健康安全目标，结合本工程的性质、规模、特点、技术复杂程度等实际情况，确定职业健康安全生产所要达到的目标。确定建筑工程职业健康安全管理目标，是组织制订有效管理方案的基础，也是项目经理部门目标的重要组成部分。

（1）控制目标

①控制和杜绝因公负伤、死亡事故的发生（负伤频率在0.6％以下、死亡率为零）。

②一般事故频率控制目标通常在0.6％以内。

③无重大设备火灾和中毒事故。

④无环境污染和严重扰民事件。

（2）管理目标

①及时消除重大事故隐患，一般隐患整改率目标应不低于95％。

②扬尘、噪声、职业危害作业点合格率应为100％。

③保证施工现场达到当地省（市）级文明安全工地。

（3）工作目标

①施工现场实现全员职业健康安全教育，特种作业人员持证上岗率达到100％，操作人员三级职业健康安全教育率100％。

②按期开展安全检查活动，隐患整改达到"五定"要求，即定整改责任人、定整改措施、定整改完成时间、定整改完成人、定整改验收人。

③必须把好职业健康安全生产的"七关"要求，即教育关、措施关、交底关、防护关、文明关、验收关、检查关。

④认真开展重大职业健康安全活动和施工项目的日常职业健康安全活动。

⑤职业健康安全生产达标合格率为100％，优良率超过80％。

2.建筑工程项目职业健康安全管理程序

建筑工程项目职业健康安全管理应遵循下列程序：

①识别并评价危险源及风险。

②确定职业健康安全目标。

③编制并实施项目职业健康安全技术措施计划。

④职业健康安全技术措施计划实施结果验证。

⑤持续改进相关措施和绩效。

8.3.2 危险源的辨识与风险控制 //

1.危险源

（1）危险源的概念

危险源是安全管理的主要对象。根据危险源在事故发生和发展中的作用，把危险源分为两大类，即第一类危险源和第二类危险源。

①第一类危险源

根据能量意外释放理论，把系统中存在的、可能发生意外释放的能量或危险物质称作第一类危险源。它是造成系统危险或系统事故的物理本质，也称为固有型危险源。

②第二类危险源

导致约束或限制能量措施失效、破坏的各种不安全因素称作第二类危险源。第二类危险源是导致第一类危险源失控，作用于人员、物质和环境的条件，它是系统从安全状态向危险状态转化的条件，是使系统能量意外释放，造成系统事故的触发原因，又称为触发型危险源。

事故的发生是这两类危险源共同作用的结果,第一类危险源是导致事故的能量主体,是事故发生的前提;第二类危险源是促使第一类危险源导致事故的必要条件。第一类危险源决定事故后果的严重程度,第二类危险源决定事故发生的可能性。

(2)危险源的辨识

危险源的辨识就是识别危险源并确定其特性的过程。危险源的辨识主要是对危险源的识别,对其性质加以判断,对可能造成的危害、影响进行提前预防,以确保生产的安全、稳定。

危险源的辨识方法有专家调查法、安全检查表法、预危险性分析法、危险和操作性研究法、事件树分析法、故障树分析法、LEC 法、储存量比对法等。这些方法各有其局限性,往往需要采用两种或两种以上的方法辨识危险源。下面介绍常用的两种方法:

①专家调查法

专家调查法是向有经验的专家咨询、调查、辨识、分析和评价危险源的一种方法。其优点是简便、易行,缺点是受专家的知识、经验和占有资料的限制,可能出现遗漏。常用的专家调查法有头脑风暴法和德尔菲法。

头脑风暴法是通过专家创造性地思考,产生大量的观点、问题和议题的方法。其特点是多人讨论,集思广益,可以弥补个人判断的不足,常采取专家会议的方式来相互启发、交换意见,使危险、危害因素的辨识更加细致、具体。

德尔菲法是采用背对背的方式对专家进行调查的方法。其特点是避免了集体讨论中的从众性倾向,更能代表专家的真实意见。要求对调查的各种意见进行汇总统计处理,再反馈给专家,反复征求意见。

②安全检查表法

安全检查表实际上就是实施安全检查和诊断项目的明细表。运用已编制好的安全检查表,进行系统的安全检查,辨识工程项目存在的危险源。检查表的内容一般包括分类项目、检查内容及要求、检查以后处理意见等。可以用"是""否"回答或"√""×"符号做标记,同时注明检查日期,并由检查人员和被检查单位同时签字。表 8-3 为某施工现场基坑支护安全检查表。

安全检查表法的优点是简单易懂、容易掌握,可以事先组织专家编制检查项目,使安全检查做到系统化、完整化。缺点是一般只能做出定性评价,不能给出定量评价结果,只能对已经存在的对象评价。

(3)危险源的评估

危险源的评估是评估危险源所带来的风险大小及确定风险是否可容许的全过程。根据评价结果对风险进行分级,按不同级别的风险有针对性地采取风险控制措施。以下介绍一种常用的风险评估方法。

这种方法是将安全风险的大小(R)用事故发生的可能性(p)与发生事故后果的严重程度(f)的乘积来衡量,即 $R=pf$。根据计算结果,按表 8-4 对风险进行分级。其中 I 级为可忽略风险,II 级为可容许风险,III 级为中度风险,IV 级为重大风险,V 级为不容许风险。

危险源的评估是一个持续不断的过程,应持续评审控制措施的充分性。当条件变化时,应对危险源重新评估。

表 8-3   某施工现场基坑支护安全检查表

检查内容	检查标准	是√ 否×	检查记录
施工方案	基础施工是否有支护方案		
	施工方案是否有针对性,是否能指导施工		
	基坑深度超过 5 m 时,是否有专项支护设计是否有专家认证		
	支护设计及方案是否经上级审批		
临边防护	深度超过 2 m 基坑施工是否有临边防护措施		
	临边及其他防护是否符合要求		
坑壁支护	坑槽开挖设置安全边坡是否符合安全要求		
	特殊支护做法是否符合设计方案		
	支护设施已产生局部变形是否采取措施调整		
排水措施	基坑施工是否设置有效排水设施		
	深基础施工降水是否有防止邻近建筑物危险沉降措施		
坑边荷载	积土、料具堆放距槽边距离是否小于设计规定		
	机械设备施工与槽边距离是否符合要求		
上下通道	人员上下是否有专用通道		
	设置通道是否符合要求		
土方开挖	施工机械进场是否经验收		
	挖土机作业时是否有人员进入挖土机作业半径内		
	挖土机作业位置是否稳定、安全		
	司机是否有证作业		
	是否按规定程序挖土		
基坑支护变形监测	是否按规定进行基坑支护变形监测		
	是否按规定对毗邻建筑物、重要管线和道路进行沉降观测		
作业环境	基坑内作业人员是否有安全立足点		
	垂直作业上下是否有隔离防护措施		
	是否设置足够照明设施		

表 8-4   风险等级评估表

可能性	后果		
	轻度损失	中度损失	重大损失
很大	Ⅲ	Ⅳ	Ⅴ
中等	Ⅱ	Ⅲ	Ⅳ
极小	Ⅰ	Ⅱ	Ⅲ

2. 风险控制

(1)风险控制的原则

危险源评估后,应分别列出所找出的所有危险源和重大危险源清单。项目经理部需要对已经评价出的不容许的重大风险进行优先排序,由工程技术有关部门的有关人员确定危险源控制措施和管理方案。对一般危险源可以通过日常管理程序来实施控制。

风险控制可以按以下顺序和原则进行考虑：

①尽可能完全消除有不可接受风险的危险源，如用安全品取代危险品。

②如果不可能消除有重大风险的危险源，应努力采取降低风险的措施。

③在条件允许时，应使工作适合于人，如可考虑降低人的精神压力和体能消耗。

④应尽可能利用技术进步来改善安全控制措施。

⑤应考虑保护每个工作人员的措施。

⑥应将技术管理和程序控制结合起来。

⑦应考虑引入诸如机械安全防护装置的维护计划的要求。

⑧在各种措施均不能绝对保证安全的情况下，作为最终手段，还应考虑使用个人防护用品。

⑨应有可行、有效的应急方案。

⑩预防性测定指标应符合控制措施计划的要求。

（2）风险控制措施

不同的组织和不同的工程项目需要根据不同的条件和风险量来选择适合的控制策略和管理方案。风险控制措施见表 8-5。

表 8-5 风险控制措施

风险种类	控制措施
可忽略风险	不采取措施且不必保留文件记录
可容许风险	不需要另外的控制措施，应考虑投资效果更佳的解决方案或不增加额外成本的改进措施，需要监视来确保控制措施得以维持
中度风险	应努力降低风险，但应仔细测定并限定预防成本，并在规定的时间期限内实施降低风险的措施。在中度风险与严重伤害后果相关的场合，必须进一步地评价，以便更准确地确定伤害的可能性，以及确定是否需要改进控制措施
重大风险	直至风险降低后才能开始工作。为降低风险有时必须配给大量的资源。当风险涉及正在进行中的工作时，应采取应急措施
不容许风险	只有当风险降低时，才能开始或继续工作。如果无限的资源投入也不能降低风险，就必须禁止工作

风险控制措施在实施前宜进行评审。评审主要包括以下内容：

①更改的措施是否使风险降低至可允许水平。

②是否产生新的危险源。

③是否已选定了成本效益最佳的解决方案。

④更改的预防措施是否能得以全面落实。

8.3.3 编制项目职业健康安全技术措施计划 ////////////////////////////////

项目职业健康安全技术措施计划应在项目管理实施规划中由项目经理主持编制，经有关部门批准后，由专职安全管理人员进行现场监督实施。

1.职业健康安全技术措施计划的编制依据

职业健康安全技术措施计划的编制依据为：

①国家职业健康安全法规、条例、规程、政策及企业有关的职业健康安全规章制度。

②在职业健康安全生产检查中发现的,但尚未解决的问题。

③造成工伤事故与职业病的主要设备与技术原因,应采取的有效防止措施。

④生产发展需要所采取的职业健康安全技术与工业卫生技术措施。

⑤职业健康安全技术革新项目和职工提出的合理化建议项目。

2. 职业健康安全技术措施计划的编制内容

根据工程特点、施工方法、施工程序、安全法规和标准的要求编制项目职业健康安全技术措施计划,采取可靠的技术措施,消除安全隐患,保证施工安全。其内容主要有:

①工程概况。

②管理目标。

③组织结构、职责权限。

④规章制度。

⑤风险分析与控制措施。

⑥安全专项施工方案。

⑦应急准备与响应。

⑧资源配置与费用投入计划。

⑨教育培训。

⑩检查评价、验证与持续改进。

8.3.4 施工组织设计 //

施工组织设计作为指导施工项目全过程各项活动的技术、经济和组织的综合性文件,它针对施工过程的复杂性,用系统的思想并遵循建设经济规律,对拟建工程的各阶段、各环节以及所需的各种资源进行统筹安排。为了保证工程开工后施工活动有序、高效、科学合理地进行,并安全施工,施工单位应当在施工组织设计中编制安全技术措施,对达到一定规模的危险性较大的分部分项工程编制专项施工方案。

1. 应单独编制专项施工方案的工程

对于下列危险性较大的分部分项工程,应单独编制专项施工方案:

(1)基坑支护、降水工程:开挖深度超过 3 m(含 3 m)或虽未超过 3 m,但地质条件和周边环境复杂的基坑(槽)支护、降水工程。

(2)土方开挖工程:开挖深度超过 3 m(含 3 m)的基坑(槽)的土方开挖工程。

(3)模板工程及支撑体系:

①各类工具式模板工程:包括大模板、滑模、爬模、飞模等工程。

②混凝土模板支撑工程:搭设高度 5 m 及以上;搭设跨度 10 m 及以上;施工总荷载 10 kN/m² 及以上;集中线荷载 15 kN/m 及以上;高度大于支撑水平投影宽度且相对独立无联系构件的混凝土模板支撑工程。

③承重支撑体系:用于钢结构安装等满堂支撑体系。

(4)起重吊装及安装拆卸工程:采用非常规起重设备、方法且单件起重量在 10 kN 及以上的起重吊装工程;采用起重机械进行安装的工程;起重机械设备自身的安装、拆卸。

（5）脚手架工程:搭设高度 24 m 及以上的落地式钢管脚手架工程;附着式整体和分片提升脚手架工程;悬挑式脚手架工程;吊篮脚手架工程;自制卸料平台、移动操作平台工程;新型及异型脚手架工程。

（6）拆除、爆破工程:建筑物、构筑物拆除工程;采用爆破拆除的工程。

（7）暗挖工程:采用矿山法、盾构法、顶管法施工的隧道、洞室工程。

（8）其他:建筑幕墙安装工程;钢结构、网架和索膜结构安装工程;人工挖扩孔桩工程;地下暗挖、顶管及水下作业工程;预应力工程;采用新技术、新工艺、新材料、新设备及尚无相关技术标准的危险性较大的分部分项工程。

2.应组织专家对单独编制的专项施工方案进行论证的工程

对于超过一定规模的危险性较大的分部分项工程,还应组织专家对单独编制的专项施工方案进行论证:

（1）深基坑工程

开挖深度超过 5 m(含 5 m)的基坑(槽)的土方开挖、支护、降水工程;开挖深度虽未超过 5 m,但地质条件、周围环境和地下管线复杂,或影响毗邻建筑(构筑)物安全的基坑(槽)的土方开挖、支护、降水工程。

（2）模板工程及支撑体系

①工具式模板工程:包括滑模、爬模、飞模工程。

②混凝土模板支撑工程:搭设高度 8 m 及以上;搭设跨度 18 m 及以上,施工总荷载 15 kN/m² 及以上;集中线荷载 20 kN/m 及以上。

③单点集中荷载 7 kN 及以上。

（3）起重吊装及起重机械安装拆卸工程

①采用非常规起重设备、方法,且单件起吊重量在 100 kN 及以上的起重吊装工程。

②起重量 300 kN 及以上,或搭设总高度 200 m 及以上,或搭设基础标高在 200 m 及以上的起重机械安装和拆卸工程。

（4）脚手架工程

①搭设高度 50 m 及以上落地式钢管脚手架工程。

②提升高度 150 m 及以上附着式升降脚手架工程或附着式升降操作平台工程。

③分段架体搭设高度 20 m 及以上的悬挑式脚手架工程。

（5）拆除、爆破工程

①码头、桥梁、高架、烟囱、水塔或拆除中容易引起有毒有害气(液)体或粉尘扩散、易燃易爆事故发生的特殊建、构筑物的拆除工程。

②文物保护建筑、优秀历史建筑或历史文化风貌区控制范围内的拆除工程。

（6）暗挖工程

采用矿山法、盾构法、顶管法施工的隧道、洞室工程。

（7）其他

①施工高度 50 m 及以上的建筑幕墙安装工程。

②跨度 36 m 及以上的钢结构安装工程;或跨度 60 m 及以上的网架和索膜结构安装工程。

③开挖深度 16 m 及以上的人工挖孔桩工程。

④水下作业工程。

⑤重量 1 000 kN 及以上的大型结构整体顶升、平移、转体等施工工艺。

⑥采用新技术、新工艺、新材料、新设备可能影响工程施工安全,尚无国家、行业及地方技术标准的分部分项工程。

施工单位应当在危险性较大的分部分项工程施工前编制专项方案。

建筑工程实行施工总承包的,专项方案应当由施工总承包单位组织编制。其中,起重机械安装拆卸工程、深基坑工程、附着式升降脚手架等专业工程实行分包的,其专项方案可由专业承包单位组织编制。

专项方案应当由施工单位技术部门组织本单位施工技术、安全、质量等部门的专业技术人员进行审核。经审核合格的,由施工单位技术负责人签字。实行施工总承包的,专项方案应当由总承包单位技术负责人及相关专业承包单位技术负责人签字。

不需要专家论证的专项方案,经施工单位审核合格后报监理单位,由项目总监理工程师审核签字后执行。

8.3.5 职业健康安全技术交底 //

1.安全技术交底的作用

①让一线作业人员了解和掌握该作业项目的安全技术操作规程和注意事项,减少因违章操作而导致事故的可能。

②安全管理人员在项目安全管理工作中的重要环节。

③安全管理作业的内容要求,同时,做好安全技术交底也是安全管理人员自我保护的手段。

2.安全技术交底的要求

①项目经理部必须实行逐级安全技术交底制度,纵向延伸到班组全体作业人员。

②技术交底必须具体、明确、针对性强。

③技术交底的内容应针对分部分项工程施工中给作业人员带来的潜在危险因素和存在问题。

④应优先采用新的安全技术措施。

⑤对于涉及"四新"项目或技术含量高、技术难度大的单项技术设计,必须经过两阶段技术交底,即初步设计技术交底和实施性施工图技术设计交底。

⑥应将工程概况、施工方法、施工程序、安全技术措施等向工长、班组长进行详细交底。

⑦定期向由两个以上作业队和多工种进行交叉施工的作业队伍进行书面交底。

⑧保存书面安全技术交底签字记录。

3.安全技术交底的内容

安全技术交底是一项技术性很强的工作,对于贯彻设计意图、严格实施技术方案、按图施工、循规操作、保证施工质量和施工安全至关重要。

安全技术交底主要内容如下：

①本施工项目的施工作业特点和危险点。

②针对危险点的具体预防措施。

③应注意的安全事项。

④相应的安全操作规程和标准。

⑤发生事故后应及时采取的避难和急救措施。

8.3.6 安全生产检查

安全检查制度是清除隐患、防止事故、改善劳动条件的重要手段，是企业安全生产管理工作的一项重要内容。通过安全检查可以发现企业及生产过程中的危险因素，以便有计划地采取措施，保证安全生产。

1.安全生产检查的主要内容

（1）查思想

以国家的安全生产方针、政策、法规及有关文件为依据，对照检查公司及项目各级管理层领导是否把安全生产工作列入重要议事日程，是否把安全第一的思想落实到实际工作中，对建立健全安全生产规章制度的重视程度，对安全检查中发现的安全问题或安全隐患的处理态度等。

（2）查制度

为了实施安全生产管理，工程施工企业应结合本身的实际情况，建立健全一整套本企业的安全生产规章制度，并落实到具体的工程项目施工任务中。在安全检查时，应检查安全管理各项制度是否建立健全并有效执行。安全生产责任制是否落实到人，落实到岗位，深入人心并严格执行。违章指挥、违章作业、违反劳动纪律的"三违"现象是否能及时得到纠正和处理。

施工安全生产规章制度一般应包括以下内容：

a.安全生产责任制度。

b.安全生产许可证制度。

c.安全生产教育培训制度。

d.安全措施计划制度。

e.特种作业人员持证上岗制度。

f.专项施工方案专家论证制度。

g.危及施工安全工艺、设备、材料淘汰制度。

h.施工起重机械使用登记制度。

i.生产安全事故报告和调查处理制度。

j.各种安全技术操作规程。

（3）查管理

主要检查安全生产管理是否有效，安全生产管理和规章制度是否真正得到落实。

（4）查隐患

检查施工现场的作业环境、劳动条件、生产设施设备、安全设施、操作行为、劳动防护用品的使用是否符合规程标准，重点检查重大危险源和重要环境因素是否已辨识并采取了有效的控制措施。当发现危及人身安全与健康的重大不安全因素时，必须立即采取应急措施（紧急撤离、停工）。

（5）查整改

主要检查对过去提出的安全问题和发生安全生产事故及安全隐患后是否采取了安全技术措施和安全管理措施，进行整改的效果如何。

（6）查伤亡事故处理

检查现场是否发生伤亡事故，对发生的伤亡事故是否已按照"四不放过"原则进行了处理，是否已有针对性地采取了纠正与预防措施，该措施是否得到落实并取得实效。

2. 安全生产检查的形式

（1）定期安全生产检查

施工企业应建立分期分级安全生产检查制度，它属于全面性和考核性的检查，企业可以每月组织一次，项目部每旬组织一次，施工现场的定期安全检查应由项目经理亲自组织。

（2）专业性安全生产检查

专业性安全生产检查由施工企业有关部门组织有关专业人员对某项专业安全问题或在施工中存在的普遍性安全问题进行单项检查，这类检查专业性强，参加专业安全生产检查的人员，主要应由专业技术人员、懂专业技术的安全技术管理人员和有实际操作、维修能力的技术工人参加。新搭设的脚手架、垂直提升机、塔吊等重要设施和设备使用前的验收工作属于专业性安全生产检查。

（3）经常性安全生产检查

在施工过程中进行经常性安全生产检查，能及时发现隐患、消除隐患，保证施工正常进行。经常性安全生产检查的形式通常有：

a. 作业班组进行的班前、班中、班后岗位安全生产检查。

b. 现场专（兼）职安全员每天例行开展的安全巡视、巡查。

c. 各级管理人员检查生产的同时检查安全。

（4）季节性及节假日安全生产检查

季节性安全生产检查是针对气候特点（如冬季、暑季、雨季等）可能给安全施工带来危害而组织的安全生产检查。节假日前后，为防止职工纪律松懈、思想麻痹等应进行安全生产检查。节假日加班，更要重视对加班人员的安全教育，同时要认真检查安全防范措施的落实。

（5）开、复工安全生产检查

针对工程项目开、复工之前进行的安全生产检查，主要是检查是否具备保障安全生产的条件。

（6）自检、互检和交接检

a.自检

班组作业前、后对自身所处的环境和工作程序要进行安全生产检查,可随时消除安全隐患。

b.互检

班组之间开展的安全生产检查,可以做到互相监督,共同遵章守纪。

c.交接检

上道工序完毕,交给下道工序使用或操作前,应由项目负责人组织工长、安全员、班组长及其他有关人员参加,进行安全生产检查和验收,确认无安全隐患,达到合格要求,方能交给下道工序使用或操作。

3.安全检查的方法

（1）常规检查法

常规检查法是一种常见的检查方法,通常由安全管理人员作为检查工作的主体,到作业场所的现场,通过感观或辅助一定的简单工具、仪表等,对作业人员的行为、作业场所的环境条件、生产设备设施等进行定期检查。安全检查人员通过这一手段,及时发现现场存在的安全隐患并采取措施予以消除,纠正施工人员的不安全行为。常规检查完全依靠安全检查人员的经验和能力,检查的结果直接受安全检查人员个人素质的影响。因此,对安全检查人员个人素质的要求较高。

a.听

听取基层人员或施工现场安全员汇报安全生产情况,介绍现场安全工作经验、存在的问题、今后的发展方向。

b.问

主要是指通过询问、提问,对以项目经理为首的现场管理人员和操作工人进行的知应会抽查,以便了解现场管理人员和操作工人的安全意识和安全素质。

c.看

主要是指查看施工现场安全管理资料和对施工现场进行巡视。如现场安全标志设置情况、劳动防护用品使用情况、现场安全设施及机械设备安全装置配置情况等。

d.量

主要是指使用测量工具对施工现场的一些设施、装置进行实测实量。如对现场安全防护栏杆高度的测量、对在建工程与外电边线安全距离的测量等。

e.测

主要是指使用专用仪器、仪表等监测器具对特定对象关键特性技术参数的测试。

f.运转试验

主要是指由具有专业资格的人员对机械设备进行实际操作、试验,检验其运转的可靠性或安全限位装置的灵敏性。如对塔吊力矩限制器、变幅限位器、起重限位器等安全装置的试验。

（2）安全检查表法

为使检查工作更加规范,将个人的行为对检查结果的影响减少到最小,常采用安全检查表法。

安全检查表法是指事先把系统加以剖析,列出各层次的不安全因素,确定检查项目,并把检查项目按系统的组成顺序编制成表,以便进行检查或评审。安全检查表是进行安全检查,发现和查明各种危险和隐患,监督各项安全规章制度的实施,及时发现事故隐患并制止违章行为的一个有力工具。

安全检查表应列举需查明的所有可能会导致事故的不安全因素,每个检查表均需注明检查时间、检查者、直接负责人等,以便分清责任。安全检查表的设计应做到系统、全面,检查项目应明确。表8-6为生产作业现场安全设施及作业环境的安全检查表。

表8-6　　　　生产作业现场安全设施及作业环境的安全检查表

项目	检查内容	序号	检查标准	结果 是	否	备注
运行控制	生产作业现场	安全设施及作业环境	1	"安全六有"是否齐全有效			
			2	各种输送管道的颜色是否符合要求			
			3	危险场所的安全标志是否齐全			
			4	皮带运输系统的安全绳是否可靠有效			
			5	夏季五防的防暑降温设施是否良好			
			6	防暑降温用的轴流风筒前后是否有防护,防护是否可靠			
			7	清凉饮料、防暑药品是否发放到岗位			
			8	冬季防滑措施是否到位			
			9	制动装置是否良好			
			10	设备是否不带"病"运转或超负荷运转			
			11	应急救援器材、设备以及报警装置是否齐全有效			
			12	是否存在跑、冒、滴、漏及腐蚀现象			
			13	作业安全距离是否足够			
			14	煤气作业区是否有报警仪			
			15	交叉作业是否有专人监护			
			16	狭窄场所、危房内作业时防护措施是否到位			
			17	照明光线是否良好			
			18	易燃易爆、有毒有害作业区域通风是否良好			
			19	地面是否无油或其他液体等易滑物			
			20	是否存在其他隐患			

8.4　建筑工程安全生产隐患防范与处理

8.4.1　安全隐患

安全隐患是指在建筑施工过程中,给生产施工人员的生命安全带来威胁的不利因素。建筑工程安全隐患包括三个部分的不安全因素:人的不安全因素、物的不安全状态和组织管理上的不安全因素。

1. 人的不安全因素

人的不安全因素是指能够使系统发生故障或发生性能不良的事件的个人的不安全因素和违背安全要求的错误行为。

(1)个人的不安全因素

个人的不安全因素包括人员的心理、生理、能力中所具有不能适应工作、作业岗位要求的影响安全的因素。

①心理上的不安全因素包括影响安全的性格、气质和情绪(如急躁、懒散、粗心等)。

②生理上的不安全因素大致包括五个方面:视觉、听觉等感觉器官不能适应作业岗位要求的因素;体能不能适应作业岗位要求的因素;年龄不能适应作业岗位要求的因素;有不适合作业岗位要求的疾病;疲劳和酒醉或感觉朦胧。

③能力上的不安全因素包括知识技能、应变能力、资格等不能适应工作和作业岗位要求的影响安全的因素。

(2)人的不安全行为

人的不安全行为是指能造成事故的人为错误,是人为地使系统发生故障或发生性能不良事件,是违背设计和操作规程的错误行为。

不安全行为的类型有:

①操作失误、忽视安全、忽视警告。

②造成安全装置失效。

③使用不安全设备。

④手代替工具操作。

⑤物体存放不当。

⑥冒险进入危险场所。

⑦攀坐不安全位置。

⑧在起吊物下作业、停留。

⑨在机器运转时进行检查、维修、保养。

⑩有分散注意力的行为。

2. 物的不安全状态

物的不安全状态是指能导致事故发生的物质条件,包括机械设备或环境所存在的不安全因素。

(1)物的不安全状态的内容

①物本身存在的缺陷。

②防护保险方面的缺陷。

③物的放置方法的缺陷。

④作业环境场所的缺陷。

⑤外部的和自然界的不安全状态。

⑥作业方法导致的物的不安全状态。

⑦保护器具信号、标志和个体防护用品的缺陷。

(2)物的不安全状态的类型

①防护等装置缺陷。

②设备、设施等缺陷。

③个人防护用品缺陷。

④生产场地环境的缺陷。

3. 组织管理上的不安全因素

组织管理上的缺陷，也是事故潜在的不安全因素，作为间接的原因有以下方面：

①技术上的缺陷。

②教育上的缺陷。

③生理上的缺陷。

④心理上的缺陷。

⑤管理工作上的缺陷。

⑥学校教育和社会、历史上的原因造成的缺陷。

8.4.2 安全隐患的处理

在工程建设过程中，安全事故隐患是难以避免的，但要尽可能预防和消除安全事故隐患的发生。首先需要项目参与各方加强安全意识，做好事前控制，建立健全各项安全生产管理制度，落实安全生产责任制，注重安全生产教育培训，保证安全生产条件所需资金的投入，将安全隐患消除在萌芽之中；其次是根据工程的特点确保各项安全施工措施的落实，加强对工程安全生产的检查监督，及时发现安全事故隐患；最后是对发现的安全事故隐患及时进行处理，查找原因，防止事故隐患的进一步扩大。

1. 安全事故隐患治理原则

(1)冗余安全度治理原则

为确保安全，在治理事故隐患时应考虑设置多道防线，即使发生有一两道防线无效，还有冗余的防线可以控制事故隐患。例如，道路上有一个坑，既要设防护栏及警示牌，又要设照明及夜间警示红灯。

(2)单项隐患综合治理原则

人、机、料、法、环境五者任一个环节产生安全事故隐患，都要从五者安全匹配的角度考虑，调整匹配的方法，提高匹配的可靠性。一件单项隐患问题的整改需综合(多角度)治理。人的隐患，既要治人也要治机械及生产环境等各环节。例如，某工地发生触电事故，一方面要进行人的安全用电操作教育，同时现场也要设置漏电开关，对配电箱、用电线路进行防护改造，也要严禁非专业电工乱接乱拉电线。

(3)事故直接隐患与间接隐患并治原则

对人、机、环境系统进行安全治理的同时，还需治理安全管理措施。

(4)预防与减灾并重治理原则

治理安全事故隐患时，需尽可能减少发生事故的可能性，如果不能安全控制事故的发生，也要设法将事故等级降低。但是不论预防措施如何完善，都不能保证事故绝对不会发生，必须对事故减灾做好充分准备，研究应急技术操作规范，定期组织训练和演习，使该生产环境中每名干部及工人都真正掌握这些减灾技术。

(5)重点治理原则

按对隐患的分析评价结果实行危险点分级治理，也可以用安全检查表打分，对隐患危险程度分级。

（6）动态治理原则

动态治理就是对生产过程进行动态随机安全化治理，生产过程中发现问题及时治理，既可以及时消除隐患，又可以避免小的隐患发展成大的隐患。

2. 安全事故隐患的处理

在建筑工程中，安全事故隐患的发现可以来自各参与方，包括建设单位、设计单位、监理单位、施工单位、供货商、工程监管部门等。各方对于事故安全隐患处理的义务和责任，以及相关的处理程序在《建设工程安全生产管理条例》中已有明确的界定。这里仅从施工单位角度谈其对事故安全隐患的处理方法。

（1）当场指正，限期纠正，预防隐患发生

对于违章指挥和违章作业行为，检查人员应当场指出，并限期纠正，预防事故的发生。

（2）做好记录，及时整改，消除安全隐患

对检查中发现的各类安全事故隐患，应做好记录，分析安全隐患产生的原因，制定消除隐患的纠正措施，报相关方审查批准后进行整改，及时消除隐患。对重大安全事故隐患排除前或者排除过程中无法保证安全的，责令从危险区域内撤出作业人员或者暂时停止施工，待隐患消除后再行施工。

（3）分析统计，查找原因，制定预防措施

对于反复发生的安全隐患，应通过分析统计，属于多个部位存在的同类型隐患，即"通病"；属于重复出现的隐患，即"顽症"，查找产生"通病"和"顽症"的原因，修订和完善安全管理措施，制定预防措施，从源头上消除安全事故隐患的发生。

（4）跟踪验证

检查单位应对受检单位的纠正和预防措施的实施过程和实施效果，进行跟踪验证，并保存验证记录。

8.4.3　安全隐患的防范///

安全隐患主要包括人、物、管理三个方面。

人的不安全因素，主要是指个人在心理、生理和能力等方面的不安全因素，以及人在施工现场的不安全行为；物的不安全状态，主要是指设备设施、现场场地环境等方面的缺陷；管理上的不安全因素，主要是指对物、人、工作的管理不当。

根据安全隐患的内容而采用的安全隐患防范的一般方法包括：

①对施工人员进行安全意识的培训。

②对施工机具进行有序监管，投入必要的资源进行保养维护。

③建立施工现场的安全监督检查机制。

8.5　生产安全事故应急预案和事故处理

8.5.1　生产安全事故应急预案///

生产安全事故应急预案是指事先制订的关于生产安全事故发生时进行紧急救援的组织、程序、责任及协调等方面的方案和计划，是对特定的潜在事件和紧急情况发生时所采取措施的计划安排,是应急响应的行动指南。

编制应急预案的目的,是避免紧急情况发生时出现混乱,确保按照合理的响应流程采取适当的救援措施,预防和减少可能随之引发的职业健康安全和环境影响。

1. 生产安全事故应急预案的构成

生产安全事故应急预案分为综合应急预案、专项应急预案和现场处置方案。

综合应急预案,是指生产经营单位为应对各种生产安全事故而制订的综合性工作方案,是本单位应对生产安全事故的总体工作程序、措施和应急预案体系的总纲。综合应急预案应当规定应急组织机构及其职责、应急预案体系、事故风险描述、预警及信息报告、应急响应、保障措施、应急预案管理等内容。

专项应急预案,是指生产经营单位为应对某一种或者多种类型生产安全事故,或者针对重要生产设施、重大危险源、重大活动防止生产安全事故而制订的专项性工作方案。专项应急预案应当规定应急指挥机构与职责、处置程序和措施等内容。

现场处置方案,是指生产经营单位根据不同生产安全事故类型,针对具体场所、装置或者设施所制定的应急处置措施。现场处置方案应当规定应急工作职责、应急处置措施和注意事项等内容。

生产经营单位风险种类多、可能发生多种类型事故的,应当组织编制综合应急预案。对于某一种或者多种类型的事故风险,生产经营单位可以编制相应的专项应急预案,或将专项应急预案并入综合应急预案。对于危险性较大的场所、装置或者设施,生产经营单位应当编制现场处置方案。事故风险单一、危险性小的生产经营单位,可以只编制现场处置方案。

生产经营单位应急预案应当包括向上级应急管理机构报告的内容、应急组织机构和人员的联系方式、应急物资储备清单等附件信息。附件信息发生变化时,应当及时更新,确保准确有效。

2. 生产安全事故应急预案编制的要求和内容

(1)生产安全事故应急预案编制的要求

①符合有关法律、法规、规章和标准的规定。

②结合本地区、本部门、本单位的安全生产实际情况。

③结合本地区、本部门、本单位的危险性分析情况。

④应急组织和人员的职责分工明确,并有具体的落实措施。

⑤有明确、具体的事故预防措施和应急程序,并与其应急能力相适应。

⑥有明确的应急保障措施,并能满足本地区、本部门、本单位的应急工作要求。

⑦预案基本要素齐全、完整,预案附件提供的信息准确。

⑧预案内容与相关应急预案相互衔接。

(2)生产安全事故应急预案编制的内容

根据2013年10月1日起实施的《生产经营单位生产安全事故应急预案编制导则》,生产安全事故应急预案编制的内容分别为:

①综合应急预案主要内容

1 总则

1.1 适用范围

说明应急预案适用的范围。

1.2 响应分级

依据事故危害程度、影响范围和生产经营单位控制事态的能力,对事故应急响应进行分级,明确分级响应的基本原则。响应分级不必照搬事故分级。

2 应急组织机构及职责

明确应急组织形式(可用图示)及构成单位(部门)的应急处置职责。应急组织机构可设置相应的工作小组,各小组具体构成、职责分工及行动任务应以工作方案的形式作为附件。

3 应急响应

3.1 信息报告

3.1.1 信息接报

明确应急值守电话、事故信息接收、内部通报程序、方式和责任人,向上级主管部门、上级单位报告事故信息的流程、内容、时限和责任人,以及向本单位以外的有关部门或单位通报事故信息的方法、程序和责任人。

3.1.2 信息处置与研判

3.1.2.1 明确响应启动的程序和方式。根据事故性质、严重程度、影响范围和可控性,结合响应分级明确的条件,可由应急领导小组做出响应启动的决策并宣布,或者依据事故信息是否达到响应启动的条件自动启动。

3.1.2.2 若未达到响应启动条件,应急领导小组可作出预警启动的决策,做好响应准备,实时跟踪事态发展。

3.1.2.3 响应启动后,应注意跟踪事态发展,科学分析处置需求,及时调整响应级别,避免响应不足或过度响应。

3.2 预警

3.2.1 预警启动

明确预警信息发布渠道、方式和内容。

3.2.2 响应准备

明确做出预警启动后应开展的响应准备工作,包括队伍.物资、装备、后勤及通信。

3.2.3 预警解除

明确预警解除的基本条件、要求及责任人。

3.3 响应启动

确定响应级别,明确响应启动后的程序性工作,包括应急会议召开、信息上报、资源协调、信息公开、后勤及财力保障工作。

3.4 应急处置

明确事故现场的警戒疏散、人员搜救、医疗救治、现场监测、技术支持、工程抢险及环境保护方面的应急处置措施,并明确人员防护的要求。

3.5 应急支援

明确当事态无法控制情况下,向外部(救援)力量请求支援的程序及要求、联动程序及要求,以及外部(救援)力量到达后的指挥关系。

3.6 响应终止

明确响应终止的基本条件、要求和责任人。

4 后期处置

明确污染物处理、生产秩序恢复、人员安置方面的内容。

5 应急保障

5.1 通信与信息保障

明确应急保障的相关单位及人员通信联系方式和方法,以及备用方案和保障责任人。

5.2 应急队伍保障

明确相关的应急人力资源,包括专家、专兼职应急救援队伍及协议应急救援队伍。

5.3 物资装备保障

明确本单位的应急物资和装备的类型、数量、性能、存放位置、运输及使用条件、更新及补充时限、管理责任人及其联系方式,并建立台账。

5.4 其他保障

根据应急工作需求而确定的其他相关保障措施(如:能源保障、经费保障、交通运输保障、治安保障、技术保障、医疗保障及后勤保障)。

②专项应急预案主要内容

1 适用范围

说明专项应急预案适用的范围,以及与综合应急预案的关系。

2 应急组织机构及职责

明确应急组织形式(可用图示)及构成单位(部门)的应急处置职责。应急组织机构以及各成员单位或人员的具体职责。应急组织机构可以设置相应的应急工作小组,各小组具体构成,职责分工及行动任务建议以工作方案的形式作为附件。

3 响应启动

明确响应启动后的程序性工作,包括应急会议召开、信息上报、资源协调、信息公开、后勤及财力保障工作。

4 处置措施

针对可能发生的事故风险、危害程度和影响范围,明确应急处置指导原则,制定相应的应急处置措施。

5 应急保障

根据应急工作需求明确保障的内容。

③现场处置方案主要内容

1 事故风险描述

简述事故风险评估的结果(可用列表的形式列在附件中)。

2 应急工作职责

明确应急组织分工和职责。

3 应急处置

包括但不限于下列内容:

a.应急处置程序。根据可能发生的事故及现场情况,明确事故报警、各项应急措施启动、应急救护人员的引导、事故扩大及同生产经营单位应急预案的衔接程序。

b.现场应急处置措施。针对可能发生的事故从人员救护、工艺操作.事故控制、消防、现场恢复等方面制定明确的应急处置措施。

c.明确报警负责人以及报警电话及上级管理部门、相关应急救援单位联络方式和联系人员,事故,报告基本要求和内容。

4 注意事项

包括人员防护和自救互救、装备使用、现场安全等方面的内容。

8.5.2 生产安全事故应急预案的管理 //

建筑工程生产安全事故应急预案的管理包括应急预案的评审、备案、实施和奖惩。

应急管理部负责全国应急预案的综合协调管理工作。县级以上地方各级安全生产监督管理部门负责本行政区域内应急预案的综合协调管理工作。县级以上地方各级其他负有安全生产监督管理职责的部门按照各自的职责负责有关行业、领域应急预案的管理工作。

1. 应急预案的评审

地方各级安全生产监督管理部门应当组织有关专家对本部门编制的应急预案进行审定,必要时可以召开听证会,听取社会有关方面的意见。涉及相关部门职能或者需要有关部门配合的,应当征得有关部门同意。

参加应急预案评审的人员应当包括应急预案涉及的政府部门工作人员和有关安全生产及应急管理方面的专家。

评审人员与所评审预案的生产经营单位有利害关系的,应当回避。

应急预案的评审或者论证应当注重应急预案的实用性、基本要素的完整性、预防措施的针对性、组织体系的科学性、响应程序的操作性、应急保障措施的可行性、应急预案的衔接性等内容。

2. 应急预案的公布

应急预案经评审或者论证后,由本单位主要负责人签署公布,并及时发放到本单位有关部门、岗位和相关应急救援队伍。

事故风险可能影响周边其他单位、人员的,生产经营单位应当将有关事故风险的性质、影响范围和应急防范措施告知周边的其他单位和人员。

3. 应急预案的备案

地方各级人民政府应急管理部门的应急预案,应当报同级人民政府备案,同时抄送上一级人民政府应急管理部门,并依法向社会公布。其他负有安全生产监督管理职责的部门的应急预案,应当抄送同级人民政府应急管理部门。

属于中央企业的,其总部(上市公司)的应急预案,报国务院主管的负有安全生产监督管理职责的部门备案,并抄送应急管理部;其所属单位的应急预案报所在地的省、自治区、直辖市或者设区的市级人民政府主管的负有安全生产监督管理职责的部门备案,并抄送同级人民政府应急管理部门。

不属于中央企业的,其中非煤矿山、金属冶炼和危险化学品生产、经营、储存、运输企业,以及使用危险化学品达到国家规定数量的化工企业、烟花爆竹生产、批发经营企业的应急预案,按照隶属关系报所在地县级以上地方人民政府应急管理部门备案;前述单位以外的其他生产经营单位应急预案的备案,由省、自治区、直辖市人民政府负有安全生产监督管理职责的部门确定。

4.应急预案的实施

各级安全生产监督管理部门、生产经营单位应当采取多种形式开展应急预案的宣传教育,普及生产安全事故预防、避险、自救和互救知识,提高从业人员的安全意识和应急处置技能。

生产经营单位应当制订本单位的应急预案演练计划,根据本单位的事故预防重点,每年至少组织一次综合应急预案演练或者专项应急预案演练,每半年至少组织一次现场处置方案演练。

有下列情形之一的,应急预案应当及时修订并归档:

①依据的法律、法规、规章、标准及上位预案中的有关规定发生重大变化的。

②应急指挥机构及其职责发生调整的。

③面临的事故风险发生重大变化的。

④重要应急资源发生重大变化的。

⑤预案中的其他重要信息发生变化的。

⑥在应急演练和事故应急救援中发现问题需要修订的;。

⑦编制单位认为应当修订的其他情况。

应急预案修订涉及组织指挥体系与职责、应急处置程序、主要处置措施、应急响应分级等内容变更的,修订工作应当参照《生产安全事故应急预案管理办法》规定的应急预案编制程序进行,并按照有关应急预案报备程序重新备案。

5.监督管理

各级人民政府应急管理部门和煤矿安全监察机构应当将生产经营单位应急预案工作纳入年度监督检查计划,明确检查的重点内容和标准,严格按照计划开展执法检查。

地方各级人民政府应急管理部门应当每年对应急预案的监督管理工作情况进行总结,并报上一级人民政府应急管理部门。

对于在应急预案管理工作中做出显著成绩的单位和人员,各级人民政府应急管理部门、生产经营单位可以给予表彰和奖励。

8.5.3 职业健康安全事故的分类和处理 ///////////////////////////////////////

1.职业伤害事故的分类

职业健康安全事故分两大类型,即职业伤害事故与职业病。职业伤害事故是指因生产过程及工作原因或与其相关的其他原因造成的伤亡事故。

(1)按照事故发生的原因分类

按照《企业职工伤亡事故分类》(GB 6441—1986)规定,职业伤害事故分为20类,其中与建筑业有关的有以下12类。

①物体打击,是指落物、滚石、锤击、碎裂、崩块、砸伤等造成的人身伤害,不包括因爆炸而引起的物体打击。

②车辆伤害,是指被车辆挤、压、撞和车辆倾覆等造成的人身伤害。

③机械伤害,是指被机械设备或工具绞、碾、碰、割、戳等造成的人身伤害,不包括车辆、起重设备引起的伤害。

④起重伤害，是指从事各种起重作业时发生的机械伤害事故，不包括上下驾驶室时发生的坠落伤害，起重设备引起的触电及检修时制动失灵造成的伤害。

⑤触电，是由于电流经过人体导致的生理伤害，包括雷击伤害。

⑥灼烫，是指火焰引起的烧伤、高温物体引起的烫伤、强酸或强碱引起的灼伤、放射线引起的皮肤损伤，不包括电烧伤及火灾事故引起的烧伤。

⑦火灾，是在火灾时造成的人体烧伤、窒息、中毒等。

⑧高处坠落，是由于危险势能差引起的伤害，包括从架子、屋架上坠落以及平地坠入坑内等。

⑨坍塌，是指建筑物、堆置物倒塌以及土石塌方等引起的事故伤害。

⑩火药爆炸，是指在火药的生产、运输、储藏过程中发生的爆炸事故。

⑪中毒和窒息，是指煤气、油气、沥青、化学、一氧化碳中毒等。

⑫其他伤害，是包括扭伤、跌伤、冻伤、野兽咬伤等。

（2）按事故严重程度分类

《企业职工伤亡事故分类》（GB 6441—1986）规定，按事故严重程度分类，事故分为：

①轻伤事故，是指造成职工肢体或某些器官功能性或器质性轻度损伤，能引起劳动能力轻度或暂时丧失的伤害的事故，一般每个受伤人员休息 1 个工作日以上（含 1 个工作日），105 个工作日以下。

②重伤事故，一般指受伤人员肢体残缺或视觉、听觉等器官受到严重损伤，能引起人体长期存在功能障碍或劳动能力有重大损失的伤害，或者造成每个受伤人损失 105 工作日以上（含 105 个工作日）的失能伤害的事故。

③死亡事故，其中，重大伤亡事故指一次事故中死亡 1～2 人的事故；特大伤亡事故指一次事故死亡 3 人以上（含 3 人）的事故。

（3）按事故造成的人员伤亡或者直接经济损失分类

依据 2007 年 6 月 1 日起实施的《生产安全事故报告和调查处理条例》规定，按生产安全事故（以下简称事故）造成的人员伤亡或者直接经济损失，事故分为：

①特别重大事故，是指造成 30 人以上死亡，或者 100 人以上重伤（包括急性工业中毒，下同），或者 1 亿元以上直接经济损失的事故。

②重大事故，是指造成 10 人以上 30 人以下死亡，或者 50 人以上 100 人以下重伤，或者 5 000 万元以上 1 亿元以下直接经济损失的事故。

③较大事故，是指造成 3 人以上 10 人以下死亡，或者 10 人以上 50 人以下重伤，或者 1 000 万元以上 5 000 万元以下直接经济损失的事故。

④一般事故，是指造成 3 人以下死亡，或者 10 人以下重伤，或者 1 000 万元以下直接经济损失的事故。

目前，在建筑工程领域中，判别事故等级较多采用的是《生产安全事故报告和调查处理条例》。

2. 安全事故的处理

一旦事故发生，通过应急预案的实施，尽可能防止事态的扩大和减少事故的损失。通过事故处理程序，查明原因，制定相应的纠正和预防措施，避免类似事故的再次发生。

（1）事故处理的原则

发生安全事故后的"四不放过"处理原则，其具体内容如下：

①事故原因未查清不放过

要求在调查处理伤亡事故时，首先要把事故原因分析清楚，找出导致事故发生的真正原因，未找到真正原因决不轻易放过，直到找到真正原因并搞清各因素之间的因果关系才算达到事故原因分析的目的。

②事故责任人未受到处理不放过

这是安全事故责任追究制的具体体现，对事故责任者要严格按照安全事故责任追究的法律法规的规定进行严肃处理；不仅要追究事故直接责任人的责任，同时要追究有关负责人领导的责任。当然，处理事故责任者必须谨慎，避免事故责任追究的扩大化。

③事故没有制定切实可行的整改措施不放过

必须针对事故发生的原因，提出防止相同或类似事故发生的切实可行的预防措施，并督促事故发生单位加以实施。只有这样，才算达到了事故调查和处理的最终目的。

④事故责任人和周围群众没有受到教育不放过

使事故责任者和广大群众了解事故发生的原因及所造成的危害，并深刻认识到搞好安全生产的重要性，从事故中吸取教训，提高安全意识，改进安全管理工作。

（2）建筑工程安全事故处理措施

①按规定向有关部门报告事故情况

事故发生后，事故现场有关人员应当立即向本单位负责人报告；单位负责人接到报告后，应当于1小时内向事故发生地县级以上人民政府安全生产监督管理部门和负有安全生产监督管理职责的有关部门报告，并有组织、有指挥地抢救伤员、排除险情；应当防止人为或自然因素的破坏，便于事故原因的调查。

情况紧急时，事故现场有关人员可以直接向事故发生地县级以上人民政府安全生产监督管理部门和负有安全生产监督管理职责的有关部门报告。安全生产监督管理部门和负有安全生产监督管理职责的有关部门接到事故报告后，应当依照下列规定上报事故情况，并通知公安机关、劳动保障行政部门、工会和人民检察院。

特别重大事故、重大事故逐级上报至国务院安全生产监督管理部门和负有安全生产监督管理职责的有关部门。

较大事故逐级上报至省、自治区、直辖市人民政府安全生产监督管理部门和负有安全生产监督管理职责的有关部门。

一般事故上报至设区的市级人民政府安全生产监督管理部门和负有安全生产监督管理职责的有关部门。安全生产监督管理部门和负有安全生产监督管理职责的有关部门依照上报事故情况，应当同时报告本级人民政府。国务院安全生产监督管理部门和负有安全生产监督管理职责的有关部门以及省级人民政府接到发生特别重大事故、重大事故的报告后，应当立即报告国务院。必要时，安全生产监督管理部门和负有安全生产监督管理职责的有关部门可以越级上报事故情况。

安全生产监督管理部门和负有安全生产监督管理职责的有关部门逐级上报事故情况，每级上报的时间不得超过2小时。事故报告后出现新情况的，应当及时补报。

②组织调查组,开展事故调查

特别重大事故由国务院或者国务院授权有关部门组织事故调查组进行调查。重大事故、较大事故、一般事故分别由事故发生地省级人民政府、设区的市级人民政府、县级人民政府负责调查。省级人民政府、设区的市级人民政府、县级人民政府可以直接组织事故调查组进行调查,也可以授权或者委托有关部门组织事故调查组进行调查。未造成人员伤亡的一般事故,县级人民政府也可以委托事故发生单位组织事故调查组进行调查。

事故调查组有权向有关单位和个人了解与事故有关的情况,并要求其提供相关文件、资料,有关单位和个人不得拒绝。事故发生单位的负责人和有关人员在事故调查期间不得擅离职守,并应当随时接受事故调查组的询问,如实提供有关情况。事故调查中发现涉嫌犯罪的,事故调查组应当及时将有关材料或者其复印件移交司法机关处理。

事故调查组应当自事故发生之日起 60 日内提交事故调查报告;特殊情况下,经负责事故调查的人民政府批准,提交事故调查报告的期限可以适当延长,但延长的期限不超过 60 日。事故调查报告应当包括下列内容:

a.事故发生单位概况。

b.事故发生经过和事故救援情况。

c.事故造成的人员伤亡和直接经济损失。

d.事故发生的原因和事故性质。

e.事故责任的认定以及对事故责任者的处理建议。

f.事故防范和整改措施。

③事故的处理

重大事故、较大事故、一般事故,负责事故调查的人民政府应当自收到事故调查报告之日起 15 日内做出批复;特别重大事故,30 日内做出批复,特殊情况下,批复时间可以适当延长,但延长的时间不超过 30 日。

有关机关应当按照人民政府的批复,依照法律、行政法规规定的权限和程序,对事故发生单位和有关人员进行行政处罚,对负有事故责任的国家工作人员进行处分。事故发生单位应当按照负责事故调查的人民政府的批复,对本单位负有事故责任的人员进行处理。

负有事故责任的人员涉嫌犯罪的,依法追究其刑事责任。

8.6　建筑工程项目环境管理

施工企业应遵照《环境管理体系　要求及使用指南》的要求,建立并持续改进环境管理体系。项目经理部应根据批准的建筑项目环境影响报告,通过对环境因素的识别和评估,确定管理目标及主要指标,并在各个阶段贯彻实施。

8.6.1　建筑工程项目环境管理概述

1.建筑工程项目环境管理程序

项目的环境管理应遵循下列程序:

(1)确定环境管理目标。

（2）进行项目环境管理策划。

（3）实施项目环境管理策划。

（4）验证并持续改进项目环境管理策划。

2.建筑工程项目环境管理的工作要求

项目经理负责现场环境管理工作的总体策划和部署，建立项目环境管理组织机构，制定相应制度和措施，组织培训，使各级人员明确环境保护的意义和责任。

（1）项目经理部应按照分区划块原则，搞好现场的环境管理，进行定期检查，加强协调，及时解决发现的问题，实施纠正和预防措施，保持现场良好的作业环境、卫生条件和工作秩序，做到污染预防。

（2）项目经理部应对环境因素进行控制，制定应急准备和响应措施，并保证信息通畅，预防可能出现非预期的损害。在出现环境事故时，应消除污染，并应制定相应措施，防止环境二次污染。

（3）项目经理部应保存有关环境管理的工作记录。

（4）项目经理部应进行现场节能管理，有条件时应规定能源使用指标。

8.6.2　施工现场职业健康安全卫生的措施 //

施工现场的卫生与防疫应由专人负责，全面管理施工现场的卫生工作，监督和执行卫生法规、规章、管理办法，落实各项卫生措施。

1.现场宿舍的管理

（1）宿舍内应保证有必要的生活空间，室内净高不得小于 2.4 m，通道宽度不得小于 0.9 m，每间宿舍居住人员不得超过 16 人。

（2）施工现场宿舍必须设置可开启式窗户，宿舍内的床铺不得超过两层，严禁使用通铺。

（3）宿舍内应设置生活用品专柜，有条件的宿舍宜设置生活用品储藏室。

（4）宿舍内应设置垃圾桶，宿舍外宜设置鞋柜或鞋架，生活区内应提供为作业人员晾晒衣服的场地。

2.现场食堂的管理

（1）食堂必须有卫生许可证，炊事人员必须持身体健康证上岗。

（2）炊事人员上岗应穿戴洁净的工作服、工作帽和口罩，并应保持个人卫生，不得穿工作服出食堂，非炊事人员不得随意进入制作间。

（3）食堂炊具、餐具和公用饮水器具必须清洗消毒。

（4）施工现场应加强食品、原料的进货管理，食堂严禁出售变质食品。

（5）食堂应设置在远离厕所、垃圾站、有毒有害场所等污染源的地方。

（6）食堂应设置独立的制作间、储藏间，门扇下方应设不低于 0.2 m 的防鼠挡板。制作间灶台及其周边应贴瓷砖，所贴瓷砖高度不宜小于 1.5 m，地面应做硬化和防滑处理。粮食存放台距墙和地面应大于 0.2 m。

（7）食堂应配备必要的排风设施和冷藏设施。

（8）食堂的燃气罐应单独设置存放间，存放间应通风良好并严禁存放其他物品。

（9）食堂制作间的炊具宜存放在封闭的橱柜内，刀、盆、案板等炊具应生熟分开。食品应有遮盖，遮盖物品应用正反面标识。各种作料和副食应存放在密闭器皿内，并应有标识。

（10）食堂外应设置密闭式泔水桶，并应及时清运。

3. 现场厕所的管理

（1）施工现场应设置水冲式或移动式厕所，厕所地面应硬化，门窗应齐全。蹲位之间宜设置隔板，隔板高度不宜低于 0.9 m。

（2）厕所大小应根据作业人员的数量设置。高层建筑施工超过 8 层以后，每隔四层宜设置临时厕所。厕所应设专人负责清扫、消毒、化粪池应及时清掏。

8.6.3　施工现场文明施工的措施

1. 封闭管理

施工现场必须实行封闭管理，设置进出口大门，进口处必须设置"五牌一图"，制定门卫制度，严格执行外来人员进场登记制度。沿工地四周连续设置围挡，市区主要路段和其他涉及市容景观路段的工地设置围挡的高度不低于 2.5 m，其他工地的围挡高度不低于 1.8 m，围挡材料要求坚固、稳定、统一、整洁、美观。

2. 安全警示牌

施工部位、作业点和危险区域以及主要通道口都必须有针对性地悬挂醒目的安全警示牌。

3. 施工场地

（1）施工现场应积极推行硬地坪施工，作业区、生活区主干道地面必须用一定厚度的混凝土硬化，场内其他道路地面也应硬化处理。

（2）施工现场道路畅通、平坦、整洁，无散落物。

（3）施工现场设置排水系统，排水畅通，不积水。

（4）严禁泥浆、污水、废水外流或未经允许排入河道，严禁堵塞下水道和排水河道。

（5）施工现场适当地方设置吸烟处，作业区内禁止随意吸烟。

（6）积极美化施工现场环境，根据季节变化，适当进行绿化布置。

4. 材料堆放、周转设备管理

（1）建筑材料、构配件、料具必须按施工现场总平面布置图堆放，布置合理。

（2）建筑材料、构配件及其他料具等必须做到安全、整齐堆放（存放），不得超高。堆料分门别类，悬挂标牌，标牌应统一制作，标明名称、品种、规格数量等。

（3）建立材料收发管理制度，仓库、工具间材料堆放整齐，易燃易爆物品分类堆放，专人负责，确保安全。

（4）施工现场建立清扫制度，落实到人，做到工完料尽场地清，车辆进出场应有防泥带出措施。建筑垃圾及时清运，临时存放现场的也应集中堆放整齐、悬挂标牌。不用的施工机械和设备应及时出场。

（5）施工设施、大模板、砖夹等，集中堆放整齐，大模板成对放稳，角度正确。钢模及零配件、脚手扣件分类分规格，集中存放。竹木杂料，分类堆放，规则成方，不散不乱，不做他用。

5. 现场生活设施

（1）施工现场作业区与办公、生活区必须明显划分，确因场地狭窄不能划分的，要有可靠的隔离栏防护措施。

（2）宿舍内应确保主体结构安全，设施完好。宿舍周围环境应保持整洁、安全。

（3）宿舍内应有保暖、消暑、防煤气中毒、防蚊虫叮咬等措施。严禁使用煤气灶、煤油炉、电饭煲、热得快、电炒锅、电炉等器具。

（4）食堂应有良好的通风和洁卫措施，保持卫生整洁，炊事员持健康证上岗。

（5）建立现场卫生责任制，设卫生保洁员。

（6）施工现场应设固定的男、女简易淋浴室和厕所，并要保证结构稳定、牢固和防风雨。并实行专人管理、及时清扫，保持整洁，要有灭蚊蝇滋生措施。

8.6.4　施工现场环境保护的措施

施工现场环境保护措施主要包括大气污染的防治、水污染的防治、噪声污染的防治、固体废弃物的处理等。

1. 施工现场空气污染的防治措施

（1）施工现场垃圾渣土要及时清理出现场。

（2）高大建筑物清理施工垃圾时，要使用封闭式的容器或者采取其他措施处理高空废弃物，严禁凌空随意抛撒。

（3）施工现场道路应指定专人定期洒水清扫。

（4）对于细颗粒散体材料（如水泥、粉煤灰、白灰等）的运输、储存要注意遮盖、密封，防止和减少扬尘。

（5）车辆开出工地要做到不带泥沙，基本做到不撒土、不扬尘，减少对周围环境污染。

（6）除设有符合规定的装置外，禁止在施工现场焚烧油毡、橡胶、塑料、皮革、树叶、枯草、各种包装物等废弃物品以及其他会产生有毒、有害烟尘和恶臭气体的物质。

（7）机动车都要安装减少尾气排放的装置，确保符合国家标准。

（8）工地茶炉应尽量采用电热水器。当只能使用烧煤茶炉和锅炉时，应选用消烟除尘型茶炉和锅炉，大灶应选用消烟节能回风炉灶，使烟尘降至允许排放范围为止。

（9）大城市市区的建设工程已不容许搅拌混凝土。在容许设置搅拌站的工地，应将搅拌站封闭严密，并在进料仓上方安装除尘装置，采用可靠措施控制工地粉尘污染。

（10）拆除旧建筑物时，应适当洒水，防止扬尘。

2. 水污染的防治措施

（1）禁止将有毒有害废弃物作土方回填。

（2）施工现场搅拌站废水，现制水磨石的污水、电石（碳化钙）的污水必须经沉淀池沉淀合格后再排放，最好将沉淀水用于工地洒水降尘或采取措施回收利用。

（3）现场存放油料，必须对库房地面进行防渗处理，如采用防渗混凝土地面、铺油毡等措施。使用时，要采取防止油料跑、冒、滴、漏的措施，以免污染水体。

（4）施工现场100人以上的临时食堂，污水排放时可设置简易有效的隔油池，定期清理，防止污染。

（5）工地临时厕所、化粪池应采取防渗漏措施。中心城市施工现场的临时厕所可采用水冲式厕所，并有防蝇灭蛆措施，防止污染水体和环境。

（6）化学用品、外加剂等要妥善保管，库内存放，防止污染环境。

3. 施工现场噪声的控制措施

噪声控制技术可从声源、传播途径、接收者防护等方面来考虑。

（1）声源控制

①声源上降低噪声，这是防止噪声污染的最根本的措施。

②尽量采用低噪声设备和加工工艺代替高噪声设备与加工工艺。

③在声源处安装消声器消声，即在通风机、鼓风机、压缩机、燃气机、内燃机及各类排气放空装置等进出风管的适当位置设置消声器。

（2）传播途径的控制

①吸声：利用吸声材料（大多由多孔材料制成）或由吸声结构形成的共振结构（金属或木质薄板钻孔形成的空腔体）吸收声能，降低噪声。

②隔声：应用隔声结构，阻碍噪声向空间传播，将接收者与噪声声源分隔。隔声结构包括隔声室、隔声罩、隔声屏障、隔声墙等。

③消声：利用消声器阻止传播。允许气流通过的消声降噪是防治空气动力性噪声的主要装置。如对空气压缩机、内燃机产生的噪声等。

④减振降噪：对来自振动引起的噪声，通过降低机械振动减小噪声，如将阻尼材料涂在振动源上，或改变振动源与其他刚性结构的连接方式等。

（3）接收者的防护

让处于噪声环境下的人员使用耳塞、耳罩等防护用品，减少相关人员在噪声环境中的暴露时间，以减轻噪声对人体的危害。

（4）严格控制人为噪声

①进入施工现场不得高声喊叫、无故甩打模板、乱吹哨，限制高音喇叭的使用，最大限度地减少噪声扰民。

②凡在人口稠密区进行强噪声作业时，须严格控制作业时间，一般晚10时到次日早6时之间停止强噪声作业。确系特殊情况必须昼夜施工时，尽量采取降低噪声措施，并会同建设单位找当地居委会、村委会或当地居民协调，出安民告示，求得群众谅解。

4. 固体废物的处理和处置

（1）回收利用

回收利用是对固体废物进行资源化的重要手段之一。粉煤灰在建筑工程领域的广泛应用就是对固体废弃物进行资源化利用的典型范例。

（2）减量化处理

减量化是对已经产生的固体废物进行分选、破碎、压实浓缩、脱水等减少其最终处置量，降低处理成本，减少对环境的污染。在减量化处理的过程中，也包括和其他处理技术相关的工艺方法，如焚烧、热解、堆肥等。

（3）焚烧

焚烧用于不适合再利用且不宜直接予以填埋处置的废物，除有符合规定的装置外，不得在施工现场熔化沥青和焚烧油毡、油漆，亦不得焚烧其他可产生有毒有害和恶臭气体的废弃物。垃圾焚烧处理应使用符合环境要求的处理装置，避免对大气的二次污染。

（4）稳定和固化

稳定和固化处理是利用水泥、沥青等胶结材料，将松散的废物胶结包裹起来，减少有害物质从废物中向外迁移、扩散,使得废物对环境的污染减少。

（5）填埋

填埋是固体废物经过无害化、减量化处理的废物残渣集中到填埋场进行处置。禁止将有毒有害废弃物现场填埋,填埋场应利用天然或人工屏障。尽量使需处置的废物与环境隔离,并注意废物的稳定性和长期安全性。

5.光污染的处理

①对施工现场照明器具的种类、灯光亮度加以控制,不对着居民区照射,并利用隔离屏障（如灯罩、搭设排架密挂草帘或篷布等）。

②电气焊应尽量远离居民区,在工作面设蔽光屏障。

相关资料

质量、环境、职业健康安全管理体系在建设工程项目管理中的应用

质量、环境、职业健康安全管理体系应用于项目时,首先要在项目建立适宜的管理体系。企业建立和运行的三体系文件是企业通用性的管理标准。每一个工程项目从项目中标之后就要着手建立自己的管理体系。在建立体系的过程中以下几点最为重要：

一是正确理解八项质量管理原则并有意识地应用。如"以顾客为关注焦点",第一要充分准确地了解本项目的业主对项目建设的相关要求,这个要求包括对产品质量、工期的要求,也包括对环保和安全的要求；第二要完整地贯彻业主的要求,要体现在项目管理策划文件中,体现在项目管理的各个过程中,体现在交付的产品上。再如"与供方互利的关系",项目部一定要正确认识和处理好与供方的关系,必须互利共赢,否则就会给项目带来许多问题——若给物资供方确定的单价太低,就可能导致中途不供材料或供劣质材料的风险；若给工程或劳务分包方确定的单价不合适,就容易出现施工过程偷工减料或拖延工期或停工调价的风险。与供方互利也要共同发展。

二是按三体系管理思想组建好项目部。首先,要组建高效的管理团队。按法规要求选配好项目经理,原则上项目经理应具有建造师资格,而且要有相应专业的资格,如从事公路工程的项目经理应有公路专业的建造师资格,从事房建工程的项目经理应有房建专业的建造师资格等；要配齐项目领导班子；要配好管理职能部门或人员。其次,要明确各级各类管理人员的管理职责。要确保管理团队的每一个人都清楚自己在质量、环境以及职业健康安全管理方面的职责是什么,如果不很好履行职责会带来什么样的后果。最后,要建立完善的项目管理制度,需要特别注意的是这些制度必须满足项目适用的国家或行业有关质量、环境以及职业健康安全的法规要求,如现场污水排放、油料存放、临时用电等。

三是做好项目管理策划。首先,要充分进行策划的输入。输入至少要包括项目的招标文件、公司的投标文件、发包方关于项目建设的文件、设计图纸、设计交底、地质勘探资料、建设单位和施工总包单位的施工组织设计、公司或项目前期进行的施工调查报告、公司的三体系管理文件和项目适用的国家或行业有关环保以及职业健康安全的法规要求等。其次,策划项目管理文件应高度重视将输入的信息和要求进行融合和体

现。输出文件通常是实施性施工组织设计、专项施工方案等,在这些文件中应有明确的质量、环境以及职业健康安全管理目标和能够确保目标实现的组织机构、保证机制和保证措施。当然这些策划必须切合项目的实际,必须高度关注业主和相关方的要求,必须针对项目存在或可能存在的重大风险。有的大项目还另外编制了质保手册、环保手册、安全管理手册等。在策划时应注意把企业长期形成的诸如先进技术、经验智慧和管理方法应用于工程项目,分析质量环保安全的控制对象、控制目标、影响因素、活动条件等,找出薄弱的环节并制定最有效的措施,如质量通病防治办法或专项技术支持,以此做好工程质量的事先预控。总之,应通过管理策划与项目部的管理制度等共同构建成项目部的文件化管理体系。

本章小结

针对职业健康安全与环境管理的目的及特点,遵照职业健康安全管理体系与环境管理体系,安全管理要在识别并评价危险源的基础上,编制项目职业健康安全技术措施计划,通过设置职业健康安全管理机构、建立职业健康安全生产责任制度、进行安全生产教育培训、安全技术交底和安全检查、建立应急预案等手段来防范安全隐患及防止安全事故的发生。如发生安全事故,应采取科学的处理措施。环境管理要进行项目环境管理策划,采取一系列措施去达到安全、卫生、文明、环境保护的要求。

思考题

1. 简述职业健康安全与环境管理的目的及特点。
2. 建筑工程施工中有哪些危险源?
3. 项目职业健康安全技术措施计划有哪些内容?
4. 安全检查可以使用哪些方法?
5. 安全事故的处理程序是什么?
6. 保证文明施工的措施有哪些?

第9章
建筑工程项目合同管理

学习目标

1. 熟悉建筑工程项目合同的分类。
2. 熟悉合同订立的过程。
3. 掌握合同管理的主要过程。
4. 掌握合同担保的形式。

明礼诚信

明礼诚信是社会主义公民基本道德规范之一,"明礼"主要包括狭义和广义两个方面的内容。

从狭义上讲,"明礼"就是讲究"礼仪"和"礼让",重礼节和讲礼貌。从广义上讲,"明礼"就是讲"文明"。注重公共文明和公共道德,这就是强调的"社会公德"。"社会公德"注重的是社会交往和公共生活中的道德,包括人与人、人与社会、人与自然的相互关系中的道德,要求每一个公民,自觉遵守在这些关系中表现出来的基本道德规范。

"诚信"的基本内涵,包括"诚"和"信"两方面。《周易》有"君子进德修业。忠信,所以进德也;修辞立其诚,所以居业也。"(《周易·乾·文言》)孔子讲"自古皆有死,民无信不立。"(《论语·颜渊》)这些都是古人关于"诚信"的代表性观点,这些观点可以为我们所借鉴。

"诚"主要是讲诚实、诚恳;"信"主要是讲信用、信任。"诚信"的含义,主要是讲忠诚老实、诚恳待人,以信用取信于人,对他人给予信任。

"诚信"首先是处理个人与社会、个人与个人之间相互关系的基础性道德规范。孔子讲"民无信不立",是指国家的统治者应取信于民,否则就得不到老百姓的支持。孔子讲的是国家与民众的关系。今天我们开展公民道德建设,养成懂礼节、讲礼貌的习惯,养成尊重他人、互相礼让的道德精神;倡导做老实人、说老实话、办老实事,以信待人、以信取人、以信立人的美德。

资料来源:作者根据相关资料编写而成

9.1　建筑工程合同概述

9.1.1　建筑工程合同的概念及特征

1.建筑工程合同的概念

《民法典》(合同法)第七百八十八条规定:"建设工程合同是承包人进行工程建设,发包人支付价款的合同。建设工程合同包括工程勘察、设计、施工合同"。

根据本条规定,可以明确建设工程合同是发包人为完成工程建设任务与承包人订立的关于承包人进行工程建设、发包人接受工程并支付价款的合同。建设工程合同的当事人为发包人和承包人,发包人一般是投资建设工程的单位,通常也称作"业主"。建设工程的承包人是实施建设工程的勘察、设计、施工等业务的单位,包括对建设工程实行总承包的单位和承包分包工程的单位。

2.建筑工程合同的特征

第一,建筑工程合同的标的具有特殊性。建筑工程合同是从承揽合同中分化出来的,也属于一种完成工作的合同。与承揽合同不同的是,建筑工程合同的标的为不动产建设项目。也正由于此,使得建筑工程合同又具有内容复杂、履行期限长、投资规模大、风险较大等特点。

第二,建筑工程合同的当事人具有特定性。作为建筑工程合同当事人一方的承包人,一般情况下只能是具有从事勘察、设计、施工资格的法人。这是由建筑工程合同的复杂性所决定的。

第三,建筑工程合同是要式合同,应当采用书面形式。国家重大建设工程合同,应当按照国家规定的程序和国家批准的投资计划、可行性研究报告等文件订立。这是国家对基本建设进行监督管理的需要,也是由建设合同履行的特点所决定。

第四,与承揽合同一样,建筑工程合同也是双务合同、有偿合同和诺成合同。

9.1.2　建筑工程合同分类

1.按照工程建设阶段分类

建筑工程的建设过程大体经过勘察、设计、施工三个阶段,围绕不同阶段订立相应不同的合同。

(1)建筑工程勘察,是指根据建筑工程的要求,查明、分析、评价建设场地的地质地理环境特征和岩土工程条件,编制建筑工程勘察文件的活动。建筑工程勘察合同即发包人与勘察人就完成商定的勘察任务明确双方权利义务的协议。

(2)建筑工程设计,是指根据建筑工程的要求,对建筑工程所需的技术、经济、资源、环境等条件进行综合分析、论证,编制建筑工程设计文件的活动。建筑工程设计合同即发包人与设计人就完成商定的工程设计任务明确双方权利义务的协议。建筑工程设计合同实际上包括两个合同:一是初步设计合同,即在建筑工程立项阶段承包人为项目决策提供可行性资料的设计而与发包人签订的合同；二是施工设计合同，是指在承包人与发包人就具体施工设计达成的协议。

（3）建筑工程施工，是指根据建筑工程设计文件的要求，对建筑工程进行新建、扩建、改建的活动。建筑工程施工合同即发包人与承包人为完成商定的建筑工程项目的施工任务明确双方权利义务的协议。建筑工程施工合同主要包括建筑和安装两方面内容，这里的建筑是指对工程进行营造的行为，安装主要是指与工程有关的线路、管道、设备等设施的装配。

2. 按照承发包方式分类

（1）勘察、设计或施工总承包合同

勘察、设计或施工总承包，是指发包人将全部勘察、设计或施工的任务分别发包给一个勘察、设计单位或一个施工单位作为总承包人，经发包人同意，总承包人可以将勘察、设计或施工任务的一部分分包给其他符合资质的分包人。据此明确各方权利义务的协议即为勘察、设计或施工总承包合同。在这种模式中，发包人与总承包人订立总承包合同，总承包人与分包人订立分包合同，总承包人与分包人就工作成果对发包人承担连带责任。

（2）单位工程施工承包合同

单位工程施工承包，是指在一些大型、复杂的建筑工程中，发包人可以将专业性很强的单位工程发包给不同的承包人，与承包人分别签订土木工程施工合同、电气与机械工程承包合同，这些承包人之间为平行关系。单位工程施工承包合同常见于大型工业建筑安装工程、大型、复杂的建筑工程，据此明确各方权利义务的协议即为单位工程施工承包合同。

（3）工程项目总承包合同

工程项目总承包，是指建设单位将包括工程设计、施工、材料和设备采购等一系列工作全部发包给一家承包单位，由其进行实质性设计、施工和采购工作，最后向建设单位交付具有使用功能的工程项目。工程项目总承包实施过程可依法将部分工程分包。据此明确各方权利义务的协议即为工程项目总承包合同。

3. 按照合同价格形式分类

按照《建筑工程施工合同（示范文本）》（GF—2013—0201）规定，发包人和承包人应在合同协议书中选择下列一种合同价格形式：

（1）单价合同

单价合同是指合同当事人约定以工程量清单及其综合单价进行合同价格计算、调整和确认的建筑工程施工合同，在约定的范围内合同单价不做调整。

（2）总价合同

总价合同是指合同当事人约定以施工图、已标价工程量清单或预算书及有关条件进行合同价格计算、调整和确认的建筑工程施工合同，在约定的范围内合同总价不做调整。

（3）其他价格形式

合同当事人可在专用合同条款中约定其他合同价格形式，如成本加酬金与定额计价以及其他合同类型。

4. 建筑工程有关的其他合同

（1）建筑工程监理合同

建筑工程监理合同是指委托人（发包人）与监理人签订，为了委托监理人承担监理业务而明确双方权利义务关系的协议。

（2）建筑工程物资采购合同

建筑工程物资采购合同是指出卖人转移建筑工程物资所有权于买受人，买受人支付价款的明确双方权利义务关系的协议。

（3）建筑工程保险合同

建筑工程保险合同是指发包人或承包人为防范特定风险而与保险公司明确权利义务关系的协议。

（4）建筑工程担保合同

建筑工程担保合同是指义务人（发包人或承包人）或第三人（或保险公司）与权利人（承包人或发包人）签订为保证建筑工程合同全面、正确履行而明确双方权利义务关系的协议。

9.2 建筑工程合同的内容

9.2.1 施工承包合同的内容 //

工程承包合同条款内容除当事人写明各自的名称、地址、工程名称和工程范围，明确规定履行内容、方式、期限、违约责任以及解决争议的方法外，还应明确建设工期、中间交工工程的开工和竣工时间、工程质量、工程造价、技术资料交付时间、材料和设备供应责任、拨款和结算、竣工验收、质量保证期、双方相互协作等内容。

（1）工程范围是指施工的界区，是施工承包人进行施工的工作范围。工程范围是施工合同的必备条款。

（2）建设工期是指建设项目中构成固定资产的单项工程、单位工程从正式破土动工到按设计文件全部建成到竣工验收交付使用所需的全部时间。建设工期同工程造价、工程质量一起被视为建设项目管理的三大目标，作为考核建设项目经济效益和社会效益的重要指标。

（3）中间交工工程是指施工过程中的阶段性工程。为了保证工程各阶段的交接，顺利完成工程建设，当事人应当明确中间交工工程的开工和竣工时间。

（4）工程质量是指工程等级要求，是工程承包合同中的核心内容。工程质量往往通过设计图纸和技术要求说明书、施工技术标准加以确定。工程质量条款是明确承包人施工（或含设计）要求，确定承包人责任的依据，是工程承包合同的必备条款。工程质量必须符合国家规范和有关建设工程环保、安全标准化的要求，发包人不得以任何理由，要求施工承包人在施工中违反法律、行政法规以及建设工程质量、安全标准，降低工程质量。

（5）工程造价是指建设该工程所需的费用，包括材料费、施工成本等费用。当事人根据工程质量要求，根据工程的概预算，合理地确定工程造价，实践中，有的发包人为了获得更多的利益，往往压低工程造价，承包人为了盈利，不得不偷工减料，以次充好，结果必然导致工程质量不合格，甚至造成严重的工程质量事故。因此，为了保证工程质量，双方当事人应当合理确定工程造价。

（6）技术资料主要是指勘察、设计文件以及其他承包人据以施工所必需的基础资料。技术资料的交付是否及时往往影响到施工进度，因此当事人应当在施工合同中明确技术资料的交付时间。

(7)材料和设备供应责任是指由哪一方当事人提供工程建设所必需的原材料以及设备。材料一般包括水泥、砖瓦石料、钢筋、木料、玻璃等建筑材料和构配件。设备一般包括供水、供电管线和设备、消防设施、空调设备等。在实践中,有的由发包人负责提供,也可以由施工人负责采购。材料和设备的供应责任应当由双方当事人在合同中做出明确约定。

(8)拨款是指工程款的拨付,结算是指工程竣工后,计算工程的实际造价以及与已拨付工程款之间的差额。拨款和结算条款是承包人请求发包人支付工程款和报酬的依据。

(9)竣工验收是工程交付使用前的必经程序,也是发包人支付价款的前提。竣工验收条款一般包括验收范围和内容、验收的标准和依据、验收人员组成验收方式和日期等内容。建设工程竣工后,发包人应当根据施工图纸及说明书、国家颁发的施工验收规范和质量检验标准及时进行验收。

(10)建设工程的保修范围应当包括地基基础工程、主体结构工程、屋面防水工程和其他工程,以及电气管线、上下水管线的安装工程,供热、供冷工程等项目。质量保证期是指工程各部分正常使用的期限。

(11)双方相互协作条款一般包括双方当事人在施工前的准备工作,施工承包人及时向发包人提出开工通知书、施工进度报告书、对发包人的监督检查提供必要的协助等,双方当事人的协作是施工过程的重要组成部分,是工程顺利施工的重要保证。

9.2.2 物资采购合同的内容

为满足工程项目建设的需要,采购方与供货方无论是签订还是履行物资采购供应合同均属于法律行为,既要受到法律约束,又可得到法律的保护。订立国内物资购销合同时,由于合同双方当事人都是我国的企业法人、经济组织,都是我国的企业法人、经济组织,应遵循《政府采购货物和服务招标投标管理办法》,以及其他相关的法规和规范要求。若供货方为国外的公司或供货商时,则还应遵守国际惯例。

物资采购合同分建筑材料采购合同和设备采购合同,其合同当事人为供方和需方。供方一般为物资供应单位或建筑材料和设备的厂家,需方为建设单位(业主)、项目总承包单位或施工承包单位。供方应对其生产或供应的产品质量负责,而需方则应根据合同的规定进行验收。

建筑材料采购合同的主要内容分为以下几个部分:

(1)标的

标的主要包括购销物资的名称(注明牌号、商标)、品种、型号、规格、等级、花色、技术标准或质量。

标的物的质量应满足规定用途的特性指标,因此合同内必须约定产品应达到的质量标准。约定质量标准。约定质量标准的一般原则是:

①按颁布的国家标准执行。

②无国家标准而有部颁标准的产品,按部颁标准执行。

③没有国家标准和部颁标准作为依据时,可按企业标准执行。

④没有上述标准,或虽有上述某一标准但采购方有特殊要求时,按双方在合同中商定的技术条件、样品或补充的技术要求执行。

合同内必须写明执行的质量标准代号、编号和标准名称,明确各类材料的技术要求、试验项目、试验方法、试验频率等。采购成套产品时,合同内也需规定附件的质量要求。

(2)数量

合同中应该明确所采用的计量方法,并明确计量单位。要按照国家或主管部门的规定执行,或者按照供需双方商定的方法执行。

对于某些建筑材料,还应在合同中写明交货数量的正负尾数差、合理磅差和运输途中的自然损耗的规定及计算方法。

(3)包装

产品的包装是保护材料在储运过程中免受损坏不可缺少的环节,根据《工矿产品购销合同条例》有关规定,凡国家或业务主管部门对包装有技术规定的产品,应按国家标准或专业标准规定的类型、规格、容量、印刷标志,以及产品的盛放、衬垫,封袋方法等要求执行。无国家标准或专业标准据规定可循的某些专用产品,双方应在合同内议定包装方法,应保证材料包装适合材料的运输方式,并根据材料特点采取防潮、防水、防锈、防震、防腐蚀等保护措施。除特殊情况外,包装材料一般由供货方负责并包括在产品价格内,不得向采购方另行收取费用,如果采购方对包装提出特殊要求时,双方应在合同内商定,超过原标准费用部分,由采购方承担。反之,若议定的标准低于有关规定标准时,应相应降低产品价格。

包装物回收可以采用押金回收或折价回收两种形式之一。

(4)交付及运输方式

订购物资或产品的供应方式,可以分为采购方到合同约定地点自提货物和供货方负责将货物送达指定地点两大类,而供货方送货又可细分为将货物负责送抵现场或委托运输部门代运两种形式。为了明确货物的运输责任,应在相应条款内写明所采用的交(提)货方式、交(提)货物地点、接货单位(或接货人)的名称。由于工程用料数量大、体积大、品种繁杂、时间性较强,当事人应采取合理的交付方式,明确交货地点,以便及时、准确、安全、经济的履行合同。运输方式可分为铁路、公路、水路、航空和管道运输等,一般由采购方在合同签订时提出采取哪一种运输方式。

(5)验收

①验收依据

供货方交付产品时,可以作为双方验收依据的资料包括:

a.双方签订的采购合同。

b.供货方提供的发货单、计量单、装箱单及其他有关凭证。

c.合同内约定的质量标准,应写明执行的标准代号、标准名称。

d.产品合格证、检验单。

e.图纸、样品或其他技术证明文件。

f.双方当事人共同封存的样品。

②验收内容

a.查明产品的名称、规格、型号、数量、质量是否与供应合同及其他技术文件相符。

b.设备的主机、配件是否齐全。

c.包装是否完整、外表有无损坏。

d.对需要化验的材料进行必要的物理化学检验。

e.合同规定的其他需要检验的事项。

③验收方式

具体写明检验的内容和手段,以及检测应达到的质量标准。对于抽样检查的产品,还应约定抽检的比例和取样的方法,以及双方共同认可的检测单位。

a. 驻厂验收。即在制造时期,由采购方派人在供货的生产厂家进行材质检验。

b. 提运验收。对于加工订制、市场采购和自提自运的物资,由提货人在提取产品时检验。

c. 接运验收。由接运人员对到达的物资进行检查,并当场做出记录。

d. 入库验收。这是大量采用的正式的验收方式,由仓库管理人员负责数量和外观检验。

④对产品提出异议的时间和办法

合同内应具体写明采购方对不合格产品提出异议的时间和拒付货款的条件。在采购方提出的书面异议中,应说明检验情况,出具检验证明和对不符合规定产品提出具体处理意见。凡因采购方使用、保管、保养不善原因导致的质量下降,供货方不承担责任。在接到采购方的书面异议通知后,供货方应在 10 天(或合同商定的时间)内负责处理,否则即视为默认采购方提出的异议和处理意见。

a. 供方负责送货的,以需方收货戳记的日期为准。

b. 需方提货的,以供方按合同规定通知的提货日期为准。

c. 凡委托运输部门或单位运输、送货或代运的产品,一般以供方发运产品时承运单位签发的日期为准,不是以向承运单位提出申请的日期为准。

(6)价格

①有国家定价的材料,应按国家定价执行。

②按规定应由国家定价的但国家尚无定价的材料,其价格应报请物价主管部门批准。

③不属于国家定价的产品,可由供需双方协商确定价格。

(7)结算

合同中应明确结算的时间、方式和手续。首先应明确是验单付款还是验货付款,结算方式可以是现金支付、转账结算或异地托收承付。现金支付适用于成交货物数量少且金额小的合同;转账结算适用于同城市或同地区内的结算;异地托收承付适用于合同双方不在同一城市的结算方式。

(8)违约责任

当事人任何一方不能准确履行合同义务时,都可以以违约金的形式承担违约赔偿责任。双方应通过协商确定违约金的比例,并在合同条款内明确。

①供方的违约行为可能包括不能按期供货、不能供货、供应的货物有质量缺陷或数量不足等。如有违约,应依照法律和合同规定承担相应的法律责任。

②需方的违约行为可能包括不按合同要求接受货物、逾期付款或拒绝付款等,应依照法律和合同规定承担相应的法律责任。

9.2.3 设备采购合同的主要内容 //

成套设备供应合同的一般条款可参照建筑材料供应合同的一般条款,包括产品(设备)的名称品种、型号、规格、等级、技术标准或技术性能指标;数量和计量单位,包装标准及包装物的供应与回收;交货单位、交货方式、运输方式、交货地点、提货单位、交(提)货期限;验收

方式;产品价格;结算方式;违约责任等。此外,还需要注意的是以下几个方面:

1.设备价格与支付

设备采购合同通常采用固定总价合同,在合同交货期内价格不进行调整。应该明确合同价格所包括的设备名称、套数,以及是否包括附件、配件、工具和损耗品的费用,是否包括调试、保修服务的费用等。合同价内应该包括设备的税费、运杂费、保险费等与合同有关的其他费用。

合同价款的支付一般分三次:

(1)设备制造前,采购方支付设备价格的 10% 作为预付款。

(2)供货方按照交货顺序在规定的时间内将货物送达交货地点,采购方支付该批设备价的 80%。

(3)剩余的 10% 作为设备保证金,待保证期满,采购方签发最终验收证书后支付。

2.设备数量

明确设备名称、套数、随主机的辅机、附件、易损耗备用品、配件和安装修理工具等,应于合同中列出详细清单。

3.技术标准

应注明设备系统的主要技术性能,以及各部分设备的主要技术标准和技术性能。

4.现场服务

合同可以约定设备安装工作由供货方负责还是采购方负责。如果由采购方负责,可以要求供货方提供必要的技术服务,现场服务等内容可能包括供货方有必要的技术人员到现场向安装施工人员进行技术交底,指导安装和调试,处理设备的质量问题。参加试车和验收试验在合同中应明确服务内容,对现场技术人员在现场的工作条件、生活待遇及费用等做出明确规定。

5.验收和保修

成套设备安装后一般应进行试车调试,双方应该共同参加启动试车的检验工作。检验合格后,双方在验收文件上签字,正式移交采购方进行生产运行。若检验不合格,属于设备质量原因,由供货方负责修理、更换并承担全部费用。如果由于工程施工质量问题,由安装单位负责拆除后纠正缺陷。

合同中还应明确成套设备的验收办法以及是否保修、保修期限、费用分担等。

9.2.4　工程项目总承包合同的内容 ///

工程项目总承包合同主要内容分为以下几个部分:

1.词语含义及合同条件

对合同中常用的或容易引起歧义的词语进行解释,赋予它们明确的含义。对合同文件的组成、顺序、合同使用的标准,也应做出明确的规定。

2.总承包的内容

合同对总承包的内容做出明确规定,一般包括从工程立项到交付使用的工程建设全过程,具体包括:可行性研究、勘察设计、设备采购、施工管理、试车考核等。具体的承包内容由当事人约定,约定设计—施工的总承包、投资—设计—施工的总承包等。

3.双方当事人的权利义务

合同应对双方当事人的权利、义务做出明确的规定,这是合同的主要内容,规定应当详细、准确。

发包方一般应当承担以下义务:

①按照约定向承包人支付工程款。

②向承包方提供现场。

②协助承包方申请有关许可、执照和批准。

④如果发包方单方要求终止合同后,没有承包人的同意,在一定时期内不得重新开始实施该工程。

承包人一般应当承担以下义务:

①完成满足发包人要求的工程以及相关的工作。

②提供履约保证。

③负责工程的协调与恰当实施。

④按照发包人的要求终止合同。

4.合同履行期限

合同应当明确规定竣工的时间,同时也应对各阶段的工作期限做出明确规定。

5.合同价款

这一部分的内容应规定合同价款的计算方式、结算方式,以及价款的支付期限等。

6.工程质量与验收

合同应当明确规定对工程质量的要求,对工程质量的验收方法、验收时间及确认方式,工程质量检验的重点应当是竣工检验,通过竣工检验后发包人可以接受工程。合同也可以约定竣工后的检验。

7.合同的变更

工程建设的特点决定了合同在履行中往往会出现一些事先没有估计到的情况。一般在合同期限内的任何时间,发包人代表可以通过发布或者要求承包人递交建议书的方式提出变更。如果承包人认为这种变更是有价值的,也可以在任何时候向发包人代表提交此类建议书。批准权在发包人。

8.风险、责任和保险

承包人应当保障和保护发包人、发包人代表以及雇员免受由工程导致的一切索赔、损害和开支。发包人承担的风险也应做出明确的规定。合同对保险的办理、保险事故的处理等都应做出明确的规定。

9.工程保修

合同按国家的规定写明保修项目,内容,范围,期限及保修金额和支付办法。

10.对设计、分包方的规定

承包人进行并负责工程的设计,设计应当由合格的设计人员进行,承包人还应当编制足够详细的施工文件,编制和提交竣工图纸、操作和维修手册,承包人应对所有分包合同的全部规定负责,任何分包方、分包方的代理人或者雇员的行为或者违约,完全视为承包人自己的行为或者违约,并负全部责任。

11.索赔和争议的处理

合同应明确索赔期的程序和争议的处理方式。对争议的处理,一般应以仲裁作为解决的最终方式。

12.违约责任

合同应明确双方的责任,包括发包人不能按时支付合同的责任、超越合同规定干预承包人工作的责任;也包括承包人不能按合同约定的期限和质量完成工作的责任等。

9.2.5　工程监理合同的内容 //

建设工程监理合同的全称叫建设工程委托监理合同,也简称为监理合同,是指工程建设单位聘请监理单位代其对工程项目进行管理,明确双方权利、义务的协议。建设单位称委托人,监理单位称受托人。

1.监理合同的构成

监理投标书是指监理中标人的投标书,监理投标书中的投标函及监理大纲是整个投标文件中具有实质性投标意义的内容。投标函是监理取费的要约和对监理招标文件的响应,而投标监理大纲则是投标人履行监理合同、开展监理工作的具体方法、措施以及组织和人员装备的计划,是投标人为了取得监理报酬而承诺的付出和义务。

监理合同当事人应重视监理投标书和通知书在监理合同管理的地位。严格地说,监理的报价是中标人依据其投标书,主要是监理大纲中载明的监理投入做出的,当监理委托人要求监理人提供监理投标书(监理大纲)中没有提到的,监理合同其他条款中也没有约定的服务或人员装备时,监理人就可以要求补偿;当监理人不能按投标书配备监理人员装备或提供服务的,监理委托人有权要求监理人改正或向监理人提出索赔乃至追究违约责任。

2.中标通知书

中标通知书是指招标人在确定中标人后向中标人发出的通知其中标的书面凭证。中标通知书的内容应当简明扼要,只要告知招标项目已经由其中标,并确定签订合同的时间、地点即可。对所有未中标的投标人也应当同时给予通知,投标人提交投标保证金的,招标人还应退还这些投标人的投标保证金。

3.监理合同协议书

合同协议书是确定合同关系的总括性文件,定义了监理委托人和监理人,界定了监理项目及监理合同文件构成,原则性地约定了双方的义务,规定了合同的履行期。最后由双方法定代表人或其代理人签章,并盖法人章后合同正式成立,其主要条款如下:

①委托人与监理人。

②监理工程的概况描述,以保证对监理工程的理解不产生歧义。

③合同中的有关词语定义的规定。

④合同文件的组成:

a.监理投标书和中标通知书。

b.本合同标准条件。

c.本合同专用条件。

d.在实施过程中双方共同签署的补充与修正文件。

e.监理人向委托人的承诺,按照合同协议书的规定,承担合同专用条件中议定范围内的监理业务。

f. 委托人向监理人的承诺,按照合同协议书注明的期限、方式、币种,向监理人支付报酬。

g. 合同自开始实施至完成的日期。

h. 合同双方签字栏。

4. 监理合同标准条件

合同标准条件是针对监理合同文件自身以及监理双方一般性的权利义务确定的合同条款,具有普遍性和通用性。

(1)合同用词的定义

①"工程"是指委托人实施监理的工程。

②"委托人"是指承担直接投资责任和委托监理业务的一方以及其合法继承人。

③"监理机构"是指监理人派驻本工程现场实施监理业务的组织。

④"总监理工程师"是指经委托人同意,监理人派到监理机构全面履行本合同的全权负责人。

⑤"承包人"是指除监理人以外,委托人就工程建设有关事宜签订合同的当事人。

⑥"工程监理的正常工作"是指双方在专用条件中约定,委托人委托的监理工作范围和内容。

⑦"工程监理的附加工作"是指:a. 委托人委托监理范围以外,通过双方书面协议另外增加的工作内容;b. 由于委托人或承包人的原因,使监理工作受到阻碍或延误,因增加工作量或持续时间而增加的工作。

⑧"工程监理的额外工作"是指正常工作和附加工作以外,监理人必须完成的工作,或非监理人自己的原因而暂停或终止监理业务,其善后工作及恢复监理业务的工作。

⑨"日"是指任何一天零时至第二天零时的时间段。"月"是指根据公历从一个月份中任何有一天开始到下一个月相应日期的前一天的时间段。

(2)关于适用法律法规的约定

监理合同适用的法律是指国家的法律、行政法规,以及专用条件中约定的部门规章或项目所在地的地方性法规、地方规章及标准规范;本合同适用的法律法规适用于本工程的标准规范。

(3)合同使用的语言

国内的监理合同一般都用汉语,当需要使用两种或两种以上语言时,应在相应的专用条件中约定,但汉语仍为解释和说明本合同的标准语言文字。

(4)监理人的权利和义务

①监理人的权利

a. 选择工程总承包人的建议权。

b. 选择工程分包人的认可。

c. 对工程建设有关事项,包括工程规划、设计标准、规划设计、生产工艺设计和使用功能要求,向委托人的建议权。

d. 对工程设计中的技术问题,按照安全和优化的原则,向设计人提出建议;如果拟提出的建议可能会提高工程造价,或延长工期,应当事先征得委托人的同意。当发现工程设计不符合国家颁布的建设工程质量标准或设计合同约定的质量标准时,监理人应当书面报告委托人并要求设计人更改。

②监理人的义务

a. 监理人按合同约定或监理投标书的承诺派出监理工作需要的监理机构及监理人员,向委托人报送委派的总监理工程师及其监理机构主要成员名单、监理规划,完成监理合同约定的监理工程范围内的监理业务。在履行合同义务期间,应按监理合同约定定期向委托人报告监理工作。

b. 监理人在履行监理合同的义务期间,应认真、勤奋地工作,为委托人提供咨询意见,并公正维护各方面的合法权益。

c. 监理人所使用的由委托人提供的设施和物品,属于委托人财产,在监理工作完成或中止时,应按其设施和剩余的物品按合同约定的时间和方式移交给委托人。

d. 在合同期内或合同终止后,未征得有关双方同意,不得泄露与监理工程及其监理合同业务有关的保密资料。

9.2.6 施工专业分包合同的内容 //

针对各种工程中普遍存在专业工程分包的实际情况,为了规范管理,减少或避免纠纷,原建设部和国家市场监督管理总局于 2003 年发布了《建设工程施工专业分包合同(示范文本)》GF-2003—0213 和《建设工程施工劳务分包合同(示范文本)》GF-2003—0214。

《建设工程施工专业分包合同(示范文本)》GF-2003—0213 的主要内容如下:

一、工程承包人(总承包单位)的主要责任和义务

1. 分包人对总包合同的了解:承包人应提供总包合同(有关承包工程的价格内容除外)供分包人查阅。

2. 项目经理应按分包合同的约定,及时向分包人提供所需的指令、批准、图纸并履行其他约定的义务,否则分包人应在约定时间后 24 小时内将具体要求、需要的理由及延误的后果通知承包人,项目经理在收到通知后 48 小时内不予答复,应承担因延误造成的损失。

3. 承包人的工作

(1)向分包人提供与分包工程相关的各种证件、批件和各种相关资料,向分包人提供具备施工条件的施工场地。

(2)组织分包人参加发包人组织的图纸会审,向分包人进行设计图纸交底。

(3)提供本合同专用条款中约定的设备和设施,并承担因此发生的费用。

(4)随时为分包人提供确保分包工程的施工所要求的施工场地和通道等,满足施工运输的需要,保证施工期间的畅通。

(5)负责整个施工场地也的管理工作,协调分包人与同一施工场地的其他分包人之间的交叉配合,确保分包人按照经批准的施工组织设计进行施工。

二、专业工程分包人的主要责任及义务

1. 分包人对有关分包工程的责任和义务

除本合同条款另有约定,分包人应履行并承担总包合同中与分包工程有关的承包人的所有义务与责任,同时应避免因分包人自身行为或疏漏造成承包人违反总包合同中约定的承包人义务的情况发生。

2.分包人与发包人的关系

分包人须服从承包人转发的发包人或工程师(监理人)与分包工程有关的指令。未经承包人允许,分包人不得以任何理由与发包人或工程师(监理人)发生直接工作联系,分包人不得直接致函发包人或工程师(监理人),也不得直接接受发包人或工程师(监理人)的指令。如分包人与发包人或工程师(监理人)发生直接工作联系,将被视为违约,并承担违约责任。

3.承包人指令

就分包工程范围内的有关工作,承包人随时可以向分包人发出指令,分包人应执行承包人根据分包合同所发出的所有指令。分包人拒不执行指令,承包人可委托其他施工单位完成该指令事项,发生的费用从应付给分包人的相应款项中扣除。

4.分包人的工作

(1)按照分包合同的约定,对分包工程进行设计(分包合同有约定时)、施工、竣工和保修。

(2)按照合同约定的时间,完成规定的设计内容,报承包人确认后在分包工程中使用。承包人承担由此发生的费用。

(3)在合同约定的时间内,向承包人提供年、季、月度工程进度计划及相应进度统计报表。

(4)在合同约定的时间内,向承包人提交详细施工组织设计,承包人应在专用条款约定的时间内批准,分包人方可执行。

(5)遵守政府有关主管部门对施工场地交通、施工噪声以及环境保护和安全文明生产等的管理规定,按规定办理有关手续,并以书面形式通知承包人,承包人承担由此发生的费用,因分包人责任造成的罚款除外。

(6)分包人应允许承包人、发包人、工程师(监理人)及其三方中任何一方授权的人员在工作时间内,合理进入分包工程施工场地或材料存放的地点,以及施工场地以外与分包合同有关的分包人的任何工作或准备的地点,分包人应提供方便。

(7)已竣工工程未交付承包人之前,分包人应负责已完分包工程的成品保护工作,保护期间发生损坏,分包人自费予以修复。承包人要求分包人采取特殊措施保护的工程部位和相应的追加合同价款,双方在合同专用条款内约定。

三、合同价款及支付

1.分包工程合同价款可以采用以下三种中的一种(应与总包合同约定的方式一致):

(1)固定价格,在约定的风险范围内合同价款不再调整。

(2)可调价格,合同价款可根据双方的约定而调整,应在专用条款内约定合同价款调整方法。

(3)成本加酬金,合同价款包括成本和酬金两部分,双方在合同专用条款内约定成本构成和酬金的计算方法。

2.分包合同价款与总包合同相应部分价款无任何连带关系。

3.合同价款的支付

(1)实行工程预付款的,双方应在合同专用条款内约定承包人向分包人预付工程款的时间和数额,开工后按约定的时间和比例逐次扣回。

（2）承包人应按专用条款约定的时间和方式，向分包人支付工程款（进度款），将约定时间承包人应扣回的预付款，与工程款（进度款）同期结算。

（3）分包合同约定的工程变更调整的合同价款、合同价款的调整、索赔的价款或费用以及其他约定的追加合同价款，应与工程进度款同期调整支付。

（4）承包人超过约定的支付时间不支付工程款（预付款、进度款），分包人可向承包人发出要求付款的通知，承包人不按分包合同约定支付工程款（预付款、进度款），导致施工无法进行，分包人可停止施工，由承包人承担违约责任。

（5）承包人应在收到分包工程竣工结算报告及结算资料后 28 天内支付工程竣工结算价款，无正当理由不按时支付，从第 29 天起按分包人同期向银行贷款利率支付拖欠工程价款的利息，并承担违约责任。

9.2.7 施工劳务分包合同的内容

劳务作业分包，是指施工承包单位或者专业分包单位（均可作为劳务作业的发包人）将其承包工程中的劳务作业发包给劳务分包单位（劳务作业承包人）完成的活动。

《建设工程施工劳务分包合同（示范文本）》GF-2003—0214 的主要内容如下：

一、工程承包人的主要义务

对劳务分包合同条款中规定的工程承包人的主要义务归纳如下：

（1）组建与工程相适应的项目管理班子，全面履行总（分）包合同，组织实施项目管理的各项工作，对工程的工期和质量向发包人负责。

（2）完成劳务分包人施工前期的下列工作：

①向劳务分包人交付具备本合同项下劳务作业开工条件的施工场地。

②满足劳务作业所需的能源供应、通信及施工道路畅通。

③向劳务分包人提供相应的工程资料。

④向劳务分包人提供生产、生活临时设施。

（3）负责编制施工组织设计，统一制定各项管理目标，组织编制年、季、月施工计划、物资需用量计划表，实施对工程质量、工期、安全生产、文明施工、计量检测、实验化验的控制、监督、检查和验收。

（4）负责工程测量定位、沉降观测、技术交底，组织图纸会审，统一安排技术档案资料的收集整理及交工验收。

（5）按时提供图纸，及时交付材料、设备，所提供的施工机械设备、周转材料、安全设施保证施工需要。

（6）按合同约定，向劳务分包人支付劳动报酬。

（7）负责与发包人、监理、设计及有关部门联系，协调现场工作关系。

二、劳务分包人的主要义务

对劳务分包合同条款中规定的劳务分包人的主要义务归纳如下：

（1）对劳务分包范围内的工程质量向工程承包人负责，组织具有相应资格证书的熟练工人投入工作。未经工程承包人授权或允许，不得擅自与发包人及有关部门建立工作联系。自觉遵守法律法规及有关规章制度。

(2)严格按照设计图纸、施工验收规范、有关技术要求及施工组织设计精心组织施工，确保工程质量达到约定的标准。

①科学安排作业计划，投入足够的人力、物力，保证工期。

②加强安全教育，认真执行安全技术规范，严格遵守安全制度，落实安全措施，确保施工安全。

③加强现场管理，严格执行建设主管部门及环保、消防、环卫等有关部门对施工现场的管理规定，做到文明施工。

④承担由于自身责任造成的质量修改、返工、工期拖延、安全事故、现场脏乱造成的损失及各种罚款。

(3)自觉接受工程承包人及有关部门的管理、监督和检查。接受工程承包人随时检查其设备、材料保管、使用情况，及其操作人员的有效证件、持证上岗情况。与现场其他单位协调配合，照顾全局。

(4)劳务分包人须服从工程承包人转发的发包人及工程师(监理人)的指令。

(5)除非合同另有约定，劳务分包人应对其作业内容的实施、完工负责，劳务分包人应承担并履行总(分)包合同约定的、与劳务作业有关的所有义务及工作程序。

三、保险

(1)劳务分包人施工开始前，工程承包人应获得发包人为施工场地内的自有人员及第三方人员生命财产办理的保险，且不需劳务分包人支付保险费用。

(2)运至施工场地用于劳务施工的材料和待安装设备，由工程承包人办理或获得保险，且不需劳务分包人支付保险费用。

(3)工程承包人必须为租赁或提供给劳务分包人使用的施工机械设备办理保险，并支付保险费用。

(4)劳务分包人必须为从事危险作业的职工办理意外伤害保险，并为施工场地内自有人员生命财产和施工机械设备办理保险，支付保险费用。

(5)保险事故发生时，劳务分包人和工程承包人有责任采取必要的措施，防止或减少损失。

四、劳务报酬

(1)劳务报酬可以采用以下方式中的任何一种：

①固定劳务报酬(含管理费)。

②约定不同工种劳务的计时单价(含管理费)，按确认的工时计算。

③约定不同工作成果的计件单价(含管理费)，按确认的工程量计算。

(2)劳务报酬，可以采用固定价格或变动价格。采用固定价格，则除合同约定或法律政策变化导致劳务价格变化以外，均为一次包死，不再调整。施、完工负责，劳务分包人应承担并履行总(分)包合同约定的、与劳务作业有关的所有义务及工作程序。

(3)在合同中可以约定，下列情况下，固定劳务报酬或单价可以调整：

①以本合同约定价格为基准，市场人工价格的变化幅度超过一定百分比时，按变化前后价格的差额予以调整。

②后续法律及政策变化，导致劳务价格变化的，按变化前后价格的差额予以调整。③双方约定的其他情形。

五、工时及工程量的确认

(1)采用固定劳务报酬方式的，施工过程中不计算工时和工程量。

（2）采用按确定的工时计算劳务报酬的，由劳务分包人每日将提供劳务人数报工程承包人，由工程承包人确认。

（3）采用按确认的工程量计算劳务报酬的，由劳务分包人按月（或旬、日）将完成的工程量报工程承包人，由工程承包人确认。对劳务分包人未经工程承包人认可，超出设计图纸范围和因劳务分包人原因造成返工的工程量，工程承包人不予计量。

六、劳务报酬最终支付

（1）全部工作完成，经工程承包人认可后14天内，劳务分包人向工程承包人递交完整的结算资料，双方按照本合同约定的计价方式，进行劳务报酬的最终支付。

（2）工程承包人收到劳务分包人递交的结算资料后14天内进行核实，给予确认或者提出修改意见。工程承包人确认结算资料后14天内向劳务分包人支付劳务报酬尾款。

（3）劳务分包人和工程承包人对劳务报酬结算价款发生争议时，按合同约定处理。

9.3 合同计价方式

9.3.1 单价合同

1.单价合同的含义

合同是根据计划工程内容和估算工程量，在合同中明确每项工程内容的单价价格（如每米、每平方米或者每立方米的价格），实际支付时则根据每一个子项的实际完成工程量乘以该子项的合同单价计算该项工程的应付工程款。

2.单价合同的特点

①单价优先，例如，在FIDIC土木工程施工合同中，业主给出的工程量清单表中的数字是参考数字，而实际工程款则按实际完成的工程量和合同中确定的单价计算。虽然在投标报价、评标以及签订合同中，人们常常注重总价格，但在工程款结算中单价优先，对于投标中明显的数字计算错误，业主有权力先做修改再评标，当总价和单价的计算结果不一致时，以单价为准调整。

②由于单价合同允许随工程量变化而调整工程总价，业主和承包商都不存在工程量方面的风险，因此对合同双方都比较公平。另外，在招标前，发包单位无须对工程范围做出完整的、详尽的规定，从而可以缩短招标准备时间，投标人也只需对所列工程内容报出自己的单价，从而缩短投标时间。

③采用单价合同对业主的不足之处是，业主需要安排专门力量来核实已经完成的工程量，需要在施工过程中花费不少精力，协调工作量大。另外，用于计算应付工程款的实际工程量可能超过预测的工程量，即实际投资容易超过计划投资，对投资控制不力。

例如，某单价合同的投标报价单中，投标人报价见表9-1。

表 9-1 投标人报价表

序号		工程分项单位	数量	单位(元)	合价(元)
1					
2					
x	钢筋混凝土	m³	1 000	300	30 000
…					
总报价					8 100 000

根据投标人的投标单价,钢筋混凝土的合价应该是 300 000 元,而实际写为 30 000 元,在评标时应根据单价优先原则对总报价进行修正,所以正确的报价应该是 8 100 000+(300 000−30 000)=8 370 000 元。

在实际施工时,如果实际工程量是 1 500 m³,则钢筋混凝土工程的价款金额应该是 300×1 500=450 000 元。

3. 单价合同的形式

①固定单价合同是指合同的价格计算是以图纸及规定、规范为基础,工程任务和内容明确,业主的要求和条件清楚,合同单价一次包死,固定不变,即不再因为环境的变化和工程量的增减而变化的一类合同。在这类合同中,承包商承担全部的工作量和价格的风险。承包合同在国际贸易当中的工程承包里固定单价合同是指根据单位工程量的固定价格与实际完成的工程量计算合同的实际总价的工程承包合同。

合同所确定的固定单价为完成合同清单项目所需的全部费用,包括人工费、材料费、机械费、脚手架搭拆费、工资性津贴、其他直接费、现场经费、间接费、利润、税金、材料代用、人工调差、材料价差、机械价差、政策性调整、施工措施费用及合同包含的所有风险责任等。清单综合单价在合同有效期内固定不变。

②变动单价合同一般在工程招标文件中规定。在合同中签订的单价,根据合同约定的条款,如在工程实施过程中物价发生变化等,可作调整。有的工程在招标或签约时,因某些不确定因素而在合同中暂定某些分部分项工程的单价,在工程结算时,再根据实际情况和合同约定合同单价进行调整,确定实际结算单价。

4. 单价合同的适用条件

固定单价合同条件下,无论发生哪些影响价格的因素都不对单价进行调整,因此对承包商而言就存在一定的风险。当采用变动单价合同时,合同双方可以约定一个估计的工程量,当实际工程量发生较大变化时可以对单价进行调整,同时还应该约定如何对单价进行调整。当然也可以约定,当通货膨胀达到一定水平或者国家政策发生变化时,可以对哪些工程内容的单价进行调整以及如何调整等。因此,承包商的风险就相对较小。

固定单价合同适用于工期较短、工程量变化幅度不会太大的项目。

在工程实践中,采用单价合同有时也会根据估算的工程量计算一个初步的合同总价,作为投标报价和签订合同之用。但是,当上述初步的合同总价与各项单价乘以实际完成的工程量之和发生矛盾时,则肯定以后者为准,即单价优先。实际工程款的支付也将以实际完成工程量乘以合同单价进行计算。

5. 单价合同的应用

当施工发包的内容和工程量一时尚不能明确、具体地予以规定时,则可以采用单价合同形式。

9.3.2 总价合同 ///

1.总价合同的定义

所谓总价合同,是指根据合同规定的工程施工内容和有关条件,业主应付给承包商的款项是一个规定的金额,即明确的总价。总价合同也称总价包干合同,即根据施工招标时的要求和条件,当施工内容和有关条件不发生变化时,业主付给承包商的价款总额就不发生变化。

2.总价合同的特点

①发包单位可以在报价竞争状态下确定项目的总造价,可以较早确定或者预测工程成本。

②业主的风险较小,承包人将承担较多的风险。

③评标时易于迅速确定最低报价的投标人。

④在施工进度上能极大地调动承包人的积极性。

⑤发包单位能更容易、更有把握地对项目进行控制。

⑥必须完整而明确地规定承包人的工作。

⑦必须将设计和施工方面的变化控制在最低限度内。

3.总价合同的形式

①固定总价合同的价格计算是以图纸及规定、规范为基础,工程任务和内容明确,业主的要求和条件清楚,合同总价一次包死,固定不变。即不再因为环境的变化和工程量的增减而变化。在这类合同中,承包商承担了全部的工作量和价格的风险。

②变动总价合同又称可调价合同,合同价格是以图纸及规定、规范为基础,按照时价进行计算,得到包括全部工程任务和内容的暂定合同价格。它是一种相对固定的价格,在合同执行过程中,由于通过膨胀等原因而使所使用的人工、材料成本增加时,可以按照合同约定对合同总价进行相应的调整,包括由于设计变更、工程量变化和其他工程条件所引起的费用变化也可以进行调整。

4.总价合同的适用条件

(1)固定总价合同适用于以下情况:

①工程量小、工期短,估计在施工过程中环境因素变化小,工程条件稳定并合理。

②工程设计详细,图纸完整、清楚,工程任务和范围明确。

③工程结构和技术简单,风险小。

④投标期相对宽裕,承包商可以有充足的时间详细考察现场、复核工程量、分析招标文件、拟订施工计划。

⑤合同条件中双方的权利和义务十分清楚,合同条件完备。

(2)变动总价合同

变动总价合同又称为可调总价合同,合同价格是以图纸及规定、规范为基础,按照时价(Current Price)进行计算,得到包括全部工程任务和内容的暂定合同价格。它是一种相对固定的价格,在合同执行过程中,由于通货膨胀等原因而使所使用的工、料成本增加时,可以按照合同约定对合同总价进行相应的调整。当然,一般由于设计变更、工程量变化或其他工程条件变化所引起的费用变化也可以进行调整。因此,通货膨胀等不可预见因素的风险由业主承担,对承包商而言,其风险相对较小,但对业主而言,不利于其进行投资控制,突破投资的风险就增大了。

根据《建设工程施工合同（示范文本）》GF-2017—0201，合同双方可约定，在以下条件下可对合同价款进行调整：

①法律、行政法规和国家有关政策变化影响合同价款。

②工程造价管理部门公布的价格调整。

③一周内非承包人原因停水、停电、停气造成的停工累计超过 8 小时。

④双方约定的其他因素。

在工程施工承包招标时，施工期限为一年左右的项目一般实行固定总价合同，通常不考虑价格调整问题，以签订合同时的单价和总价为准，物价上涨的风险全部由承包商承担。但是对建设周期在一年半以上的工程项目，则应考虑下列因素引起的价格变化问题：

①劳务工资以及材料费用的上涨。

②其他影响工程造价的因素，如运输费、燃料费、电力等价格的变化。

③外汇汇率的不稳定。

④国家或者省、市立法的改变引起的工程费用的上涨。

9.3.3　成本加酬金合同 //

1.成本加酬金合同的含义

成本加酬金合同也称为成本补偿合同，这是与固定总价合同正好相反的合同，工程施工的最终合同价格将按照工程的实际成本再加上一定的酬金进行计算。在合同签订时，工程实际成本往往不能确定，只能确定酬金的取值比例或者计算原则，由业主向承包单位支付工程项目的实际成本，并按事先约定的某一种方式支付酬金的合同类型。

2.成本加酬金合同的特点

①可以通过分段施工缩短工期，而不必等待所有施工图完成才开始招标和施工。

②可以减少承包商的对立情绪，承包商对工程变更和不可预见条件的反应会比较积极和快捷。

③可以利用承包商的施工技术专家，帮助改进或弥补设计中的不足。

④业主可以根据自身力量和需要，较深入地介入和控制工程施工和管理。

⑤也可以通过确定最大保证价格约束工程成本不超过某一限值，从而转移一部分风险。

3.成本加酬金合同的形式

成本加酬金合同主要有以下几种形式：

（1）成本加固定费用合同

根据双方讨论同意的工程规模、估计工期、技术要求、工作性质及复杂性、所涉及的风险等来考虑确定一笔固定数目的报酬金额作为管理费及利润，对人工、材料、机械台班等直接成本则实报实销。如果设计变更或增加新项目，当直接费超过原估算成本的定比例（如10%）时，固定的报酬也要增加。在工程总成本一开始估计不准，可能变化不大的情况下，可采用此合同形式，有时可分几个阶段谈判付给固定报酬。这种方式虽然不能鼓励承包商降低成本，但为了尽快得到酬金，承包商会尽力缩短工期。有时也可在固定费用之外根据工程质量、工期和节约成本等因素，给承包商另加奖金，以鼓励承包商积极工作。

（2）成本加固定比例费用合同

工程成本中直接费加一定比例的报酬费，报酬部分的比例在签订合同时由双方确定。

这种方式的报酬费用总额随成本加大而增加,不利于缩短工期和降低成本。一般在工程初期很难描述工作范围和性质,或工期紧迫,无法按常规编制招标文件招标时采用。

(3)成本加奖金合同

奖金是根据报价书中的成本估算指标制定的,在合同中对这个估算指标规定个底点和顶点,分别为工程成本估算的$60\%\sim75\%$和$110\%\sim135\%$。承包商在估算指标的顶点以下完成工程则可得到奖金,超过顶点则要对超出部分支付罚款。如果成本在低点之下,则可加大酬金值或酬金百分比。采用这种方式通常规定,当实际成本超过顶点对承包商罚款时,最大罚款限额不超过原先商定的最高酬金值。

在招标时,当图纸、规范等准备不充分,不能据以确定合同价格,而仅能制定一个估算指标时可采用这种形式。

(4)最大成本加费用合同

在工程成本总价基础上加固定酬金费用的方式,即当设计深度达到可以报总价的深度,投标人报一个工程成本总价和一个固定的酬金(包括各项管理费、风险费和利润)。如果实际成本超过合同中规定的工程成本总价,由承包商承担所有的额外费用,若实施过程中节约了成本,节约的部分归业主,或者由业主与承包商分享,在合同中要确定节约分成比例。在非代理型(风险型)CM模式的合同中就采用这种方式。

4.适用条件

(1)工程特别复杂,工程技术、结构方案不能预先确定,或者尽管可以确定工程技术和结构方案,但是不可能进行竞争性的招标活动并以总价合同或单价合同的形式确定承包商,如研究开发性质的工程项目。

(2)时间特别紧迫,如抢险、救灾工程,来不及进行详细的计划和商谈。

对业主而言,这种合同形式也有一定优点,如:

(1)可以通过分段施工缩短工期,而不必等待所有施工图完成才开始招标和施工。

(2)可以减少承包商的对立情绪,承包商对工程变更和不可预见条件的反应会比较积极和快捷。

(3)可以利用承包商的施工技术专家,帮助改进或弥补设计中的不足。

(4)业主可以根据自身力量和需要,较深入地介入和控制工程施工和管理。

(5)也可以通过确定最大保证价格约束工程成本不超过某一限值,从而转移一部分风险。

5.应用

当实行施工总承包管理模式或CM模式时,业主与施工总承包管理单位或CM单位的合同一般采用成本加酬金合同。

在国际上,许多项目管理合同、咨询服务合同等也多采用成本加酬金合同方式。在施工承包合同中采用成本加酬金计价方式时,业主与承包商应该注意以下问题:

(1)必须有一个明确的如何向承包商支付酬金的条款,包括支付时间和金额百分比。如果发生变更或其他变化,酬金支付如何调整。

(2)应该列出工程费用清单,要规定一套详细的工程现场有关的数据记录、信息存储甚至记账的格式和方法,以便对工地实际发生的人工、机械和材料消耗等数据认真而及时地记录。应该保留有关工程实际成本的发票或付款的账单、表明款额已经支付的记录或证明等,以便业主进行审核和结算。

6. 三种合同计价方式的选择

不同的合同计价方式具有不同的特点、应用范围,对设计深度的要求也是不同的,其比较见表 9-2。

表 9-2　　　　　　　　　　　三种合同计价方式比较

计价方式	总价合同	单价合同	成本加酬金合同
应用范围	广泛	工程量暂不确定的工程	紧急工程、保密工程等
业主的投资控制工作	容易	工作量较大	难度大
业主的风险	较小	较大	很大
承包商的风险	大	较小	无
设计深度要求	施工图设计	初步设计或施工图设计	各设计阶段

9.4　建筑工程担保

9.4.1　担保的概念 //

担保是为了保证债务的履行,确保债权的实现,在债务人的信用或特定的财产之上设定的特殊的民事法律关系。其法律关系的特殊性表现在,一般的民事法律关系的内容(权利和义务)基本处于一种确定的状态,而担保的内容处于一种不确定的状态,即当债务人不按主合同之约定履行债务导致债权无法实现时,担保的权利和义务才能确定并成为现实。

9.4.2　担保的方式 //

《中华人民共和国民法典》规定的担保方式有五种:保证担保、抵押、质押、留置和定金。

保证担保,又称第三方担保,是指保证人和债权人约定,当债务人不能履行债务时,保证人按照约定履行债务或承担责任的行为。

抵押是指债务人或者第三人不转移对所拥有财产的占有,将该财产作为债权的担保。债务人不履行债务时,债权人有权依法从将该财产折价或者拍卖、变卖该财产的价款中优先受偿。

质押是指债务人或者第三人将其质押物移交债权人占有,将该物作为债权的担保。债务人不履行债务时,债权人有权依法从将该物折价或者拍卖、变卖的价款中优先受偿。

留置是指债权人按照合同约定占有债务人的动产,债务人不履行债务时,债权人有权依法留置该财产,以该财产折价或者以拍卖、变卖该财产的价款优先受偿。

定金是指当事人可以约定一方向另一方给付定金作为债权的担保,债务人履行债务后,定金应当抵作价款或者收回。给付定金的一方不履行约定债务的,无权要求返还定金。收受定金的一方不履行约定债务的,应当双倍返还定金。

9.4.3　工程担保 //

工程担保中大量采用的是第三方担保,即保证担保。工程保证担保在发达国家已有一百多年的历史,已经成为一种国际惯例。

工程担保制度以经济责任链条建立起保证人与建设市场主体之间的责任关系。工程承包人在工程建设中的任何不规范行为都可能危害担保人的利益,担保人为维护自身的经济利益,在提供工程担保时,必然对申请人的资信、实力、履约记录等进行全面的审核,根据被保证人的资信情况实行差别费率,并在建设过程中对被担保人的履约行为进行监督。通过这种制约机制和经济杠杆,可以迫使当事人提高素质,规范行为,保证工程质量、工期和施工安全。另外,承包商拖延工期、拖欠工人工资和分包商工程款和货款、保修期内不履行保修义务,设计人延迟交付图纸及业主拖欠工程款等问题的解决也必须借助工程担保。实践证明,工程担保制度对规范建筑市场、防范风险特别是违约风险、降低建筑业的社会成本、保障工程建设的顺利进行等都有十分重要和不可替代的作用。

建设工程中经常采用的担保种类有:投标担保、履约担保、预付款担保、支付担保等。

9.4.4　投标担保

1. 投标担保的含义

投标担保,是指投标人向招标人提供的担保,保证投标人一旦中标即按中标通知书、投标文件和招标文件等有关规定与业主签订承包合同。

2. 投标担保的形式

投标担保可以采用银行投标保函、担保公司担保书、同业担保书和投标保证金担保方式,多数采用银行投标保函和投标保证金担保方式,具体方式由招标人在招标文件中规定。未能按照招标文件要求提供投标担保的投标,可被视为不响应招标而被拒绝。

3. 担保额度和有效期

根据《工程建设项目施工招标投标办法》规定,施工投标保证金的数额一般不得超过投标总价的 2%,且不得超过 80 万元人民币。投标保证金有效期应当超出投标有效期三十天。投标人不按招标文件要求提交投标保证金的,该投标文件将被拒绝,作废标处理。

根据《中华人民共和国招标投标法实施条例》,投标保证金不得超过招标项目估算价的 2%。投标保证金有效期应当与投标有效期一致。

根据《工程建设项目勘察设计招标投标办法》规定,招标文件要求投标人提交投标保证金的,保证金数额一般不超过勘察设计费投标报价的 2%,且不超过 10 万元人民币。国际上常见的投标担保的保证金数额为 2%～5%。

4. 投标担保的作用

投标担保的主要目的是保护招标人不因中标人不签约而蒙受经济损失。投标担保要确保投标人在投标有效期内不要撤回投标书,以及投标人在中标后保证与业主签订合同并提供业主所要求的履约担保、预付款担保等。

投标担保的另一个作用是,在一定程度上可以起筛选投标人的作用。

9.4.5　履约担保

1. 履约担保的含义

所谓履约担保,是指招标人在招标文件中规定的要求中标的投标人提交的保证履行合同义务和责任的担保。这是工程担保中最重要也是担保金额最大的工程担保。

履约担保的有效期始于工程开工之日,终止日期则可以约定为工程竣工交付之日或者保修期满之日。由于合同履行期限应该包括保修期,履约担保的时间范围也应该覆盖保修期,如果确定履约担保的终止日期为工程竣工交付之日,则需要另外提供工程保修担保。

2. 履约担保的形式

履约担保可以采用银行保函、履约担保书和履约保证金的形式,也可以采用同业担保的方式,即由实力强、信誉好的承包商为其提供履约担保,但应当遵守国家有关企业之间提供担保的有关规定,不允许两家企业互相担保或多家企业交叉互保。在保修期内,工程保修担保可以采用预留质量保证金的方式。

(1)银行履约保函

①银行履约保函是由商业银行开具的担保证明,通常为合同金额的 10% 左右。银行保函分为有条件的银行保函和无条件的银行保函。

②有条件的保函是指下述情形:在承包人没有实施合同或者未履行合同义务时,由发包人或工程师出具证明说明情况,并由担保人对已执行合同部分和未执行部分加以鉴定,确认后才能收兑银行保函,由发包人得到保函中的款项。建筑行业通常倾向于采用有条件的保函。

③无条件的保函是指下述情形:在承包人没有实施合同或者未履行合同义务时,发包人只要看到承包人违约,不需要出具任何证明和理由就可对银行保函进行收兑。

(2)履约担保书

由担保公司或者保险公司开具履约担保书,当承包人在执行合同过程中违约时,开出担保书的担保公司或者保险公司用该项担保金去完成施工任务或者向发包人支付完成该项目所实际花费的金额,但该金额必须在保证金的担保金额之内。

(3)质量保证金

质量保证金是指在发包人(工程师)根据合同的约定,每次支付工程进度款时扣除一定数目的款项,作为承包人完成其修补缺陷义务的保证。

根据《建设工程施工合同(示范文本)》GF-2017—0201 第 15.3.2 条,发包人累计扣留的质量保证金不得超过工程价款结算总额的 3%。如承包人在发包人签发竣工付款证书后 28 天内提交质量保证金保函,发包人应同时退还扣留的作为质量保证金的工程价款。保函金额不得超过工程价款结算总额的 3%。

发包人在退还质量保证金的同时按照中国人民银行发布的同期同类贷款基准利率支付利息。

3. 作用

履约担保将在很大程度上促使承包商履行合同约定,完成工程建设任务,从而有利于保护业主的合法权益。一旦承包人违约,担保人要代为履约或者赔偿经济损失。

履约保证金额的大小取决于招标项目的类型与规模,但必须保证承包人违约时,发包人不受损失。在投标须知中,发包人要规定使用哪一种形式的履约担保。中标人应当按照招标文件中的规定提交履约担保。

根据《中华人民共和国招标投标法实施条例》第五十八条,招标文件要求中标人提交履约保证金的,中标人应当按照招标文件的要求提交。履约保证金不得超过中标合同金额的 10%。

9.4.6 预付款担保 ///

1.预付款担保的含义

建设工程合同签订以后,发包人往往会支付给承包人一定比例的预付款,一般为合同金额的10％,如果发包人有要求,承包人应该向发包人提供预付款担保。预付款担保是指承包人与发包人签订合同后领取预付款之前,为保证正确、合理使用发包人支付的预付款而提供的担保。

2.预付款担保的形式

(1)银行保函

预付款担保的主要形式是银行保函。预付款担保的担保金额通常与发包人的预付款是等值的。预付款一般逐月从工程付款中扣除,预付款担保的担保金额也相应逐月减少。承包人在施工期间,应当定期从发包人处取得同意此保函减值的文件,并送交银行确认。承包人还清全部预付款后,发包人应退还预付款担保,承包人将其退回银行注销,解除担保责任。

(2)发包人与承包人约定的其他形式

预付款担保也可由担保公司提供保证担保,或采取抵押等担保形式。

3.预付款担保的作用

预付款担保的主要作用在于保证承包人能够按合同规定进行施工,偿还发包人已支付的全部预付金额。如果承包人中途毁约,中止工程,使发包人不能在规定期限内从应付工程款中扣除全部预付款,则发包人作为保函的受益人有权凭预付款担保向银行索赔该保函的担保金额作为补偿。

9.4.7 支付担保 ///

1.支付担保的含义

支付担保是中标人要求招标人提供的保证履行合同中约定的工程款支付义务的担保。

在国际上还有一种特殊的担保——付款担保,即在有分包人的情况下,业主要求承包人提供的保证向分包人付款的担保,即承包商向业主保证,将把业主支付的用于实施分包工程的工程款及时、足额地支付给分包人。在美国等许多国家的公共投资领域,付款担保是一种法定担保。付款担保在私人项目中也有所应用。

2.支付担保的形式

支付担保通常采用银行保函、履约保证金或担保公司担保等形式。

发包人的支付担保实行分段滚动担保。支付担保的额度为工程合同总额的20％ ～25％。本段清算后进入下段。已完成担保额度,发包人未能按时支付,承包人可依据担保合同暂停施工,并要求担保人承担支付责任和相应的经济损失。

3.支付担保的作用

工程款支付担保的作用在于,通过对业主资信状况进行严格审查并落实各项担保措施,确保工程费用及时支付到位。一旦业主违约,付款担保人将代为履约。

发包人要求承包人提供保证向分包人付款的付款担保,可以保证工程款真正支付给实施工程的单位或个人,如果承包人不能及时、足额地将分包工程款支付给分包人,业主可以向担保人索赔,并可以直接向分包人付款。

上述对工程款支付担保的规定,对解决我国建筑市场工程款拖欠现象具有特殊重要的意义。

4.支付担保有关规定

(1)《建设工程施工合同(示范文本)》GF-2017—0201 第二部分通用合同条款第 2.5 条规定了关于发包人工程款支付担保的内容:

除专用合同条款另有约定外,发包人要求承包人提供履约担保的,发包人应当向承包人提供支付担保。支付担保可以采用银行保函或担保公司担保等形式,具体由合同当事人在专用合同条款中约定。

(2)《房屋建筑和市政基础设施工程施工招标投标管理办法》关于发包人工程款支付担保的内容:

招标文件要求中标人提交履约担保的,中标人应当提交。招标人应当同时向中标人提供工程款支付担保。

9.5 施工合同实施

9.5.1 施工合同交底的目的和任务 //

施工合同交底的目的和任务如下:

①对合同的主要内容达成一致理解。

②将各种合同事件的责任分解落实到各工程小组或分包人。

③将工程项目和任务分解,明确其质量和技术要求以及实施的注意要点等。

④明确各项工作或各个工程的工期要求。

⑤明确成本目标和消耗标准。

⑥明确相关事件之间的逻辑关系。

⑦明确各个工程小组(分包人)之间的责任界限。

⑧明确完不成任务的影响和法律后果。

⑨明确合同有关各方(如业主、监理工程师)的责任和义务。

9.5.2 施工合同的跟踪和控制 //

合同签订以后,合同中各项任务的执行要落实到具体的项目经理部或具体的项目参与人员身上,承包单位作为履行合同义务的主体,必须对合同执行者(项目经理部或项目参与人)的履行情况进行跟踪、监督和控制,确保合同义务的完全履行。

1.施工合同跟踪

施工合同跟踪有两个方面的含义。一是承包单位的合同管理职能部门对合同执行者(项目经理部或项目参与人)的履行情况进行的跟踪、监督和检查,二是合同执行者(项目经理部或项目参与人)本身对合同计划的执行情况进行的跟踪、检查与对比。在合同实施过程中两者缺一不可。

对合同执行者而言,应该掌握合同跟踪的以下方面:

(1)合同跟踪的依据

合同跟踪的重要依据是合同以及依据合同而编制的各种计划文件;其次是各种实际工程文件如原始记录、报表、验收报告等;另外,还包括管理人员对现场情况的直观了解,如现场巡视、交谈、会议、质量检查等。

(2)合同跟踪的对象

①承包的任务

a.工程施工的质量,包括材料、构件、制品和设备等的质量,以及施工或安装质量,是否符合合同要求等。

b.工程进度,是否在预定期限内施工,工期有无延长,延长的原因是什么等。

c.工程数量,是否按合同要求完成全部施工任务,有无合同规定以外的施工任务等。

d.成本的增加和减少。

②工程小组或分包人的工程和工作

可以将工程施工任务分解交由不同的工程小组或发包给专业分包单位完成,工程承包人必须对这些工程小组或分包人及所负责的工程进行跟踪检查,协调关系,提出意见、建议或警告,保证工程总体质量和进度。

对专业分包人的工作和负责的工程,总承包商负有协调和管理的责任,并承担由此造成的损失,所以专业分包人的工作和负责的工程必须纳入总承包工程的计划和控制中,防止因分包人工程管理失误而影响全局。

③业主和其委托的工程师(监理人)的工作

a.业主是否及时、完整地提供了工程施工的实施条件,如场地、图纸、资料等。

b.业主和工程师(监理人)是否及时给予了指令、答复和确认等。

c.业主是否及时并足额地支付了应付的工程款项。

2.合同实施的偏差分析

通过合同跟踪,可能会发现合同实施中存在着偏差,即工程实施实际情况偏离了工程计划和工程目标,应该及时分析原因,采取措施,纠正偏差,避免损失。

合同实施偏差分析的内容包括以下几个方面:

(1)产生偏差的原因分析

通过对合同执行实际情况与实施计划的对比分析,不仅可以发现合同实施的偏差,而且可以探索引起差异的原因。原因分析可以采用鱼刺图、因果关系分析图(表)、成本量差、价差、效率差分析等方法定性或定量地进行。

(2)合同实施偏差的责任分析

责任分析即分析产生合同偏差的原因是由谁引起的,应该由谁承担责任。

责任分析必须以合同为依据,按合同规定落实双方的责任。

(3)合同实施趋势分析

针对合同实施偏差情况,可以采取不同的措施,并分析在不同措施下合同执行的结果与趋势,包括:

①最终的工程状况，包括总工期的延误、总成本的超支、质量标准、所能达到的生产能力（或功能要求）等。

②承包商将承担什么样的后果，如被罚款、被清算，甚至被起诉，对承包商资信、企业形象、经营战略的影响等。

③最终工程经济效益（利润）水平。

3. 合同实施偏差处理

根据合同实施偏差分析的结果，承包商应该采取相应的调整措施，调整措施可以分为：

（1）组织措施，如增加人员投入，调整人员安排，调整工作流程和工作计划等。

（2）技术措施，如变更技术方案，采用新的高效率的施工方案等。

（3）经济措施，如增加投入，采取经济激励措施等。

（4）合同措施，如进行合同变更，签订附加协议，采取索赔手段等。

9.5.3 施工合同的跟踪和控制 //

合同变更是指合同成立以后和履行完毕以前由双方当事人依法对合同的内容所进行的修改，包括合同价款、工程内容、工程的数量、质量要求和标准、实施程序等的一切修改都属于合同变更。

工程变更一般是指在工程施工过程中，根据合同约定对施工的程序、工程的内容、数批、质量要求及标准等做出的变更。工程变更属于合同变更，合同变更主要是由于工程变更而引起的，合同变更的管理也主要是进行工程变更的管理。

1. 工程变更的原因

工程变更主要有以下几个方面的原因：

（1）业主新的变更指令，对建筑的新要求。如业主有新的意图，业主修改项目计划、削减项目预算等。

（2）由于设计人员、监理方人员、承包商事先没有很好地理解业主的意图，或设计的错误，导致图纸修改。

（3）工程环境的变化，预定的工程条件不准确，要求实施方案或实施计划变更。

（4）由于产生新技术和知识，有必要改变原设计、原实施方案或实施计划，或由于业主指令及业主责任的原因造成承包商施工方案的改变。

（5）政府部门对工程新的要求，如国家计划变化、环境保护要求、城市规划变动等。

（6）由于合同实施出现问题，必须调整合同目标或修改合同条款。

2. 变更的范围和内容

根据《标准施工招标文件》中的通用合同条款的规定，除专用合同条款另有约定外，在履行合同中发生以下情形之一，应按照本条规定进行变更：

（1）取消合同中任何一项工作，但被取消的工作不能转由发包人或其他人实施。

（2）改变合同中任何一项工作的质量或其他特性。

（3）改变合同工程的基线、标高、位置或尺寸。

(4)改变合同中任何一项工作的施工时间或改变已批准的施工工艺或顺序。

(5)为完成工程需要追加的额外工作。

在履行合同过程中,承包人可以对发包人提供的图纸、技术要求以及其他方面提出合理化建议。

3.变更权

根据《标准施工招标文件》中通用合同条款的规定,在履行合同过程中,经发包人同意,监理人可按合同约定的变更程序向承包人作出变更指示,承包人应遵照执行。没有监理人的变更指示,承包人不得擅自变更。

4.变更程序

根据《标准施工招标文件》中通用合同条款的规定,变更的程序如下:

(1)变更的提出

在合同履行过程中,可能发生通用合同条款中约定情形的[上述二、变更的范围和内容中的(1)～(5)],监理人可向承包人发出变更意向书。变更意向书应说明变更的具体内容和发包人对变更的时间要求,并附必要的图纸和相关资料。变更意向书应要求承包人提交包括拟实施变更工作的计划、措施和竣工时间等内容的实施方案。发包人同意承包人根据变更意向书要求提交的变更实施方案的,由监理人按合同约定的程序发出变更指示。

在合同履行过程中,已经发生通用合同条款中约定情形的[上述二、变更的范围和内容中的(1)～(5)],监理人应按照合同约定的程序向承包人发出变更指示。

承包人收到监理人按合同约定发出的图纸和文件,经检查认为其中存在约定情形的[上述二、变更的范围和内容中的(1)～(5)],可向监理人提出书面变更建议。变更建议应阐明要求变更的依据,并附必要的图纸和说明。监理人收到承包人书面建议后,应与发包人共同研究,确认存在变更的,应在收到承包人书面建议后的14天内作出变更指示。经研究后不同意作为变更的,应由监理人书面答复承包人。

若承包人收到监理人的变更意向书后认为难以实施此项变更,应立即通知监理人,说明原因并附详细依据。监理人与承包人和发包人协商后确定撤销、改变或不改变原变更意向书。

(2)变更指示

根据《标准施工招标文件》中通用合同条款的规定,变更指示只能由监理人发出。变更指示应说明变更的目的、范围、变更内容以及变更的工程量及其进度和技术要求,并附有关图纸和文件。承包人收到变更指示后,应按变更指示进行变更工作。

5.承包人的合理化建议

根据《标准施工招标文件》中通用合同条款的规定,在履行合同过程中,承包人对发包人提供的图纸、技术要求以及其他方面提出的合理化建议,均应以书面形式提交监理人。合理化建议书的内容应包括建议工作的详细说明、进度计划和效益以及与其他工作的协调等,并附必要的设计文件。监理人应与发包人协商是否采纳建议。建议被采纳并构成变更的,应按合同约定的程序向承包人发出变更指示。

承包人提出的合理化建议降低了合同价格、缩短了工期或者提高了工程经济效益的,发包人可按国家有关规定在专用合同条款中约定给予奖励。

6. 变更估价

根据《标准施工招标文件》中通用合同条款的规定：

(1)除专用合同条款对期限另有约定外,承包人应在收到变更指示或变更意向书后的14天内,向监理人提交变更报价书,报价内容应根据合同约定的估价原则,详细开列变更工作的价格组成及其依据,并附必要的施工方法说明和有关图纸。

(2)变更工作影响工期的,承包人应提出调整工期的具体细节。监理人认为有必要时,可要求承包人提交要求提前或延长工期的施工进度计划及相应施工措施等详细资料。

(3)除专用合同条款对期限另有约定外,监理人收到承包人变更报价书后的14天内,根据合同约定的估价原则,按照总监理工程师与合同当事人商定或确定变更价格。

7. 变更的估价原则

除专用合同条款另有约定外,因变更引起的价格调整按照本款约定处理：

(1)已标价工程量清单中有适用于变更工作的子目的,采用该子目的单价。

(2)已标价工程量清单中无适用于变更工作的子目,但有类似子目的、可在合理范围内参照类似子目的单价,由监理人按总监理工程师与合同当事人商定或确定变更工作的单价。

(3)已标价工程量清单中无适用或类似子目的单价,可按照成本加利润的原则,由监理人按总监理工程师与合同当事人商定或确定变更工作的单价。

9.6　工程索赔管理

9.6.1　工程索赔的基本理论 ///

1. 工程索赔的概念

工程索赔通常是指在工程合同履行过程中,合同当事人一方因对方不履行或未能正确履行合同或者由于其他非自身因素而受到经济损失或权利损害,通过合同规定的程序向对方提出经济或时间补偿要求的行为。工程索赔是建筑工程管理和建筑经济活动中承发包双方之间经常发生的管理业务,正确处理索赔对有效地确定、控制工程造价,保证工程顺利进行有着重要意义;另外,索赔也是承发包双方维护各自利益的重要手段,国外建筑企业管理人员大都能熟练掌握、运用索赔的方法与技巧。

2. 工程索赔的分类

(1)按索赔的目的分:工期索赔、费用索赔。

(2)按索赔的依据分:合同规定的索赔、非合同规定的索赔。

(3)按索赔的对象分:索赔和反索赔。索赔通常指承包商向业主提出的索赔;反索赔通常指业主向承包商提出的索赔。

(4)按索赔的业务性质分:工程索赔、商务索赔。

(5)按索赔的处理方式分:单项索赔、总索赔。

3. 提出索赔的依据

(1)招标文件、施工合同文本及附件。补充协议、施工现场的各类签认记录、经认可的施工进度计划、工程图纸及技术规范等。

（2）双方往来的信件及各种会议、会谈纪要。

（3）施工进度计划和实际施工进度记录、施工现场的有关文件（施工记录、备忘录、施工月报、施工日志等）及工程照片。

（4）气象资料、工程检查验收报告和各种技术鉴定报告、工程中送停电、送停水、道路开通和封闭的记录和证明。

（5）国家有关法律法令政策性文件。

9.6.2 工程索赔的处理原则及方法

1. 工程索赔的处理原则

（1）索赔必须以合同为依据。遇索赔事件时，监理工程师应以完全独立的身份，站在客观公正的立场上，以合同为依据审查索赔要求的合理性、索赔价款的正确性。

（2）及时、合理地处理索赔。如承包方的合理索赔要求长时间得不到解决，积累下来可能会影响其资金周转，从而影响工程进度。

（3）必须注意资料的积累。积累一切可能涉及索赔论证的资料，技术问题、进度问题和其他重大问题的会议应做好文字记录，并争取会议参加者签字，作为正式文档资料。同时应建立严密的工程日志，建立业务往来文件编号档案等制度，做到处理索赔时以事实和数据为依据。

（4）加强索赔的前瞻性，有效避免过多的索赔事件的发生。监理工程师应对可能引起的索赔有所预测，及时采取补救措施，避免过多索赔事件的发生。

2. 工程索赔的方法

（1）索赔意向通知

承包商应在已经察觉或理应察觉索赔事由发生后一定期限内，向业主或设备监理工程师递交索赔意向通知书，表明承包商就该索赔事由期望得到业主给予补偿的要求。索赔意向通知应在察觉索赔事由发生后两天内提交，合同另有规定的提交通知时限从其规定。超过了该期限，业主或设备监理工程师有权拒绝赔偿。

（2）索赔资料的准备

在索赔资料准备阶段，主要工作有：

①跟踪和调查干扰事件，掌握事件产生的详细经过。

②分析干扰事件产生的原因，划清各方责任，确认索赔依据。

③损失或损害调查分析与计算，确认工期索赔和费用索赔值。

④搜集证据，获得充分而有效的各种证据。

⑤起草索赔文件。

（3）索赔文件的提交

索赔文件是承包商向业主索赔的正式书面材料，也是业主审议承包商索赔请求的主要依据，它包括索赔信、索赔报告、附件三部分。

①索赔信。它是一封承包商致业主或其代表的简短信函，应提纲挈领地把索赔文件的各部分贯通起来，它包括：a. 说明索赔事件；b. 列举索赔理由；c. 提出索赔金额与理由；d. 索赔附件说明。

②索赔报告。它是索赔文件的正文，一般包括三个主要部分。首先是报告的标题，应言简意赅地概括出索赔的核心内容；其次是事实与理由，该部分陈述客观事实，合理引用合同

规定,建立事实与索赔损失间的因果关系,说明索赔的合理合法性;最后是损失及要求索赔的金额与工期,在此只需列举各项明细数字及汇总即可。

③附件。内容包括:a.索赔报告中所列举事实、理由、影响等证明文件和证据;b.详细计算书,为简明起见也可以用大量图表。

(4)索赔文件的审核

工程师受业主的委托和聘请,对工程项目的实施进行组织、监督和控制工作。在业主与承包人之间的索赔事件发生、处理和解决过程中,工程师是核心人物。工程师在接到承包人的索赔文件后,必须以完全独立的身份,站在客观公正的立场上审查索赔要求的正当性,必须对合同条件、协议条款等有详细的了解,以合同为依据来公平处理合同双方的利益纠纷。工程师应该建立自己的索赔档案,密切关注事件的影响和发展,有权检查承包人的有关同期记录材料,随时就记录内容提出他的不同意见或他认为应予以增加的记录项目。

工程师根据业主的委托或授权,对承包人索赔的审核工作主要分为判定索赔事件是否成立和核查承包人的索赔计算是否正确、合理两个方面,并可在业主授权的范围内做出自己独立的判断。

9.6.3 费用索赔

对于索赔事件的费用计算,一般是先计算与索赔事件有关的直接费,如人工费、材料费、施工机械使用费、分包费等,然后计算应分摊在此事件上的管理费、利润等间接费。每一项费用的具体计算方法基本上与工程项目报价计算方法相似。

1.基本索赔费用的计算方法

(1)人工费

人工费是可索赔费用中的重要组成部分,其计算公式为

$$C(L) = CL_1 + CL_2 + CL_3$$

式中　$C(L)$——索赔的人工费;

CL_1——人工单价上涨引起的增加费;

CL_2——人工工时增加引起的费用;

CL_3——生产率降低引起的人工损失费用。

(2)材料费

材料费在工程造价中占据较大比重,也是重要的可索赔费用。材料费索赔包括材料用量增加费和材料单价上涨导致的材料增加费两个方面。其计算公式为

$$C(M) = CM_1 + CM_2$$

式中　$C(M)$——可索赔的材料费;

CM_1——材料用量增加费;

CM_2——材料单价上涨导致的材料增加费。

(3)施工机械使用费

施工机械使用费包括承包人在施工过程中使用自有施工机械所发生的机械使用费,使用外单位施工机械的租赁费,以及按照规定支付的施工机械进出场费用等。索赔施工机械使用费的计算方法为

$$C(E) = CE_1 + CE_2 + CE_3 + CE_4$$

式中　$C(E)$——可索赔的施工机械使用费；

　　　CE_1——承包人自有施工机械工作时间额外增加费；

　　　CE_2——自有机械台班费率上涨费；

　　　CE_3——外来施工机械租赁费(包括必要的机械进出场费)；

　　　CE_4——施工机械设备闲置损失费用。

(4)分包费

分包费索赔的计算公式为

$$C(S) = CS_1 + CS_2$$

式中　$C(S)$——索赔的分包费；

　　　CS_1——分包工程增加费；

　　　CS_2——分包工程增加费的相应管理费(有时可包含相应利润)。

(5)利息

利息索赔额的计算方法可按复利计算法计算。至于利息的具体利率应是多少,可采用不同标准,主要有以下三种情况:按承包人在正常情况下的当时银行贷款利率、按当时的银行透支利率和按合同双方协议的利率。

(6)利润

索赔利润的款额计算通常与原报价单中的利润百分率保持一致,即在索赔款直接费的基础上,乘以原报价单中的利润率,即作为该项索赔款中的利润额。

2. 管理费索赔的计算方法

在确定索赔事件的直接费用以后,还应提出分摊的管理费。由于管理费金额较大,其确认和计算都比较困难和复杂,常会引起双方争议。管理费属于工程成本的组成部分,包括现场管理费和总部管理费。我国现行建筑工程造价构成中,将现场管理费纳入直接工程费中,总部管理费纳入间接费中。一般的费用索赔中都包括现场管理费和总部管理费。

(1)现场管理费

现场管理费的索赔计算方法一般有两种情况:

①直接成本的现场管理费索赔。对于发生直接成本的索赔事件,其现场管理费索赔额一般可按该索赔事件直接费乘以现场管理费费率,而现场管理费费率等于合同工程的现场管理费总额除以该合同工程直接成本总额。

②工程延期的现场管理费索赔。如果某项工程延误索赔不涉及直接费的增加,或由于工期延误时间较长,按直接成本的现场管理费索赔方法计算的金额不足以补偿工期延误所造成的实际现场管理费支出,则可按如下方法计算:用实际(或合同)现场管理费总额除以实际(或合同)工期,得到单位时间现场管理费费率,然后用单位时间现场管理费费率乘以可索赔的延期时间,可得到现场管理费索赔额;对于可索赔延误时间内发生的变更指令或其他索赔中已支付的现场管理费,应从中扣除。

(2)总部管理费

目前常用的总部管理费的计算方法有以下几种:

①按照投标书中总部管理费的比例(3%～8%)计算。

②按照公司总部统一规定的管理费比率计算。

③以工程延期的总天数为基础，计算总部管理费的索赔额。

对于索赔事件来讲，总部管理费金额较大，常会引起双方的争议，通常采用总部管理费分摊的方法，因此分摊方法的选择甚为重要。

3.综合费用索赔计算方法

对于由许多单项索赔事件组成的综合费用索赔，可索赔的费用构成往往很多，可能包括直接费用和间接费用。综合费用索赔的计算方法有实际费用法、总费用法和修正的总费用法。

（1）实际费用法

实际费用法是计算工程索赔时最常用的一种方法。这种方法的计算原则是以承包商为某项索赔工作所支付的实际开支为根据，向业主要求费用补偿。

用实际费用法计算时，在直接费的额外费用部分的基础上，再加上应得的间接费和利润，如实际发生的人工费、材料费、施工机械使用费、现场管理费、保险费、保函手续费和利息，即承包商应得的索赔金额。由于实际费用法所依据的是实际发生的成本记录或单据，所以，在施工过程中，系统而准确地积累记录资料是非常重要的。

（2）总费用法

总费用法就是当发生多次索赔事件以后，重新计算该工程的实际总费用，实际总费用减去投标报价时的估算总费用，即为索赔金额，其计算公式为

索赔金额＝实际总费用－投标报价估算总费用

不少人对采用该方法计算索赔费用持批评态度，因为实际发生的总费用中可能包括了承包商的原因，如施工组织不善而增加的费用；同时投标报价估算的总费用也可能为了中标而过低。所以这种方法只有在难以采用实际费用法时才应用。

（3）修正的总费用法

修正的总费用法是对总费用法的改进，即在总费用计算的原则上，去掉一些不合理的因素，使其更合理。修正的内容如下：将计算索赔款的时段局限于受到外界影响的时间，而不是整个施工期；只计算受影响时段内的某项工作所受影响的损失，而不是计算该时段内所有施工工作所受的损失；与该项工作无关的费用不列入总费用中；对投标报价费用重新进行核算，按受影响时段内该项工作的实际单价进行核算，乘以实际完成的该项工作的工程量，得出调整后的报价费用。

按修正后的总费用计算索赔金额的计算公式为

索赔金额＝某项工作调整后的实际总费用－该项工作的报价费用

9.6.4 工期索赔

1.工期索赔的目的

工程延误是指工程施工过程中任何一项或多项工作实际完成日期迟于计划规定的完成日期，从而可能导致整个合同工期的延长。工程工期是施工合同中的重要条款之一，涉及业主和承包人多方面的权利和义务关系。工程延误对合同双方一般都会造成损失。业主因工程不能及时交付使用、投入生产，就不能按计划实现投资效果，失去盈利机会，损失市场利润；承包人因工期延误的后果是形式上的时间损失，实质上经济损失，无论是业主还是承包人，都不愿意无缘无故地承担由工程延误给自己造成的经济损失。所以承包商进行工期索赔的目的通常有两个：

①免去或推卸自己对已经产生的工期延长的合同责任,使自己不支付或尽可能少支付工期延长的违约金。

②进行因工期延长而造成的费用损失的索赔。

对已经产生的工期延长,业主通常采用两种解决办法:

①不采取加速措施,将合同工期顺延,工程施工仍按原定方案和设计实施。

②指令承包商采取加速措施,以全部或部分地弥补已经损失的工期。如果工期延缓责任不由承包商承担,业主已认可承包商的工期索赔,则承包商还可以提出因采取加速措施而增加的费用索赔。

2. 工期索赔的原则

合同工期确定后,不管有没有做过工期和成本的优化,在施工过程中,当干扰事件影响了工程的关键线路活动,或造成整个工程的停工、拖延,则必然引起总工期的拖延,而这种工期拖延都会造成承包商成本的增加。这个成本的增加能否获得业主相应的补偿,根据具体情况确定。

3. 工期索赔的方法

确定工期索赔一般有三种方法:

(1)网络分析法

通过干扰事件发生前后的网络计划,对比两种工期计算结果,计算出工期索赔值。这是一种科学、合理的分析方法,适合于各种干扰事件的索赔。关键线路上工程活动持续时间的拖延,必然造成总工期的拖延,可提出工期索赔,而非关键线路上的工程活动在时差范围内的拖延如果不影响工期,则不能提出工期索赔。

(2)比例分析法

虽然网格分析法是最合理的,但在实际工程中,干扰事件常常仅影响某些单项工程、单位工程或分部分项工程的工期,分析它们对总工期的影响可以采用更简单的比例分析法,即以某个技术经济指标作为比较基础,计算出工期索赔值。一般有两种方法:

①按合同价所占比例计算。

②按单项工程工期拖延的平均值计算。

网络分析法和比例分析法的比较:在实际运用中,也可按其他指标,如按劳动力投入量、实物工程量等变化计算。比例分析法虽然计算简单、方便,不需要复杂网络分析,在意义上也容易接受,但也有其不合理、不科学的地方。例如,从网络分析可以看出,关键线路上工作的拖延方为总工期的延长,非关键线路上的拖延通常对总工期没有影响,但比例分析法对此并不考虑,而且此种方法对有些情况也不适用,例如,业主变更施工次序,业主指令采取加速施工措施等不能采用这种方法,最好采用网络分析法,否则会得到错误的结果。

(3)赢值法

赢值法就是在横道图或时标网络计划的基础上,求出三种费用,以确定施工中的进度偏差和成本偏差的方法。其中这三种费用是:

①拟完工程计划费用(BCWS):指进度计划安排在某一给定时间内所应完成的工程内容的计划费用。

②已完工程实际费用(ACWP):指在某一给定时间内实际完成的工程内容所实际发生的费用。

③已完工程计划费用(BCWP):指在某一给定时间内实际完成的工程内容的计划费用。

根据以下关系分析费用与进度偏差：

$$费用偏差＝已完工程实际费用－已完工程计划费用$$

其中，费用偏差为正值表示费用超支，为负值表示费用节约。

$$进度偏差＝拟完工程计划费用－已完工程计划费用$$

其中，进度偏差为正值表示进度拖延，为负值表示进度提前。

9.7 国际建设工程承包合同

9.7.1 FIDIC 合同体系 //

FIDIC 是 Fédération Internationale Des Ingénieurs Conseils 这五个单词的首字母的组合，是"国际咨询工程师联合会"的法文名称。其英文名称是 International Federation of Consulting Engineers。FIDIC 于 1913 年由欧洲五国独立的咨询工程师协会在比利时根特成立。

FIDIC 专业委员会编制了一系列规范性合同条件，构成了 FIDIC 合同条件体系。它们不仅被 FIDIC 会员国在世界范围内广泛使用，也被世界银行、亚洲开发银行、非洲开发银行等世界金融组织在招标文件中使用。在 FIDIC 合同条件体系中，最著名的有《土木工程施工合同条件》（Conditions of Contract for Work of Civil Engineering Construction，通称 FIDIC"红皮书"）、《电气和机械工程合同条件》（Conditions of Contractor Electrical and Mechanical Works，通称 FIDIC"黄皮书"）、《业主/咨询工程师标准服务协议书》（Client/Consultant Model Services Agreement，通称 FIDIC"白皮书"）、《设计-建造与交钥匙工程合同条件》（Conditions of Contract for Design Build and Turnkey，通称 FIDIC"桔皮书"）等。

为了适应国际工程业和国际经济的不断发展，FIDIC 对其合同条要件进行修改和调整，以令其更能反映国际工程实践，更具有代表性和普遍意义，更加严谨、完善，更具权威性和可操作性。尤其是近十几年，修改调整的频率明显增大。如被誉为土木工程合同的圣经的"红皮书"，第一版制定于 1957 年，随后于 1963、1977、1987 年分别出了第二、三、四版。1988、1992 年又两次对第四版进行修改，1996 年又做了增补。

FIDIC 于 1999 年出版的四种新版的合同条件，在继承了以往合同条件的优点的基础上，在内容、结构和措辞等方面做了较大修改，进行了重大的调整。

四种新版的合同条件及其适用范围如下：

（1）施工合同条件（Condition of Contract for Construction，简称"新红皮书"）

新红皮书与原红皮书相对应，但其名称改变后合同的适用范围更大。该合同主要用于由业主设计的或由咨询工程师设计的房屋建筑工程（Building Works）和土木工程（Engineering Works）。在这种合同形式下，通常由工程师负责监理，由承包商按照雇主提供的设计施工，但也可以包容由承包商设计的土木、机械、电气和构筑物的某些部分。

（2）永久设备和设计-建造合同条件（Conditions of Contract for Plant and Design Build，简称"新黄皮书"）

新黄皮书与原黄皮书相对应，其名称的改变便于与新红皮书相区别，在新黄皮书条件下，该文件推荐用于电气和（或）机械设备供货和建筑或工程的设计与施工，通常采用总价合同。由承包商按照雇主的要求,设计和提供生产设备和(或)其他工程,可以包括土木、机械、电气和建筑物的任何组合,进行工程总承包。但也可以对部分工程采用单价合同。

(3)EPC交钥匙项目合同条件(Conditions of Contract for EPC Turnkey Projects,简称"银皮书")

银皮书又可译为"设计-采购-施工交钥匙项目合同条件",它与桔皮书相似但不完全相同。它适于工厂建设之类的开发项目,是包含了项目策划、可行性研究,具体设计、采购、建造、安装、试运行等在内的全过程承包方式。承包商"交钥匙"时,提供的是一套配套完整的可以运行的设施。这种合同条件下,项目的最终价格和要求的工期且有更大程度的确定性;由承包商承担项目实施的全部责任,雇主很少介入。

(4)合同的简短格式(Short Form of Contract)

该合同条件主要适于价值较低的或形式简单或重复性的或工期短的房屋建筑和土木工程。该文件适用于投资金额较小的建筑或工程项目。根据工程的类型和具体情况,这种合同格式也可用于投资金额较大的工程,特别是较简单的或重复性的、工期短的工程。在此合同格式下,一般都由承包商按照雇主或其代表——工程师提供的设计实施工程,但对于部分或完全由承包商设计的土木、机械、电气和(或)构筑物的工程,此合同也同样适用。

这些合同条件的文本不仅适用于国际工程,而且稍加修改后同样适用于国内工程,我国有关部委编制的适用于大型工程施工的标准化范本都以FIDIC编制的合同条件为蓝本。

9.7.2　国际建设工程承包合同争议的解决方式 //////////////////////////////////////

国际工程承包合同争议解决的方式一般包括协商、调解、仲裁和DAB方式等。

1.协商

协商是解决争议最常见也是最有效的方式,也是应该首选的最基本的方式。双方依据合同,通过友好磋商和谈判,互相让步,折中解决合同争议。

2.调解

双方或多方当事人就争议的实体权利、义务,在国际有关组织主持下,自愿进行协商,通过教育疏导,促成各方达成协议、解决纠纷的办法。

3.仲裁

当事人根据他们之间订立的仲裁协议,自愿将其争议提交由非官方身份的仲裁员组成的仲裁庭进行裁判,并受该裁判约束的一种制度。

4. DAB(Dispute Adjudication Board——争端裁决委员会)方式

(1)DAB方式的概念

合同双方经过协商,选定一个独立公正的争端裁决委员会(DAB),当发生合同争议时,由该委员会对其争议做出决定。

(2)DAB的任命

根据工程项目的规模和复杂程度,争端裁决委员会可以由一人、三人或者五人组成,其任命通常有三种方式:

①常任争端裁决委员会。

②特聘争端裁决委员会。

③由工程师兼任,其前提是,工程师为具有必要的经验和资源的独立专业咨询工程师。

(3)DAB的报酬

业主和承包商应该按照支付条件各自支付其中的一半。

（4）DAB 的优点

采用 DAB 方式解决争端的优点在于以下几个方面：

①DAB 委员可以在项目开始时就介入项目，了解项目管理情况及其存在的问题。

②DAB 委员有较高的业务素质和实践经验，特别是具有项目施工方面的丰富经验。

③周期短，可以及时解决争议。

④DAB 的费用较低。

⑤DAB 委员是发包人和承包人自己选择的，其裁决意见容易为他们所接受。

⑥由于 DAB 提出的裁决不是强制性的，不具有终局性，合同双方或一方对裁决不满意，仍然可以提请仲裁或诉讼。

相关资料

《建设工程项目管理规范》GB/T 50326—2017（部分）

7.5.8　项目管理机构应按照规定实施合同索赔的管理工作。索赔应符合下列条件：

1　索赔应依据合同约定提出。合同没有约定或者约定不明时，按照法律法规规定提出。

2　索赔应全面、完整地收集和整理索赔资料。

3　索赔意向通知及索赔报告应按照约定或法定的程序和期限提出。

4　索赔报告应说明索赔理由，提出索赔金额及工期。

本章小结

建筑工程合同管理一般周期较长、合同价格高、合同变更较为频繁、合同风险较高，所以建筑工程合同管理工作极为繁杂。建筑工程合同管理是对建筑工程项目建设有关的各类合同，从合同条件的拟定、协调，合同的订立、履行和合同纠纷处理情况的检查和分析等环节进行的科学管理工作，以期通过合同管理实现建筑工程项目的"三控制"目标，维护合同当事人双方的合法权益。通过本章的学习，使学生了解工程项目合同管理的基础知识；掌握合同管理的主要过程；掌握合同的主要类型和合同的主要担保方式。最后，应具有能灵活运用所学的理论知识解决工程实际中基本问题的能力。

思考题

1.简述建筑工程合同的分类。

2.简述建筑工程合同订立的形式。

3.简述建筑工程合同的担保方式。

4.简述建筑工程合同纠纷的解决方式。

第10章
建筑工程项目信息管理

学 习 目 标

1. 掌握项目信息管理的目的和任务。
2. 了解管理信息系统的概念、目的和功能。
3. 了解项目管理信息系统的建立过程。
4. 掌握建筑工程项目文档管理的任务和基本要求。
5. 熟悉建筑工程项目管理软件。

工匠精神

"工匠精神"可以从六个维度加以界定，即专注、标准、精准、创新、完美、人本。其中，专注是工匠精神的关键，标准是工匠精神的基石，精准是工匠精神的宗旨，创新是工匠精神的灵魂，完美是工匠精神的境界，人本是工匠精神的核心。

大国工匠精神是2016年政府工作报告提出来的，"鼓励企业开展个性化定制、柔性化生产，培育精益求精的工匠精神，增品种、提品质、创品牌。"

《营造法式》是一部记录中国古代建筑营造规范的书，是我国传统匠人千百年来的智慧结晶和实践总结。此书系统地总结了北宋前建筑学方面的可用之法，大部分章节是根据当时工匠的实际经验总结而成，反映宋代建筑建造中模数的制定和运用、设计的灵活性、装饰与结构的统一以及生产管理中严密性，是宋代建筑技术向标准化和定型方向发展的标志。《营造法式》是当时世界上屈指可数的建筑学专著之一，对我国建筑事业的发展产生了重要作用。直到今天，它仍是研究中国古代建筑的一部极为重要的、富有科学价值的参考文献。

资料来源：故宫博物院，营造法式.

10.1 项目信息管理的目的和任务

项目管理的理论和方法已经引入我国多年，虽然在很多工程实践中取得了不少成绩。

但是,现阶段在工程项目管理中,项目参与方对信息管理内涵的理解,以及信息管理的组织、方法和手段还停留在传统方式和模式上,信息管理水平还相对落后。可以说,目前我国在建筑工程项目管理中最薄弱的工作环节是信息管理。

10.1.1 项目信息管理的目的 //

1. 信息

信息指的是用口头的方式、书面的方式或电子的方式传输(传达、传递)的知识、新闻,或可靠的或不可靠的情报。声音、文字、数字和图像等都是信息表达的形式。从广义角度,通常认为:信息是客观事物的反映,它提供了有关现实世界事物的消息和知识。从狭义角度,人们可将信息定义为经过加工处理以后,并对客观事物产生影响的数据。

2. 信息管理

信息管理指的是信息传输的合理组织和控制。

3. 项目的信息管理

项目的信息管理是通过对各个系统、各项工作和各种数据的管理,使项目的信息能方便和有效地获取、存储、存档、处理和交流。项目信息管理的对象应包括各类工程资料和工程实际进展信息。即项目决策过程、实施过程(设计准备、设计、施工和物资采购过程等)和运行过程中产生的信息,以及项目的组织类信息、管理类信息、经济类信息、技术类信息和法规类信息。

4. 项目信息管理的目的

项目的信息管理的目的旨在通过有效的项目信息传输的组织和控制为项目建设的增值服务。

10.1.2 项目信息管理的任务 //

业主方和项目参与各方都有各自的信息管理任务。为充分利用和发挥信息资源的价值,提高信息管理的效率以及实现有序的和科学的信息管理,各方都应编制各自的信息管理手册,以规范信息管理工作。信息管理手册描述和定义信息管理做什么、谁做、什么时候做和其工作成果是什么等。

1. 手册的主要内容包括

(1)信息管理的任务(信息管理任务目录)。

(2)信息管理的任务分工表和管理职能分工表。

(3)信息的分类。

(4)信息的编码体系和编码。

(5)信息输入输出模型。

(6)各项信息管理工作的工作流程图。

(7)信息流程图。

(8)信息处理的工作平台及其使用规定。

(9)各种报表和报告的格式,以及报告周期。

(10)项目进展的月度报告、季度报告、年度报告和工作总结报告的内容及其编制。

(11)工程档案管理制度。

(12)信息管理的保密制度等。

2.信息管理部门的工作任务

项目管理班子中各个工作部门的管理工作都与信息处理有关,而信息管理部门的主要工作任务是:

(1)负责编制信息管理手册,在项目实施过程中进行信息管理手册的必要修改和补充,并检查和督促其执行。

(2)负责协调和组织项目管理班子中各个工作部门的信息处理工作。

(3)负责信息处理工作平台的建立和运行维护。

(4)与其他工作部门协同组织收集信息、处理信息和形成各种反映项目进展和项目目标控制的报表和报告。

(5)负责工程档案管理等。

3.信息工作流程

各项信息管理任务的工作流程:

(1)信息管理手册编制和修订的工作流程。

(2)为形成各类报表和报告,收集信息、录入信息、审核信息、加工信息、信息传输和发布的工作流程。

(3)工程档案管理的工作流程等。

4.建立信息处理平台

由于工程项目大量数据处理的需要,应重视利用信息技术的手段进行信息管理。信息管理核心的手段是基于网络的信息处理平台进行信息处理。

10.2 建筑工程项目管理信息系统

10.2.1 管理信息系统的概念、目的和功能 //

1.管理信息系统的概念

工程项目管理信息系统是一个由多个子系统组成的系统,是处理工程项目信息的人-机系统,通过收集、存储及分析工程项目实施过程中的有关数据,辅助工程项目的管理人员和决策者规划、决策和检查,其核心是辅助对工程项目目标的控制。工程项目管理信息系统是针对工程项目中的投资、进度、质量目标的规划与控制。

2.管理信息系统的目的

工程项目管理信息系统的目标是实现信息的系统管理及提供必要的决策支持。工程项目管理信息系统为监理工程师提供标准化的、合理的数据来源,一定时间要求的、结构化的数据;提供预测、决策所需要的信息以及数学-生物模型,提供编制计划、修改计划、计划调控的必要科学手段及应变程序;保证对随机性问题处理时,为监理工程师提供多个可供选择的方案。

3.管理信息系统的功能

管理信息系统的功能主要有以下几个方面:

(1)数据处理功能能够进行数据的收集和输入,数据传输、数据存储、数据加工处理,以供查询;能够完成各种统计和综合处理工作,及时提供各种信息。

(2)预测功能能够运用现代数学方法、统计方法或模拟方法,根据过去的数据预测未来的情况。

(3)计划控制功能根据各个职能部门提供的数据,对计划的执行情况进行监控、检查、比较执行与计划的差异,对差异情况进行分析,辅助管理人员及时进行控制。

(4)决策优化功能采用各种经济数学模型和所存储在计算机中的大量数据,辅助各级管理人员进行决策,以期合理利用人、财、物和信息资源,取得最大经济效益。

4.管理信息系统在工程项目管理中的功能

工程项目管理信息系统应该实现的基本功能要从投资控制、进度控制、质量控制、合同管理四个方面来分析:

(1)在投资控制子系统中应包括:投资分配分析;编制项目概算和预算;投资分配与项目概算的对比分析;项目概算与预算的对比分析;合同价与投资分配、概算、预算的对比分析;实际投资与概算、预算、合同价的对比分析;项目投资变化趋势预测;项目结算与预算、合同价的对比分析;项目投资的各类数据查询;提供多种项目投资报表。

(2)在进度控制子系统中应包括:编制双代号网络计划和单代号搭接网络计划;编制多平面群体网络计划;工程实际进度的统计分析;实际进度与计划进度的动态比较;工程进度变化趋势预测;计划进度的定期调整;工程进度各类数据的查询;提供多种工程进度报表;绘制网络图;绘制横道图。

(3)在质量控制子系统中应包括:项目建设的质量要求和质量标准的制定;分项工程、分部工程和单位工程的验收记录和统计分析;工程材料验收记录;工程设计质量的鉴定记录;安全事故的处理记录;提供多种工程质量报表。

(4)在合同管理子系统上应包括:提供和选择标准的合同文本;合同文件、资料的管理;合同执行情况的跟踪和处理过程的管理;涉外合同的外汇折算;经济数据库的查询;提供各种合同管理报表。

10.2.2 项目管理信息系统的建立过程 ///

1.工程项目的信息需求

在建筑工程项目的整个管理过程中,项目参与各方都会在不同的时期对信息有不同的需要,因侧重点不同,存在着不同的规范信息行为。

(1)项目决策阶段

主要的信息需要是外部宏观信息,需要获得与此项目有关的历史的、现代的、未来的信息,具有很高的不确定性,既有大量的外部信息,也有内部信息。

项目相关市场方面的信息。如预测建筑产品进入市场后的市场占有率、社会需求情况、统计建筑产品价格的变化趋势、影响市场渗透的因素、生命周期等。

项目资源相关方面的信息。如资金筹措渠道、方式,原材料、辅料来源,劳动力,水、电、气供应情况等。

自然环境相关方面的信息。如城市交通、运输、气象、水文、地形地貌、建筑废料处理等。

新技术、新设备、新工艺、新材料,专业配套能力及设施方面的信息。

政治环境,社会治安状况,当地法律、政策的信息等。

（2）项目设计阶段

项目的可行性研究报告,前期相关文件资料,存在的疑点和建设单位的意图,建设单位前期准备和项目审批完成的情况;同类工程项目的相关信息;拟建项目所在地的有关信息;勘察、测量、设计单位相关信息;工程所在地政府相关信息等。

（3）项目施工招标阶段

工程地质、水文勘察报告;建设单位建设前期报审文件;工程造价的市场变化规律及所在地区的材料、构件、设备、劳动力差异;当地施工单位管理水平,质量保证体系,施工质量、设备、机具能力;本工程适用的规范、规定;所在地招标代理机构能力、特点,所在地招标投标管理机构及管理程序等。

（4）项目施工阶段

在项目的施工准备期间的信息需求有施工图设计及施工图预算、施工合同、施工单位项目经理部组成、进场人员资质;进场设备的规格型号、保修记录;施工场地的准备情况;施工单位质量保证体系及施工单位的施工组织设计;进场材料、构建管理制度;安全保卫措施;数据和信息管理制度;检测和检验、试验程序和设备;承包单位和分包单位的资质;建筑工程场地的地质、水文、测量、气象数据;地上、地下管线,地下洞室,地上原建筑物及周围建筑物、树木、道路;建筑红线,标高、坐标;水、电、气管道的引入标志;地质勘察报告、地形测量图及标桩;施工图的会审和交底记录;开工前的监理交底记录;对施工单位提交的施工组织设计按照项目监理部要求进行修改的情况;施工单位提交的开工报告及实际准备情况;工程相关法律、法规和规范、规程,有关质量检验、控制的技术方法、质量验收标准等。

在项目的施工实施期间的信息需求主要是施工过程中随时产生的数据,施工单位人员、设备、水、电、气等的动态信息;施工期气象的中长期趋势及同期历史数据、气象报告;建筑原材料的相关问题;项目经理部管理方式,技术手段;工地文明施工及安全措施;施工中需要执行的国家和地方规范、规程、标准;施工合同情况;建筑材料等。

在项目的竣工保修期间的信息需求有工程准备阶段文件;监理文件;施工资料;建筑安装工程图和市政基础设施工程图;竣工验收资料等。

2. 信息的收集和加工

（1）信息的收集

在项目实施过程中,每天都要产生大量的数据,如记工单、领料单、任务单、图纸、报告、指令、信件等,必须确定由责任人负责原始数据的收集;确定资料、数据的内容、结构、准确程度;确定获取资料、数据的渠道。保证资料、数据的正确性和及时性。通常由专业班组的班组长、计工员、核算员、材料管理员、分包人、秘书等承担这个任务。

（2）信息的加工

原始资料、数据需要进行信息加工才能得到符合管理需求的信息,才能符合不同层次项目管理的不同要求,信息加工包括以下几点:

①一般的信息处理方法,如排序、分类、合并、插入、删除等。

②数学处理方法,如数学计算、数值分析、梳理分析等。

③逻辑判断方法,包括评价原始资料的置信度、来源的可靠性、数值的准确性、进行项目诊断和风险分析等。

（3）编制索引和存储

为了查询、调用的方便,建立项目文档系统,将所有信息分解、编目。许多信息作为项目的历史资料和实施情况的证明,它们必须被妥善保存。一般的工程资料要保存到项目结束,而有些则要长期保存。按不同的使用和储存要求,数据和资料储存于一定的信息载体上。做到安全可靠,方便使用。

（4）信息的使用和传递渠道

信息的传递是信息系统的最主要特征之一,即指信息流通到需要的地方,或由使用者享用的过程。信息传递的特点是仅传输信息的内容,而保持信息结构不变。在项目管理中,要设计好信息的传递路径,按不同的要求选择快速的、误差小的、成本低的传输方式。

3.工程项目管理信息系统建立的条件

工程项目管理信息系统的成功实施,不仅应具备一套适用的工程项目管理信息系统软件和性能可靠的计算机硬件平台,还应建立一整套与计算机和工作手段相适应的、科学合理的工程项目管理信息系统的组织体系,采取相应的组织措施,建立相应的信息管理制度,保证工程项目管理信息系统软硬件正常、高效地运行。

（1）组织的重视

管理信息系统开发是一项庞大的系统工程,周期长、耗资大,涉及整个管理体制、管理方法、人事调动等诸多因素。在实践中,按照管理信息系统中一把手原则,必须主要领导亲自抓,从领导的角度、纵观全局、协调各方面的关系,有始有终地把管理信息系统从决策分析、设计到实施抓到底,才能取得成功。组织重视是建立管理信息系统的重要条件。管理信息系统的开发更离不开各业务管理部门的支持,因为各级业务部门的管理人员最熟悉本部门的业务管理活动和信息需求,熟悉本部门的业务流程,了解本部门的工作特点。

（2）科学管理的基础

管理信息系统是在科学管理的基础上发展起来的。只有在合理的管理体制、完善的规章制度、稳定的生产秩序、科学的管理方法和完整准确的原始数据的基础上,才能考虑管理信息系统的开发问题。为了适应计算机管理的要求,首先必须逐步实现管理工作的程序化、管理业务的标准化、报表文件的统一化,数据资料的完善化与代码化。

①管理工作程序化建立完善的项目信息流程,使项目各参与单位之间的信息关系明确化,从流程图上一眼就能看清楚各参与单位的管理工作是如何一环扣一环地进行,同时结合项目的实际情况,对信息流程进行不断地优化和调整,找出不合理的、冗余的流程予以更正,以适应信息系统运行的需要。

②管理业务标准化就是把管理工作中重复出现的业务,按照现代化生产对管理的客观要求以及管理人员长期积累的经验,规定成标准的工作程序和工作方法,用制度将它固定下来,成为行为的准则。

③基础数据管理制度化注重基础数据的收集和传递,建立基础数据管理的制度,保证基础数据全面、及时、准确地按统一格式输入信息系统,这是管理信息系统的基础所在。

④报表文件的统一化对信息系统的输入/输出报表进行规范和统一,要设计一套通盘的报表格式和内容,并以信息目录表的形式固定下来。

⑤数据资料代码化建立统一的项目信息编码体系,包括项目编码、项目各参与单位组织编码、投资控制编码、计划年度控制编码、质量控制编码、合同管理编码等。

(3)专业队伍建设

在建立和使用管理信息系统过程中,既要培养一批对工程项目管理信息系统和工程项目管理理论有较深理解的领导队伍,又要形成一支既精通管理理论又掌握信息系统开发规律的高素质体系分析员队伍。同时还要培训一大批熟悉计算机应用和数据处理信息系统的使用者队伍。

①项目领导者的培训项目管理。管理者对待管理信息系统的态度是系统实施成败的关键因素,对项目领导者的培训主要侧重于管理信息系统的认识和现代项目管理思想和方法的学习。

②开发人员的学习和培训从具有实践经验的人员中培养系统分析员,能在较短的时间内开始系统分析和系统设计工作。较为现实的做法是组织几个各有专长的专家成立一个系统分析和系统设计小组,担当整个管理信息系统的分析、设计和实施任务。也要对这些专家进行有针对性的培训,其内容包括工程项目管理人员对信息技术和系统开发方法的学习和软件开发人员对工程项目管理知识的学习。

③使用人员的培训对系统使用人员的培训直接关系到系统实际运行的效率。培训的内容包括信息管理制度的学习,计算机软件、硬件基础知识的学习和操作系统的学习。

(4)资金支持

管理信息系统开发要有一定的物质基础,开发前应有一个总体规划,进行可行性论证,对所需资金应有一个合理的预算,制订资金筹措计划,保证资金按期到位,开发过程中要加强资金管理,防止浪费现象的发生。

4.工程项目管理信息系统建立的原则

建筑工程项目是一个人工、动态、开放的系统,管理信息系统从信息流的角度反映项目管理系统,这个系统应该具有目的性、整体性、相关性、环境适应性等一般系统的特征。管理信息系统的开发过程本身也是一个系统原则和思想应用过程。因此,系统工程理论应该是系统开发的方法论基础,对应的指导原则有几个方面:

①创新原则。

②面向用户原则。

③整体性原则。

④相关性原则。

⑤动态适应性原则。

⑥工程化、标准化原则。

5.工程项目管理信息系统建立的软件、硬件要求

建筑工程项目管理信息系统的成功实施,应具备一套先进适用的建筑工程项目管理信息系统软件和性能可靠的计算机硬件平台。

(1)开发和引进工程项目管理信息系统软件

软件是建筑工程项目管理信息系统的核心,开发建筑工程项目管理信息系统软件应注意以下几个方面:

①统一规划,分步实施。

②开发队伍的合理构成。

③注意开发方法和工具的选择。

④注重现代工程管理理论的支撑和渗透作用。

⑤引进成熟的软件。

(2)建立工程项目管理信息系统的硬件平台

建立工程项目管理信息系统的硬件,应能满足软件正常运行的需要,应注意以下问题:

①注意有关设备性能的可靠性。

②采用高性能的网络硬件平台。

6.工程项目管理信息系统建立的过程管理

工程项目信息管理系统的成功实施,不仅需要一套先进适用的建筑工程信息管理软件和性能可靠的计算机硬件平台,更为重要的是应建立一整套与计算机的工作手段相适应的、科学合理的建筑工程信息管理系统组织体系。

(1)建立管理信息系统的组织构架

建筑工程项目管理信息系统的实施中,必须采取相应的组织措施,建立相应的信息管理制度,保证工程项目管理信息系统软硬件正常、高效地运行,这是实施工程项目管理信息系统组织架构的要求。它包括建立与信息系统运行相适应的建筑监理组织结构、建立科学合理的工程项目管理工作流程以及工程项目的信息管理制度,其中项目的信息管理制度是整个建筑工程项目管理信息系统得以正常运行的基础,建立健全的信息管理制度,应进行以下工作:

①建立统一的项目信息编码体系。

②对信息系统的输入/输出报表进行规范和统一。

③建立完善的项目信息流程。

④建立基础数据管理制度。

⑤明确工作职责。

⑥建立项目的数据保护制度。

(2)建立信息系统的教育组织

工程项目管理信息系统的教育组织是围绕工程项目管理信息系统的应用对建设监理组织中的各级人员进行广泛的培训,应包括以下几点:

①项目领导者的培训。

②开发人员的学习与培训。

③使用人员的培训。

(3)开发和引进建筑工程项目管理信息系统软件

开发建筑工程信息管理系统软件应注意以下问题:

①统一规划,分步实施。

②开发团队的合理构成。

③注意开发方法和工具的选择。

④重视现代建设建立理论的支撑和渗透作用。

(4)建立建筑工程项目管理信息系统的硬件平台

建筑工程项目管理信息系统的硬件,应能满足软件正常运行的需要。

10.2.3 项目管理信息系统总体描述 ///

项目管理信息系统是在项目管理组织、项目工作流程和项目管理工作流程基础上设计的,并全面反映它们之中的信息和信息流。所以对项目管理组织、项目工作流程和项目管理流程的研究是建立管理信息系统的前提,而信息标准化、工作程序化、规范化是它的基础。

项目管理信息系统可以从如下几个角度进行总体描述:

(1)项目参加者之间的信息流通

项目的信息流就是信息在项目参加者之间的流通。在信息系统中,每个参加者作为信息系统网络上的一个节点,他们都负责具体信息的收集(输入)、传递(输出)和信息处理工作。项目管理者要具体设计这些信息的内容、结构、传递时间、精确程度和其他要求。

例如,在项目实施过程中,业主需要如下信息:

①项目实施情况月报,包括工程质量、成本、进度总报告。

②项目成本和支出报表,一般按分部工程和承包商作成本和支出报表。

③供审批用的各种设计方案、计划、施工方案、施工图纸、建筑模型等。

④决策前所需要的专门信息、建议等。

⑤各种法律、规定、规范,以及其他与项目实施有关的资料等。

业主通常做出:

①各种指令,如变更工程、修改设计、变更施工顺序、选择承包商等。

②审批各种计划、设计方案、施工方案等。

③向董事会提交工程项目实施情况报告。

而项目经理通常需要:

①各项目管理职能人员的工作情况报表、汇报、报告、工程问题请示。

②业主的各种口头和书面的指令,各种批准文件。

③项目环境的各种信息。

④工程各承包商,监理人员的各种工程情况报告、汇报、工程问题的请示。

项目经理通常做出:

①向业主提交各种工程报表、报告。

②向业主提出决策用的信息和建议。

③向社会其他方面提交工程文件。这些通常是按法律规定必须提供的,或为审批用的。

④向项目管理职能人员和专业承包商下达各种指令,答复各种请示,落实项目计划,协调各方面工作等。

(2)项目管理职能之间的信息流通

项目管理系统是一个非常复杂的系统,它由许多子系统构成,可以建立各个项目管理信息子系统。例如,成本管理信息系统、合同管理信息系统、质量管理信息系统、材料管理信息系统等。它们是为专门的职能工作服务的,用来解决专门信息的流通问题,共同构成项目管理信息系统。

(3)项目实施过程的信息流通

项目过程中的工作程序既可表示项目的工作流,又可以从一个侧面表示项目的信息流。

项目的信息流应设计在各工作阶段的信息输入、输出和处理过程及信息的内容、结构、要求、负责人等。

相关资料

《建设工程项目管理规范》GB/T 50326——2017（部分）

15.5　文件与档案管理

15.5.1　项目管理机构应配备专职或兼职的文件与档案管理人员。

15.5.2　项目管理过程中产生的文件与档案均应进行及时收集、整理，并按项目的统一规定标识，完整存档。

15.5.3　项目文件与档案管理宜应用信息系统，重要项目文件和档案应有纸介质备份。

15.5.4　项目管理机构应保证项目文件和档案资料的真实、准确和完整。

15.5.5　文件与档案宜分类、分级进行管理，保密要求高的信息或文件应按高级别保密要求进行防泄密控制，一般信息可采用适宜方式进行控制。

本章小结

本章对信息管理的目的和任务进行了介绍，并着重说明在实践中信息管理应遵照相关规范、规程。

思考题

1. 项目信息管理的目的和任务是什么？
2. 简述管理信息系统的概念、目的和功能。

参考文献

[1]　范红岩,宋岩丽.建筑工程项目管理.北京:北京大学出版社,2015.

[2]　全国一级建造师执业资格考试用书编写委员会.建设工程项目管理.北京:中国建筑工业出版社,2015.

[3]　尹韶青,赵宏杰,刘炳娟.建筑工程项目管理.西安:西北工业大学出版社,2012.

[4]　全国二级建造师执业资格考试用书编写委员会.建设工程施工管理.北京:中国建筑工业出版社,2013.

[5]　王辉.建设工程项目管理.北京:北京大学出版社,2010.

[6]　成虎.工程项目管理.北京:中国建筑工业出版社,2005.

[7]　全国人民代表大会常务委员会.《中华人民共和国建筑法》.2011.

[8]　中华人民共和国建设部.《建筑业企业资质等级标准》.2015.

[9]　朱昊.建设工程合同管理与案例评析.北京:机械工业出版社,2008.

[10]　蔺石柱,闫文周.工程项目管理.北京:机械工业出版社,2010.

[11]　仲景冰,王红兵.项目工程管理.北京:北京大学出版社,2011.

[12]　陈群.项目工程管理.大连:东北财经大学出版社,2008.

[13]　陈俊,常保光.建筑工程项目管理.北京:北京理工大学出版社,2009.

[14]　GB/T 50326—2006,建设工程项目管理规范[S].北京:中国建筑工业出版社,2006.

[15]　GB/T 13400—2009,网络计划技术[S].北京:中国建筑工业出版社,2006.

[16]　JGJ/T 121−99,工程网络计划技术规范[S].北京:中国建筑工业出版社,1999.

[17]　苗胜军.土木工程项目管理.北京:清华大学出版社,2014.

[18]　陈俊.建筑工程项目管理.北京:北京理工大学出版社,2013.

[19]　周鹏,奉丽玲.建筑工程项目管理.北京:冶金工业出版社,2010.

[20]　杨晓林,李忠富.施工项目管理.中国建筑工业出版社,2015.

[21]　胡六星.建筑工程项目管理.北京:机械工业出版社,2010.

[22]　吴渝玲,张可峰,肖启荣.建筑工程质量管理.北京:华南理工大学出版社,2014.

[23]　付庆红.建设工程质量控制.北京:中国建筑工业出版社,2011.

[24]　吴浙文.建设工程项目管理.武汉:武汉大学出版社,2013.

[25]　郭宇光,李一媛,吴光平.建筑工程项目管理.西安电子科技大学出版社,2014.

[26]　王洪,陈健.建设项目管理.北京:机械工业出版社,2010.

[27]　刘力,钱雅丽.建设工程合同管理与索赔.北京:机械工业出版社2010.

[28]　刘钦.工程造价控制.北京:机械工业出版社,2010.

[29]　中华人民共和国国家质量监督检验检疫总局.《职业健康安全管理体系　要求》.2011.

[30]　中华人民共和国国家质量监督检验检疫总局.《职业健康安全管理体系　实施指

南》.2011.

［31］ 中华人民共和国国家质量监督检验检疫总局.《环境管理体系 要求及使用指南》.2015.

［32］ 中华人民共和国应急管理部.《特种作业人员安全技术培训考核管理规定》.2010.

［33］ 中华人民共和国国务院.《建设工程安全生产管理条例》.2003.

［34］ 中华人民共和国国家质量监督检验检疫总局.《生产经营单位生产安全事故应急预案编制导则》.2013.

［35］ 中华人民共和国应急管理部.《生产安全事故应急预案管理办法》.2016.

［36］ 中华人民共和国国务院.《生产安全事故报告和调查处理条例》.2007.